碳中和与低碳能源

宋　俊　编著
姚兴佳　主审

机 械 工 业 出 版 社

本书系统地介绍了碳中和与低碳能源方面的知识。全书共分为9章。第1～3章介绍了全球气候变暖的原因、危害以及应对气候变化的战略战术；第4章和第5章介绍了各类低碳能源的特点，人类应用的历史和现状；第6～8章介绍了各类低碳能源发电应用的核心部件和系统；第9章介绍了互补发电、电能储存和微电网的知识。

本书可以作为大中专院校及各类相关技术培训班的教材，也可以作为从事碳达峰、碳中和、低碳能源相关工作的管理人员、技术人员的参考用书，还可以作为普通读者了解碳中和与低碳能源知识的普及读物。

图书在版编目（CIP）数据

碳中和与低碳能源 / 宋俊编著 .—北京：机械工业出版社，2022.6
ISBN 978-7-111-71020-2

Ⅰ.①碳…　Ⅱ.①宋…　Ⅲ.①节能－新能源－基本知识
Ⅳ.① TK01

中国版本图书馆 CIP 数据核字（2022）第 102468 号

机械工业出版社（北京市百万庄大街 22 号　邮政编码 100037）
策划编辑：林春泉　刘星宁　责任编辑：刘星宁　杨　琼
责任校对：闫玥红　张　薇　封面设计：马若濛
责任印制：刘　媛
北京盛通商印快线网络科技有限公司印刷
2022 年 9 月第 1 版第 1 次印刷
169mm × 239mm · 14.75 印张 · 299 千字
标准书号：ISBN 978-7-111-71020-2
定价：69.00 元

电话服务	网络服务
客服电话：010-88361066	机　工　官　网：www.cmpbook.com
010-88379833	机　工　官　博：weibo.com/cmp1952
010-68326294	金　　书　　网：www.golden-book.com
封底无防伪标均为盗版	机工教育服务网：www.cmpedu.com

前言

写这本书的背景很特殊。

2021 年 10 月 24 日，中共中央、国务院发布《关于完整准确全面贯彻新发展理念做好碳达峰碳中和工作的意见》，提出了构建绿色低碳循环发展经济体系、提升能源利用效率、提高非化石能源消费比重、降低二氧化碳排放水平、提升生态系统碳汇能力五个方面主要目标。10 月 26 日，中国政府网正式发布国务院《2030 年前碳达峰行动方案》，提出了重点实施能源绿色低碳转型行动、节能降碳增效行动、工业领域碳达峰行动、城乡建设碳达峰行动、交通运输绿色低碳行动、循环经济助力降碳行动、绿色低碳科技创新行动、碳汇能力巩固提升行动、绿色低碳全民行动、各地区梯次有序碳达峰行动等“碳达峰十大行动”。国务院新闻办公室 10 月 27 日发表《中国应对气候变化的政策与行动》白皮书。

2021 年 10 月 28 日，《联合国气候变化框架公约》（以下简称《公约》）第 26 次缔约方大会（COP26）前夕，中国国家联络人向《公约》秘书处正式提交《中国落实国家自主贡献成效和新目标新举措》和《中国本世纪中叶长期温室气体低排放发展战略》。

这一切在全局上构建起国家层面碳达峰、碳中和政策体系；反映了我国应对气候变化的阶段性进展；进一步明确了碳达峰、碳中和的时间表、路线图、施工图。

中国是受到气候变化影响最严重的国家之一，气候变化持续影响生态环境和经济社会发展，已对粮食安全、水安全、生态安全、能源安全、城镇运行安全以及人民生命财产安全构成严重威胁。为了期盼地球家园变得更加美好，人们对碳达峰、碳中和强烈关注，对低碳能源的发展更为关心，也必然产生进一步了解碳中和与低碳能源方面知识的渴望。这与本书的创作目的不谋而合。

低碳能源是碳达峰、碳中和的有效抓手，碳达峰、碳中和是低碳能源的强力推手，两者在减少温室气体排放的共同节点上联系起来，因此本书把它们统一为一个整体来介绍，全书共分为 9 章。第 1 ~ 3 章介绍了全球气候变暖的原因、危害以及应对气候变化的战略战术；第 4 章和第 5 章介绍了各类低碳能源的特点，人类应用的历史和现状；第 6 ~ 8 章介绍了各类低碳能源发电应用的核心部件和系统；第 9 章介绍了互补发电、电能储存和微电网的知识。

本书的特点是知识性强，不仅告诉读者“其然”，同时告诉读者“其所以然”；不仅告诉读者“外面什么样”，同时告诉读者“里面什么样”；不仅告诉读者“现象如何”，同时告诉读者“本质如何”。在有限的文字空间里，尽量置入更多的信息量。本书的另一个特点是实事求是、让事实说话、让数字说话。数字往往是枯燥的，但是，只要读者用心体会和比较，就会发现数字有色有味，可以发光。

本书是机械工业出版社林春泉老师发起的，成稿后由姚兴佳老师审阅和修订，作者在此一并表示感谢。还要感谢风能专委会（CWEA）在互联网公众号上提供的信息，感谢《风能》杂志社长期及时惠寄杂志，这对本书成稿多有助益。

本书可以作为大中专院校及各类相关技术培训班的教材，也可以作为从事碳达峰、碳中和、低碳能源相关工作的管理人员、技术人员的参考用书，还可以作为普通读者了解碳中和与低碳能源知识的普及读物。

感谢读者选择本书。作者愿倾听各方批评和建议，共同为碳达峰、碳中和做出贡献。

作者

2021年11月

目录

Chapter 1

第1章 全球气候危机

工业革命以来，工业化和城市化带来了温室气体的大量排放，大气中的二氧化碳、甲烷等温室气体浓度显著增加，严重威胁着人类的生存和发展。本章将介绍近百年来全球气候出现的以变暖为主要特征的系统性变化；引起气候变化的主要因素；温室气体排放和气候变化的危害等。

1.1 近百年来全球气候变化

全球气候变化主要指温室气体增加导致的全球变暖，是美国气象学家詹姆斯·汉森于1988年6月在美国参众两院听证会上首先提出的。

气候是指一个地区在某段时间内所经历过的天气，是一段时间内天气的平均或统计状况，反映一个地区的冷、暖、干、湿等基本特征。它是大气圈、水圈、岩石圈、生物圈等圈层相互作用的结果，是由大气环流、纬度、海拔、地表形态综合作用形成的。

气候变化是指气候平均值和气候极端值出现了统计意义上的显著变化。平均值的升降，表明气候平均状态的变化；气候极端值增大，表明气候状态不稳定性增加，气候异常愈加明显。联合国政府间气候变化专门委员会（Intergovemmental Panelon Climate Change，IPCC）定义的气候变化是指基于自然变化和人类活动所引起的气候变动；而《联合国气候变化框架公约》定义的气候变化是指经过一段时间的观察，在自然气候变化之外由人类活动直接或间接地改变全球大气组成所导致的气候改变。

气候变化是一个与时间尺度密不可分的概念，在不同的时间尺度下，气候变化的内容、表现形式和主要驱动因素均不相同。根据气候变化的时间尺度和影响因素的不同，气候变化问题一般可分为三类，即地质时期的气候变化、历史时期的气候变化和现代气候变化。地质时期的气候变化是指万年以上尺度的气候变化，如冰期和间冰期的循环；历史时期的气候变化是指人类文明产生以来（一万年以内）的气候变化；现代气候变化一般被视为1850年有全球器测记录以来的气候变化。

国际岩石生物圈计划和斯德哥尔摩环境调节力中心联合实施的一项研究，在2009年发布了一份关于人类安全利用“地球极限”报告的扩充。该扩充报告评估了9个地球极限，认为人类已经越过气候变化、物种减少、土地利用变化、化肥污染4个极限。而作为地球九大极限之一的气候变化已非常严重。

科学家指出，20 世纪后半叶是北半球 1300 年来最为暖和的 50 年。在过去的 100 年间，世界平均气温上升了 0.74℃。

世界气象组织发布的《2020 年全球气候状况》显示，目前全球平均温度比工业化前的平均温度约升高 1.2℃，2020 年是人类有记录以来最热的 3 个年份之一，2011 ~ 2020 年是有记录以来最热的 10 年，2015 年以来的 6 年则是有记录以来最热的 6 年。

近百年来全球海洋表面平均温度上升了 0.89℃（范围在 0.80 ~ 0.96℃之间），全球海洋热含量持续增长，并在 20 世纪 90 年代后显著加速。

在全球气候变暖的背景下，近百年来中国地表气温呈显著上升趋势，上升速率达（1.56 ± 0.20）℃ /100 年，明显高于全球陆地平均升温水平（1.0℃ /100 年）。1951 ~ 2019 年中国区域平均气温上升率约为 0.24℃ /10 年，北方增温率明显大于南方，冬、春季增暖趋势大于夏、秋季。

局地出现了极寒天气，并不能改变全球气候变暖的总趋势。2020 年 12 月 ~2021 年 1 月，影响我国的冷空气活动频繁，东北北部、内蒙古东北部地区出现了零下四十几度的低温，北京南郊观象台观测到 −19℃的低温。2021 年 2 月，美国多州也遭遇极端寒潮侵袭。但全球变暖的大趋势并非一两次寒潮天气过程就可以改变的。例如，我国冬季最冷的地区是东北北部地区，其中大兴安岭北部 1 月的平均气温低达 −30℃，1969 年 2 月 13 日漠河站出现了 −52.3℃的最低气温，是我国冬季气温记录的最低值。2021 年 1 月漠河站温度虽然也降低至零下四十多度，但这个温度与历史记录还有一定的差距，附近地区的其他监测站也都没有出现突破历史极值的低温。呼伦贝尔市根河市在 1961 年 1 月 4 ~ 19 日曾经出现过连续 16 天日最低气温小于 −40℃的寒冷天气，而在 1981 ~ 2010 年的 30 年中，虽然几乎每年冬天也都会出现最低气温低于 −40℃的寒冷天气，但寒冷程度和持续时间与历史上出现的严寒相比都相差很多。

2008 年 1 月我国南方地区出现了严重的雨雪冰冻灾害，虽然 2008 年 1 月全国平均气温（−6.6℃）较常年同期（−5.9℃）偏低了 0.7℃，是 1986 年 1 月以来的最低值，但是这个气温仍然远高于 1977 年 1 月和 1955 年 1 月（1977 年 1 月全国平均气温接近 −9℃，1955 年 1 月低于 −8℃）。2008 年 1 月我国南方地区出现大范围的低温雨雪冰冻天气期间，日最低气温并没有降得太低，如 1 月安徽省仅有 5 个市县的极端最低气温低于 −10℃，最低的是砀山 1 月 29 日出现的 −12.2℃，其次是阜阳 1 月 31 日出现的 −11.7℃。但是，在 20 世纪 80 年代之前，一场寒潮袭来会使长江沿岸地区的最低气温普遍下降到 −10℃以下。如 1969 年 1 月，一场寒潮过后，武汉、长沙、南京、上海等地的最低气温分别降至 −17.4℃、−9.5℃、−13.0℃和 −7.2℃，从这些站点极端最低气温的历史记录来看，武汉的极端最低气温可达 −18.1℃，长沙可达 −11.3℃，长江北岸合肥的极端最低气温更是可降至 −20.6℃。

从自然现象上来看，1977 年冬天长江沿岸的洞庭湖、鄱阳湖、太湖等几大湖封冻了 7 ~ 10 天，1955 年冬天洞庭湖也出现大范围冰冻，岳阳楼下最大冰厚达 1m。20 世纪 80 年代以来，即使是在 2008 年 1 月，洞庭湖、鄱阳湖和太湖这些大湖也都没有出现封冻现象。我国东部地区的这些大湖大河在历史上很多年份的冬天里也都出现过封冻现象，如 1893 年上海遭遇寒潮袭击，吴淞江和太湖都出现冰封，一度可以人行冰上；1862 年黄浦江结冻也长达半个月。

那么，为什么在全球变暖的背景下仍然会出现一些低温事件？这是因为，气候变化体现在两方面，一是全球气候系统中气候要素的平均态变化，二是变化的幅度发生改变，也即气候变率发生改变，就是极端天气气候事件的增多增强。在全球气候变暖的大背景下极端天气气候事件频发，虽然从总体上看变暖事件呈增多增强趋势，而寒潮、极端低温等冷事件的出现频率总体呈降低趋势，但并不意味着冬季就不会出现低温天气了，极端冷事件仍然有可能出现。

1.2　引起气候变化的原因

1.2.1　影响因素

引起气候变化的原因可分为自然因素和人为因素两大类，前者包括了太阳活动的变化、火山活动，以及气候系统内部变率等；后者包括人类燃烧化石燃料以及毁林引起的大气温室气体浓度的增加、大气中气溶胶浓度的变化、土地利用和陆面覆盖的变化等。

工业化以来，由于煤、石油等化石能源大量使用，造成了大气中二氧化碳浓度升高（见图 1-1），二氧化碳等温室气体的温室效应导致了气候变暖，众多科学理论和模拟实验均验证了温室效应理论的正确性。只有考虑人类活动作用才能模拟再现近百年来全球变暖的趋势，只有考虑人类活动对气候系统变化的影响才能解释大气、海洋、冰冻圈以及极端天气事件等方面的变化。更多的观测和研究也进一步证明，人类活动导致的温室气体排放也是全球极端温度事件变化的主要原因，也可能是全球范围内陆地强降水加剧的主要原因。更多证据也揭示出人类活动对极端降水、干旱、热带气旋等极端事件存在影响。此外，在区域尺度上，土地利用和土地覆盖变化或气溶胶浓度变化等人类活动也会影响极端温度事件的变化，城市化则可能加剧城市地区的升温幅度。

人类活动也导致了 20 世纪中叶以来中国区域气温升高、极端天气事件增多增强。在中国西部，包括温室气体、气溶胶排放以及土地利用变化在内的人类活动很可能是地表气温增加的主要原因。人类活动很可能使得中国极端高温频率、强度和持续时间增加，极端低温频率、强度和持续时间减少，同时使得夏日日数和热夜日数增加，霜冻日数和冰冻日数减少。人类活动也很可能增加中国高温热浪的发生概率，并且可能减少低温寒潮的发生概率。目前的研究显示，人类活动对 1950 年以来中国东部地区小雨减少和强降水增加产生了影响，但是对东亚夏季风南涝北旱降水格局的影响仍然信度较低。自1950年以来，我国极端降水呈现显著增加、增强的趋势，在一定程度上可以检测到人类活动的影响。

图1-1　二氧化碳浓度升高

图1-2所示为现代全球气候变暖的主要原因。

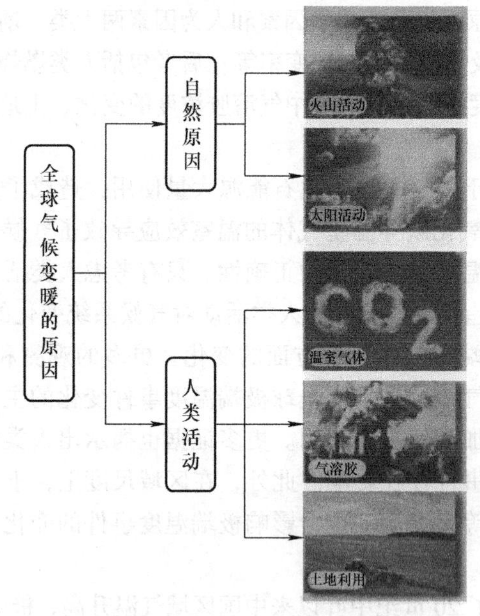

图1-2　现代全球气候变暖的主要原因

资料来源：《气候变化科学问答》。

1.2.2　温室气体

从组成地球大气的成分来看，氮气（N_2）占78%，氧气（O_2）占21%，氩气（Ar）等差不多占了0.9%，这些占大气中99%以上的气体都不是温室气体，这些非温室气体一般来说与入射的太阳辐射相互作用极小，也基本上不与地球放射的红外长波辐射产生相互作用。也就是说，它们既不吸收也不放射热辐射，对地球气候环境的变化基本上不会产生什么影响。对地球气候环境有重大影响的是大气中含量极少的温室气体，这些气体只占大气总体积混合比的 0.1% 以下，但由于它们能够吸收和放射辐射，在地球能量收支中起着重要的作用。

温室气体主要包括水蒸气（H_2O）、二氧化碳（CO_2）、甲烷（CH_4）、氧化亚氮（N_2O）、臭氧（O_3）、一氧化碳（CO），以及氟利昂或氯氟烃类化合物（CFC）、氢代氯氟烃类化合物（HCFC）、氢氟碳化物（HFC）、全氟碳化物（PFC）和六氟化硫（SF_6）等极微量气体。

水蒸气能凝结和沉降，其在大气中通常会停留十天时间，通过人为源头进入大气的流量比"自然"蒸发的要少得多。因此，它对长期的温室效应没有显著作用。这就是对流层水汽（通常低于 10km 高度）不被认为是造成辐射强迫的人为气体的主要原因。在平流层（大气层约 10km 以上的部分），人为排放对水汽确实有显著影响。平流层水汽对变暖的贡献，从强迫和反馈两方面来讲，都要比来自甲烷或二氧化碳的小得多。因此，一般认为水汽是一个反馈介质，而不是引发气候变化的强迫。而二氧化碳、甲烷等温室气体可以吸收地表长波辐射，与"温室"的作用相似，对保持全球气候的适宜性具有积极的作用。若无"温室效应"，地球表面平均气温将是零下 19℃，而非现在的零上 14℃。但是，一旦大气中温室气体的浓度在短时间内出现剧烈变化，气候系统中原有的稳定和平衡就会被破坏。

温室气体基本可分为两大类，一类是地球大气中所固有的，但是工业化（约 1750 年）以来由于人类活动排放而明显增多的温室气体，包括二氧化碳、甲烷、氧化亚氮、臭氧等；另一类是完全由人类生产活动产生的（即人造温室气体），如氯氟烃、氟化物、溴化物、氯化物等。例如，氯氟烃（如 CFC-11 和 CFC-12）曾被广泛用于制冷机和其他的工业生产中，人类活动排放的氯氟烃导致了地球平流层臭氧的破坏。20 世纪 80 年代以来，由于制定了保护臭氧层的国际公约，氯氟烃等人造温室气体的排放量正逐步减少。

由于二氧化碳含量在温室气体中占比最高，且温室效应最显著，减排一般指减少二氧化碳的排放。如果考虑所有温室气体，则可将非二氧化碳温室气体排放量乘以其温室效应值（如 GWP）后换算为等价二氧化碳当量，这样可以将不同温室气体的效应标准化。

地球上的碳循环主要表现为自然生态系统的绿色植物从空气中吸收二氧化碳，经光合作用转化为碳水化合物并释放出氧气，同时又通过生物地球化学循环过程及人类活动将二氧化碳释放到大气中。自然生态系统的绿色植物将吸收的二氧化碳通过光合作用转化为植物体的碳水化合物，并经过食物链的传递转化为动物体的碳水化合物，而植物和动物的呼吸作用又把摄入体内的一部分碳转化为二氧化碳释放入大气，另一部分则构成了生物的有机体，自身贮存下来；在动、植物死亡之后，大部分动、植物的残体通过微生物的分解作用又最终以二氧化碳的形式排放到大气中，少部分在被微生物分解之前被沉积物掩埋，经过漫长的年代转化为化石燃料（煤、石油、天然气等），当这些化石燃料风化或作为燃料燃烧时，其中的碳又转化为二氧化碳排放到大气中。图 1-3 所示为全球碳循环过程示意图。

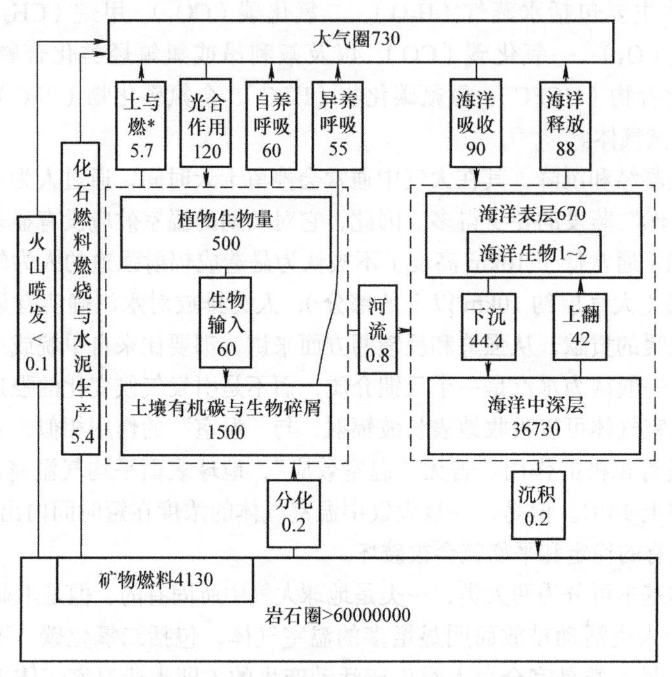

图 1-3 全球碳循环过程示意图（单位：十亿 t/ 年）

注：* 土地利用变化与生物质燃烧。

资料来源：《中国气象百科全书 · 气象预报预测卷》。

大气和海洋、陆地之间也存在着碳循环，二氧化碳可由大气进入海水，也可由海水进入大气，这种碳交换发生在大气和海水的交界处；大气中的二氧化碳也可以溶解在雨水和地下水中成为碳酸并通过径流被河流输送到海洋中，这些碳酸盐通过沉积过程又形成石灰岩、白云石和碳质页岩等；在化学和物理作用下，这些岩石风化后所含的碳又以二氧化碳的形式排放到大气中。

工业革命之后，大规模的森林砍伐使碳循环的平衡被打破，化石燃料——煤炭、石油和天然气等燃烧量不断增加，海洋和陆地生物圈不能完全吸收多排放的二氧化碳，从而导致大气中的二氧化碳浓度不断增加。目前，全世界每年燃烧化石燃料排放到大气中的二氧化碳总量折合成碳大约是 60 亿 t，森林破坏和土地利用变化释放二氧化碳约 15 亿 t，共 75 亿 t。其中，37 亿 t 会被海洋和陆地生物圈吸收（海洋约 20 亿 t，陆地生物圈约 17 亿 t)，约有 50% 的二氧化碳留在了大气中，每年大气中碳的净增量大约是 38 亿 t。留在大气中的这部分二氧化碳使全球大气中二氧化碳浓度由工业化前的 280ppm（1ppm = 0.0001%，即百万分比浓度）增加到 2019 年的 410ppm，导致了全球气候系统的变暖。

甲烷（CH_4）是仅次于二氧化碳的第二大温室气体，其排放量约占全球温室气体排放的 20%，对全球变暖的贡献率约占四分之一。甲烷是大气中的有机气体，主要来自地表，可分为人为源和自然源。人为源主要包括天然气泄漏、石油及煤炭开采及其他生产活动、水稻种植、反刍动物消化、动物粪便管理、燃料燃烧、垃圾填埋、污水处理等。自然源包括天然沼泽、多年冻土融解、湿地、河流湖泊、海洋、热带森林、苔原、白蚁等。全球甲烷排放量约为 5.35（4.10 ~ 6.60）亿 t/ 年，其中自然源为 1.60（1.10 ~ 2.10）亿 t/ 年、人为源为 3.75（3.00 ~ 4.50）亿 t/ 年，人为源约占 70%。人类排放源可分为与化石燃料有关的排放源和生态排放源。近年来，国际社会对全球甲烷减排的关注程度明显增强。根据 2021 年 1 月国际能源署（IEA）发布的《甲烷追踪 2021：帮助解决减少甲烷泄漏这一紧迫的全球挑战》报告估计，2020 年全球石油和天然气行业向大气中排放的甲烷超过 7000 万 t，一吨甲烷对气候变暖的贡献大约相当于 30t 二氧化碳，油气行业排放的甲烷折算为二氧化碳相当于欧盟能源相关碳排放的总和。2018 年加拿大和墨西哥已将控制油气行业甲烷排放纳入实现本国国家自主贡献中的甲烷减排承诺。2020 年 10 月，欧盟委员会（European Commission）发布了《欧盟甲烷战略》，并将于2021年推动立法，促进石油和天然气企业减少甲烷排放或泄漏。

氧化亚氮来源于地面排放，全球每年氧化亚氮排放总量约为 1470 万 t。其中自然源（主要包括海洋以及温带、热带的草原和森林生态系统）为 900 万 t，人为源（主要包括农田生态系统、生物质燃烧和化石燃烧、己二酸以及硝酸的生产过程）大约为 570 万 t。大气中氧化亚氮每年的增加量约为 390 万 t，其产生和排放的领域主要包括工业、农业、交通、能源生产和转换、土地变化和林业等，其中农业过量施氮是一个重要因素。人类主要通过施用氮肥增加农作物产量，而以氮肥所代表的活性氮一方面污染了环境，另一方面当活性氮以氧化亚氮的形式存在时，它还是增温效应最强的温室气体。目前氧化亚氮的温室效应贡献为二氧化碳的 1/10。

2019 年全球大气中 CO_2、CH_4 和 N_2O 的平均浓度分别为（410.5 ± 0.2）ppm、（1877 ± 2）ppm 和（332.0 ± 0.1）ppm，较工业化前时代（1750 年）水平分别增加 48%、160% 和 23%，达到过去 80 万年来的最高水平。2019 年大气主要温室气体增加造成的有效辐射强迫已达到 3.14W/m^2，明显高于太阳活动和火山爆发等自然因素所导致的辐射强迫，是全球气候变暖最主要的影响因素。

人类排放的温室气体和温升之间的关系非常复杂，特别是温室气体排放量、温室气体浓度和温升之间并不存在一一对应的同步变化关系，全球气候变暖的幅度与全球二氧化碳的累积排放量之间存在着近似线性的相关关系，全球二氧化碳的累积排放量越大，全球气候变暖的幅度就越高。

需要指出的是，地球大气中本身就含有一定浓度的二氧化碳，地球上许多不同的自然生态系统过程也都吸收和释放二氧化碳，因此大气中的二氧化碳浓度本身就存在时间和空间上的自然变率。当二氧化碳（不管是自然释放的还是人为排放的）进入大气中时会被风混合，并随着时间的推移而分布到全球各地。这种混合过程在北半球或南半球的尺度上需要一到两个月的时间，在全球尺度上则需要一年多的时间，因为北半球和南半球之间混合的速度很慢。

1.2.3 云和气溶胶

大气中的气溶胶是由大气介质与混合在大气中的固态和液态颗粒物组成的多相（固、液、气三种相态）体系，是大气中唯一的非气体成分，也是大气中的微量成分，大气气溶胶主要源于人类活动和自然界的排放。人类活动产生的气体可以通过化学或光化学反应转化为气溶胶粒子，自然界中的气溶胶主要来源于地表、大气自身产生和外部空间注入，其中最重要的自然源是地表源，有一些气溶胶粒子来自地层深处，通过火山的喷发进入大气，并且可以直接到达平流层（10～50km 高度）。

大气气溶胶的主要组成部分是黑碳和有机碳，它们来源于燃料不完全燃烧所排放的细颗粒物和气态碳化合物（沉积在固体颗粒物上）。黑碳气溶胶对于太阳辐射有强烈的吸收作用，它可以吸收的波长范围从可见光到近红外光，其单位质量的吸收系数比沙尘高两个量级（100 倍）。因此，尽管大气气溶胶中黑碳气溶胶所占的比例较小，但是它对区域和全球气候的影响很大，大气气溶胶可以通过改变地球上的辐射平衡来影响地球的气候。研究表明，气溶胶的气候效应可以分为直接和间接效应：直接效应就是气溶胶通过对短波和长波辐射的散射或吸收，直接影响地气系统的辐射平衡，其辐射强迫大小与气溶胶的光学特性、垂直和水平方向上的分布密切相关；气溶胶的间接效应是指通过气溶胶改变大气中云的微物理过程，从而改变云的辐射特性、云量和云的寿命，进而影响地气系统的辐射平衡，并进一步影响气候变化。云对气候系统的影响非常复杂，一方面云可以有效地反射太阳辐射，减少地球表面接收到的太阳辐射量，起到对地表降温的作用；同时云也会吸收这些短波辐射并产生长波辐射，又产生升温作用。因此，云和气溶胶对气候系统的影响具有很大的不确定性，降低这些不确定性在气候变化基础科学研究中具有重要意义。

1.2.4 多年冻土消融与海洋热惯性

多年冻土消融与海洋热惯性也对全球气候产生很大影响。多年冻土是冰冻圈的重要组成部分，是指持续两年或两年以上的 0℃以下含有冰的各种岩石和土壤。地球上冻土面积约占陆地面积的 50%，其中多年冻土面积占陆地面积的 25%。研究表明，到 21 世纪末，即使采取强有力的减排行动，全球冻土面积将减小 40%，如果不采取更多的努力将减小 80%。多年冻土的上层是活动层，受气候变暖的影响，多年冻土暖化变软，活动层的厚度相应增加，这也就意味着增加的活动层中的甲烷及二氧化碳等温室气体会释放到大气中，多年冻土成为巨大碳源。多年冻土活动层中温室气体的释放将会加剧全球气候变暖。但是，多年冻土的变化机理非常复杂，科学界目前对多年冻土活动层能够释放多少温室气体、释放速率如何、区域差异如何等问题还存在很大争议。

海洋占地球表面的 70.9%，其中 84% 的海洋水深超过 2000m。海洋是全球气候变化的重要影响变量，海—陆—气相互作用是气候变化重要的内部驱动力，在全球尺度的热量和水汽输送及分配中起着重要作用，对全球气候格局及其演变具有重要影响。例如，热带西太平洋有全球水温最高的暖池，形成全球最强的对流和降雨，驱动沃克环流和哈德莱环流，调控季风和厄尔尼诺两大气候现象。由于海水的高热容以及海洋的巨大质量，海洋积累了自 20 世纪 50 年代以来与温室气体增加相关的 90% 以上的多余热量，这虽然在一定程度上减少了温室气体对大气的加热作用，但也意味着即使人为温室气体的排放减少为净零，由于海洋所具有的长期、巨大的热惯性，将仍然对全球气候产生重要影响。

1.2.5　土地利用变化

土地利用变化是全球气候变化的重要影响因素。人类社会工业化、城市化进程改变了对土地的使用方式，同时也改变了土地覆盖物的类型，这样的变化直接造成了陆地表面物理特性的变化，改变了陆表和大气之间的能量以及物质交换，影响了地表的能量平衡，进而对区域气候变化产生重要影响。陆地表面上植被类型、密度和有关土壤特性的变化通常也会造成陆地区域中碳的存储以及通量的改变，从而使大气中温室气体的含量发生变化。

人类活动对大范围植被特性的改变会影响地球表面的反照率。例如农田的反照率就与森林等自然植被有很大的不同，森林地表的反照率通常比开阔地要低，因为森林中有很多较大的叶片，入射的太阳辐射在森林的树冠层中会经历多次的反射、折射，导致反照率降低。人类活动向大气中排放的气溶胶也会影响地表的反照率，特别是雪地上方的黑碳气溶胶，它的存在也会降低地表的反照率。

土地利用变化还会引起地表一些其他物理特性的变化，例如地表向大气的长波辐射率、土壤湿度和地表粗糙程度等物理特征，它们可以通过陆地和大气之间的各种能量交换来改变地表能量和水汽的收入、支出，直接影响到近地面的大气温度、湿度、降水和风速等，对局地和区域的气候产生一定程度的影响。例如，南美洲的亚马逊森林对这一区域的地表温度和水循环具有重要的影响，亚马逊河流域的降水大约有一半是从森林的蒸发而来，如果亚马逊森林受到破坏，将改变径流和蒸发的比率，使区域水循环发生重大改变。土地利用变化对我国的区域降水和温度也有明显影响，例如我国西北地区的荒漠化和草原退化将会造成大部分地区的降水减少，华北和西北的干旱加剧，气温升高。

1.2.6 温室气体的监测

地球大气中温室气体浓度的增加已成为导致全球气候和环境变化的主要原因，测量大气中主要温室气体浓度的变化，对于研究其源、汇和输送规律，对于了解气候变化、减少能源消耗和污染排放都有重要意义。二氧化碳（CO_2）、甲烷（CH_4）、氧化亚氮（N_2O）是最重要的三种温室气体，一氧化碳（CO）作为间接温室气体在大气化学中也对温室效应有重要影响，因此，在温室气体测量中，通常主要测量 CO_2、CH_4、N_2O 和 CO 这四种气体的浓度。目前对大气中温室气体的测量主要是通过现场采样，然后将样品送到实验室进行分析来完成。

为了反映出地球大气中温室气体浓度的本底变化，通常选择在受人类活动影响较少的地点建立观测点进行测量。全球温室气体浓度的数据通常来自世界气象组织全球大气观测网（GAW），包括 31 个全球大气本底站、400 余个区域大气本底站和 100 多个志愿观测站。20 世纪 90 年代初，我国在青海省瓦里关设立了温室气体浓度全球本底观测站，后来在北京上甸子、黑龙江龙凤山、浙江临安等地建立了区域本底观测站。例如，北京上甸子大气本底站可以监测包括二氧化碳、甲烷以及卤代温室气体的浓度变化，并可以通过结合其他的观测手段监测大气中温室气体的污染源、污染方向以及北京上游城市对北京的影响、北京对其下游城市的影响等相关信息。

由于监测二氧化碳浓度分布的地面观测点数量有限，且分布不均匀，卫星监测较好地弥补了这一缺陷，通过全球卫星监测数据与地面数据和模型的结合，可以更加精确地监测二氧化碳和温室气体浓度分布。

1.2.7 气候变化的预测

为了预测未来气候变化的趋势和影响，科学家通常是利用气候系统模型。地球系统是由不同的圈层构成，包括大气圈、岩石圈、水圈、冰冻圈、生物圈，各圈层之间的相互影响是个复杂的过程。气候系统随时间变化的过程既要受到外强迫因素如火山爆发、太阳活动等的影响，还要受到人为强迫如人类活动排放的温室气体和土地利用变化的影响。气候系统模型就是对上述气候系统的动量、质量和能量的物理和动力学过程的一种数学表达方式，从而使得人们可以借助巨型计算机对涉及的复杂演变过程进行定量的、长时间的、大数据量的运算，了解气候系统的演变过程、模拟外强迫变化和人类活动的影响以及预测未来气候变化趋势。为了预估全球和区域气候变化，还需要假设未来温室气体和硫酸盐气溶胶等排放的情况，也就是所谓的排放情景。排放情景通常是根据一系列因素（包括人口增长、经济发展、技术进步、环境条件、全球化、公平原则等）假设得到的。近几十年来，全球气候系统模型由简单逐渐发展到复杂，并逐渐包括气溶胶、碳循环、大气化学等地球生物化学循环过程以及陆冰，形成了地球系统模型。现在对于未来的气候变化的预估，通常基于同一个模型不同试验和不同模型不同试验的集合 / 集成进行。图 1-4 所示为近几十年来气候模型的发展示意图。

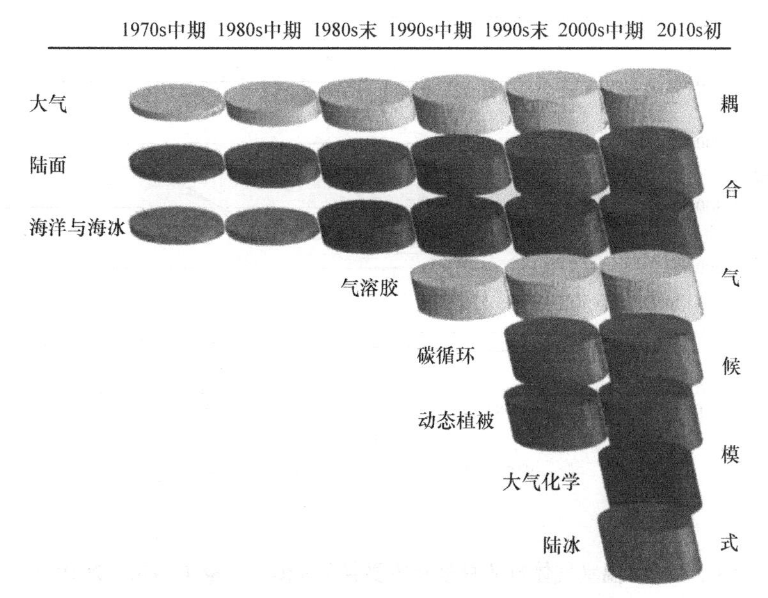

图 1-4　近几十年来气候模型的发展示意图

资料来源：IPCC 第五次评估报告第一工作组第一章。

1.3　温室气体排放

1.3.1　全球温室气体排放

根据荷兰环境评估署（PBL）2020 年发布的数据，自 2010 年以来，全球温室气体排放总量平均每年增长 1.4%。2019 年创下历史新高，不包括土地利用变化的排放总量达到 524 亿 t 二氧化碳当量，分别比 2000 年和 1990 年高出 44% 和 59%，全球人均温室气体排放量达到 6.8t 二氧化碳当量。若包括土地利用变化排放的二氧化碳当量，全球总排放量高达 591 亿 t。

2010 ~ 2019 年，化石燃料燃烧和水泥生产等工业过程排放二氧化碳，占全球温室气体排放总量的 72.6%，是温室气体的主要来源。甲烷（CH_4）和氧化亚氮（N_2O）的排放占比分别约为 19.0% 和 5.5%，还有 2.9% 的排放来源于氢氟碳化物（HFC）、全氟化碳（PFC），六氟化硫（SF_6）等含氟气体。

图 1-5 所示为全球温室气体排放总量及主要温室气体排放量（1970 ~ 2019 年）。图 1-6 所示为全球温室气体（不包括土地利用变化）排放来源（2010 ~ 2019 年）。图 1-7 所示为全球二氧化碳排放的部门分布（2019 年）。

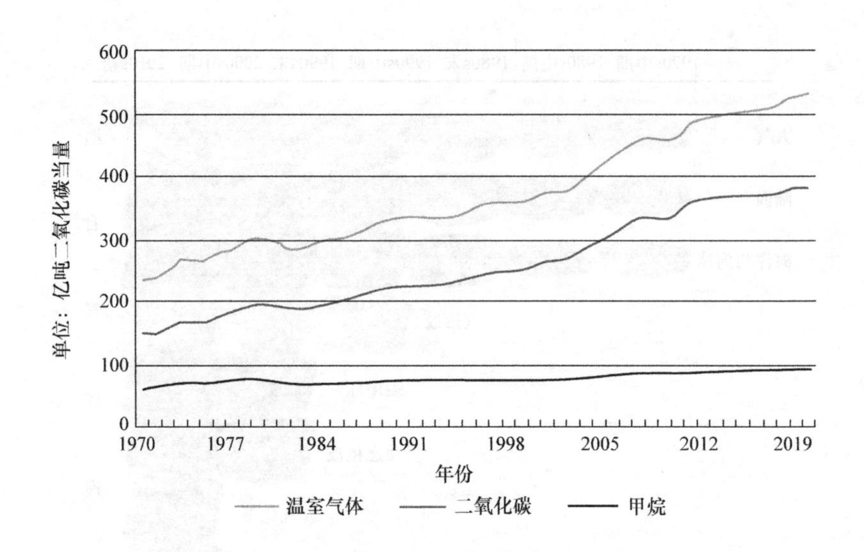

图 1-5　全球温室气体排放总量及主要温室气体排放量（1970～2019 年）

注：温室气体排放总量不包括土地利用变化排放。

数据来源：荷兰环境评估署：Trends in Global CO_2 and Total Greenhouse Gas Emissions：2020 Report。

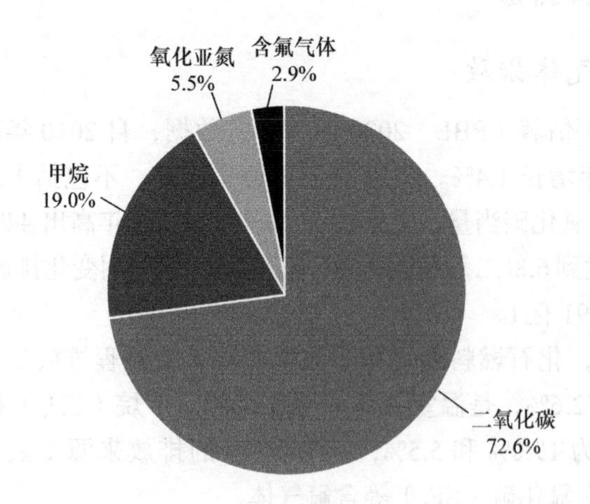

图 1-6　全球温室气体（不包括土地利用变化）排放来源（2010～2019 年）

数据来源：联合国环境规划署的排放差距报告。

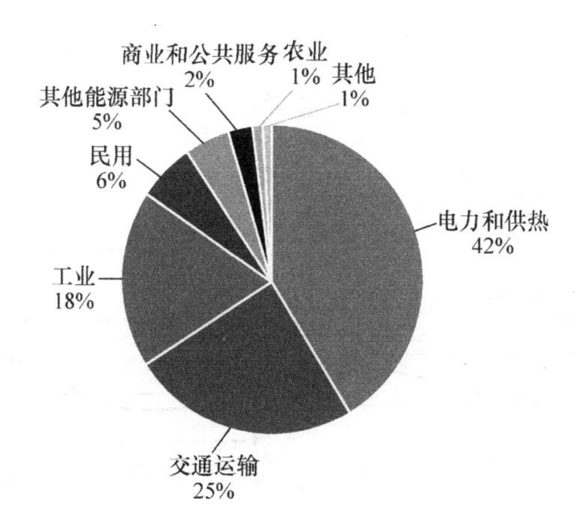

图 1-7　全球二氧化碳排放的部门分布（2019 年）

数据来源：IEA。

根据国际能源署（IEA）化石燃料燃烧的二氧化碳排放数据，2019 年来自煤炭、石油和天然气的碳排放分别占 43.8%、34.6% 和 21.6%，同样热值的煤炭燃烧排放的二氧化碳约是天然气的两倍。从部门分布看，电力和供热、交通运输、工业是全球二氧化碳排放量最大的部门，三者合计占 85% 左右。

根据联合国环境规划署（UNEP）《排放差距报告 2020》的数据，2010 ~ 2019 年的十年间，前六大温室气体排放国（地区）合计占全球温室气体排放总量（不包括土地利用变化）的 62.5%，其中中国占 26%，美国占 13%，欧盟 27 国和英国占 8.6%，印度占 6.6%，俄罗斯占 4.8%，日本占 2.8%。按人均排放量计算，2019 年全球人均排放约为 6.8t，美国高出世界平均水平 3 倍，而印度相比世界平均水平约低 60%。

图 1-8 所示为全球主要排放国人均温室气体排放量（2019 年）。图 1-9 所示为全球主要排放国（地区）及人均温室气体排放（1990 ~ 2019 年）。

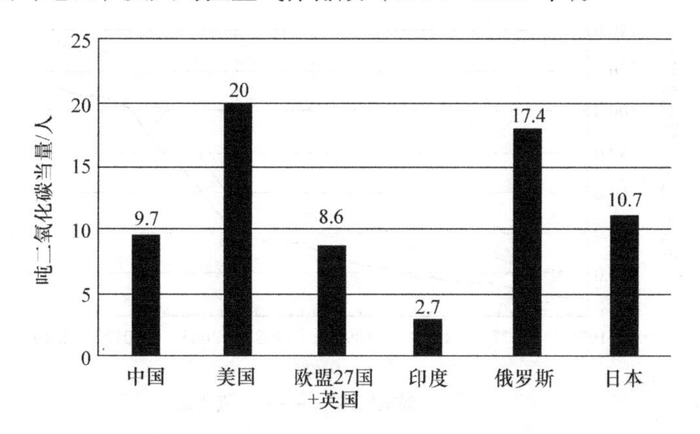

图 1-8　全球主要排放国人均温室气体排放量（2019 年）

数据来源：UNEP：Emissions Gap Report 2020。

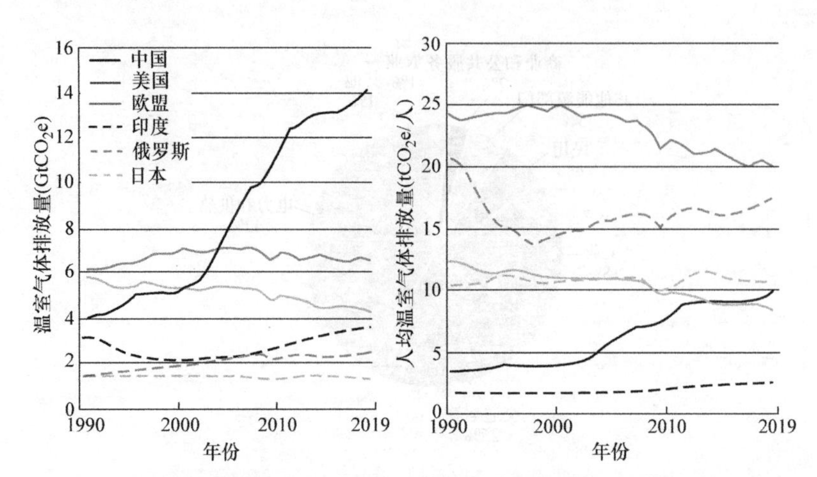

图 1-9　全球主要排放国（地区）及人均温室气体排放（1990 ~ 2019 年）

注：左图为绝对排放量（单位：10 亿吨二氧化碳当量），右图为人均温室气体排放量（单位：吨二氧化碳当量 / 人），均不包括土地利用变化排放。

数据来源：UNEP：Emissions Gap Report 2020。

1.3.2　中国温室气体排放

根据荷兰环境评估署（PBL）数据，2019 年我国温室气体排放量达到 140 亿 t 二氧化碳当量，人均约为 9.7t 二氧化碳当量，排放总量约占全球温室气体排放总量（不包括土地利用变化）的 27%。2010 ~ 2019 年的十年间，我国温室气体排放总量年均增长约为 2.3%，高于全球平均水平。2010 年以来，我国温室气体排放总量增加了约 24%，其中二氧化碳排放量增加了 26%。

图 1-10 所示为我国温室气体和二氧化碳排放量（1970 ~ 2019 年）。

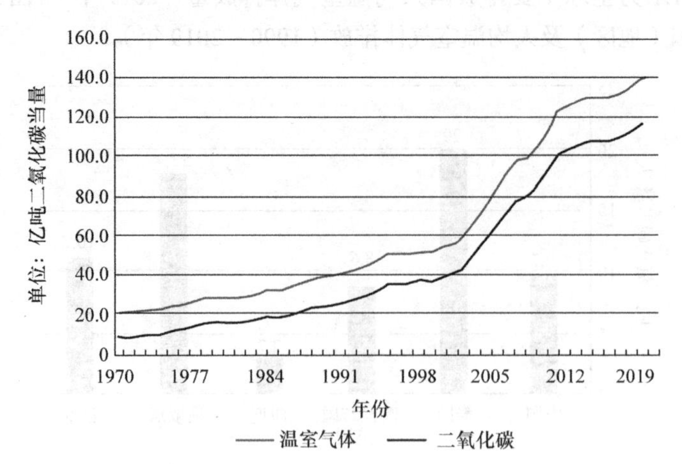

图 1-10　我国温室气体和二氧化碳排放量（1970 ~ 2019 年）

数据来源：荷兰环境评估署：Trends in Global CO_2 and Total Greenhouse Gas Emissions：2020 Report。

2019 年，二氧化碳排放量在我国温室气体排放总量中的比重达到 82.6%，高于全球平均水平约 10 个百分点，除二氧化碳之外，11.6% 的排放来源于甲烷，约 3.0% 和 2.8% 来源于氧化亚氮和氟化气体的排放。

图 1-11 所示为我国温室气体排放来源（2019 年）。

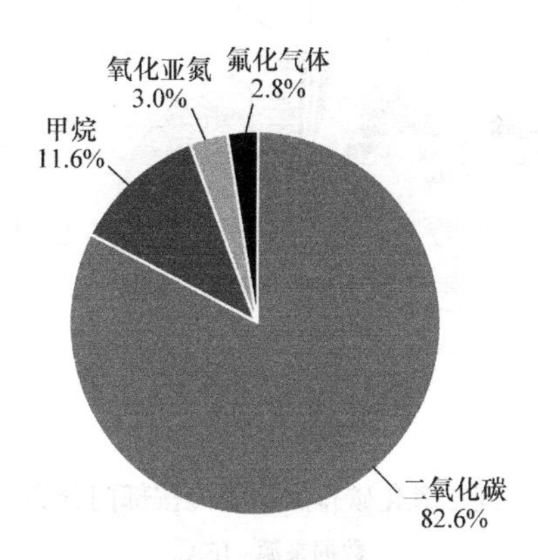

图 1-11　我国温室气体排放来源（2019 年）

数据来源：荷兰环境评估署：Trends in Global CO_2 and Total Greenhouse Gas Emissions：2020 Report。

根据国际能源署（IEA）化石燃料燃烧的 CO_2 排放数据，2018 年煤炭、石油、天然气燃烧的碳排放分别占 80%、14% 和 6%，煤炭燃烧是最重要的碳排放源。分部门来看，电力和供热的碳排放约占一半，工业占 28%，合计接近 80%，此外交通运输、民用等也是 CO_2 排放的重要领域。

图 1-12 所示为我国二氧化碳排放量（1990 ~ 2018 年）。图 1-13 所示为我国二氧化碳排放来源（按部门分类，2018 年）。

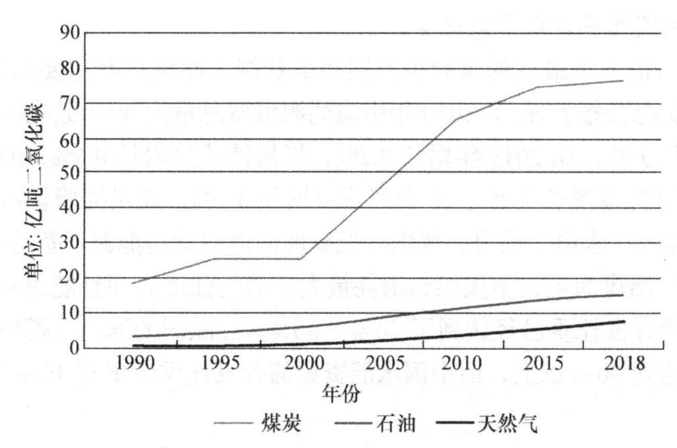

图 1-12　我国二氧化碳排放量（1990 ~ 2018 年）

数据来源：IEA。

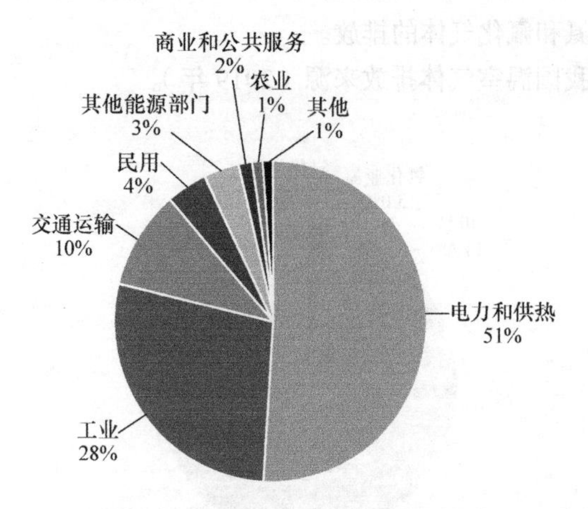

图 1-13　我国二氧化碳排放来源（按部门分类，2018 年）

数据来源：IEA。

需要说明的是，除荷兰环境评估署（PBL）采用的全球大气研究排放数据库（EDGAR）之外，国际上还有多家机构建立了不同碳排放数据库，如公约秘书处、英国石油公司（BP）、美国橡树岭国际实验室碳信息分析中心（CDI-AC）、美国能源信息管理局（EIA）以及世界资源研究所（WRI）开发的气候分析指标工具（CAIT）、全球碳项目（GCP）等。由于不同数据库统计的覆盖范围、口径和估计算法不同，因此碳排放数据会有一定的差异。

中国的经济产业是以煤为主要能源的“高碳经济路径”，近几十年来的经济高速发展是在人口数量巨大、人均收入低、能源强度大、能源结构不合理的条件下实现的，它使中国的资源和环境严重透支。

中国是当前世界上最大的煤炭生产国和消费国，能源消费主要依靠煤炭。《2020 中国生态环境状况公报》显示，2020 年中国能源消费总量为 49.8 亿吨标准煤当量（tce 为吨标准煤当量）㊀，比 2019 年增长 2.2%，煤炭消费量增长 0.6%，原油消费量增长 3.3%，天然气消费量增长 7.2%，电力消费量增长 3.1%。煤炭消费量占能源消费总量的 56.8%，天然气、水电、核电、风电等低碳能源消费量占能源消费总量的 24.3%。

中国能源以燃煤为主，不仅燃料消耗量大、消耗强度高而且能源利用率低。而在美国，水能资源开发比重已经达到了 70% ~ 80%，在欧洲的冰岛、挪威等国，水能资源利用比例已达到 90% 以上，而中国水能资源的开发比重还不到 30%。

㊀ 姚兴佳，刘国喜、朱家玲，等．可再生能源及其发电技术 [M]. 北京：科学出版社，2010。

中国单位 GDP 的能耗是发达国家的 3 ~ 4 倍，是日本的 8 倍、美国的 6 倍、印度的 2.8 倍。中国平均能源利用率仅为 33% 左右，工业用水重复利用率平均为 55%，比发达国家低 10% ~ 25%。工业万元产值用水量高达 $100m^3$，是国外先进水平的 10 倍，比世界平均水平高 3 倍。因此，可以说，中国是世界上产值能耗最高的国家之一。中国因为单位 GDP 的能耗、物耗和水耗过高，单位 GDP 排放的二氧化硫和氮氧化物是发达国家的 8 ~ 9 倍。农业用水量大且效率低下，灌溉水利用率仅为 43%，发达国家则为 70% ~ 80%。2020 年《BP 世界能源统计年鉴》显示，中国单位 GDP 碳排放强度约为世界平均水平的 3 倍。

中国能源利用率低，目前能源利用率仅为 30% 左右，而西欧、日本和美国的能源利用率达到 42% ~ 51%。中国生产 1 美元国民生产总值的商品需要 2.67kg 标准煤，而欧盟只需要 0.38kg 标准煤；同一指标，世界平均水平为 0.52kg 标准煤。同能源利用率高的国家相比，中国相当于 1 年要多耗用 2 亿吨标准煤当量。

我国的产业结构一直处于不合理的状态，当前产业结构的最大问题是落后产能大，产能过剩问题十分突出，主要集中在炼铁、炼钢、焦炭、铁合金、电石、电解铝、铜冶炼、铅冶炼、锌冶炼、水泥、平板玻璃、造纸、酒精、味精、柠檬酸、制革、印染、化纤、铅蓄电池等工业行业。这些行业能耗高、污染物排放量大，如果淘汰落后产能、处置“僵尸”企业、推动产业重组，就能更好地推进供给侧结构改革，减少污染的产生。

中国的二氧化碳排放主要来源是电力热力的生产及供应业、石油加工炼焦及核燃料加工业、化学原料及化学制品制造业、有色金属冶炼及压延加工业、黑色金属冶炼及压延加工业、非金属矿物制品业六大高耗能行业。中国碳核算数据库显示 2017 年电热气水、金属制品和非金属矿物制品三大行业的二氧化碳排放量占总排放量的比例分别为 46.6%、19.7% 和 13.2%。

1.4　气候变化的危害

1.4.1　危害涉及的领域

全球气候变化的影响已经显现，对自然生态系统带来的灾难包括冰川消融、永久冻土层融化、海平面上升、咸潮入侵、生态系统突变、旱涝灾害增加、极端天气频繁等。

2007 年出版的第 1 期《国际生态与安全》杂志发表了由美国五角大楼“战略大师”安德鲁 · 马歇尔担任主要作者的气候变化报告。该报告称，气候变暖将导致地球陷入无政府状态，气候变化将成为人类的大敌，其威胁在某种程度上将超过恐怖主义。图 1-14 所示为气候变化的影响和风险。

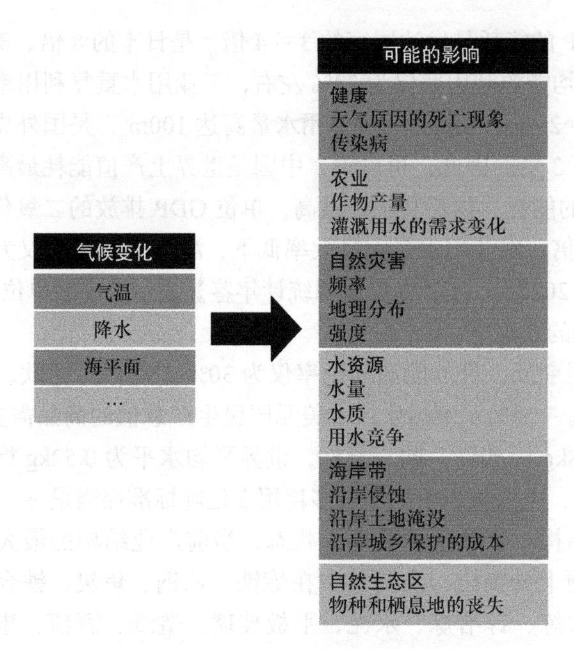

图 1-14 气候变化的影响和风险

资料来源：碳达峰、碳中和 100 问。

1.4.2 气候变化对全球的影响

气候系统的某些成员的变化可能主要发生在某个区域，但是其范围可能达到1000km 以上的次大陆尺度，会对半球甚至全球的气候造成影响，对于这种可能发生本质性变化的气候成员一般称之为临界成员，这些成员往往对气候变化更为敏感。作为临界成员通常要满足四个条件：一是有一个阈值参数；二是这个参数与人类活动导致的气候变化有关；三是这个参数一旦达到某个临界点，该气候成员状态将发生质的变化；四是这种变化将对自然系统和社会经济系统产生重要影响。地球系统中有 17 个这样的气候敏感成员，分别是：北极夏季海冰、格陵兰冰盖、海洋甲烷水合物、多年冻土、喜马拉雅冰川、南极西部冰盖、大西洋经向翻转环流、北美西南部干旱、印度夏季风、西非季风、厄尔尼诺 - 南方涛动（ENSO）变化、北半球（北美）森林、北半球（欧亚大陆）森林、亚马逊森林、冷水区珊瑚礁、热带珊瑚礁、南大洋海洋生物碳泵。其中，前 6 个属于冰冻圈气候要素，中间 5 个属于大气和海洋环流气候要素，最后 6 个属于生物圈气候要素。

在这些已知的全球气候敏感成员中，已有 9 个被激活，包括亚马逊森林经常性干旱，北极海冰面积减少，大西洋环流自 1950 年以来放缓，北美的北方森林火灾和虫害，全球珊瑚礁大规模死亡，永久冻土层解冻，格陵兰冰盖加速消融和失冰，南极西部冰盖加速消融和失冰，南极洲东部加速消融。上述敏感成员之间存在关联，它们被激活将导致气候效应的正反馈机制发生作用。

对于这些成员的变化变量、影响参数、阈值点和影响程度的认识有些已经比较清楚，如格陵兰冰盖，主要变量为冰量，影响参数为温度，临界点为 3℃，时间范围为大于 300 年消融，将使全球海平面高度上升 2 ~ 7m。但有些成员变化的机理则尚不清楚，如 ENSO 在气候变暖下是强度变化增大，还是厄尔尼诺或拉尼娜事件发生的频率会改变。

冰面融化降低地球的反射率进而导致地表温度上升、海平面上升、海洋生物死亡、海洋和大气循环模型遭到破坏，这些变化又影响了全球的温度和降雨量，气候的改变可能导致森林死亡从而释放大量温室气体，引发地球上多个系统可能由碳汇变成碳源。这些敏感成员一旦被突破还将触发一系列的级联效应，进一步加剧气候变化，推动更多敏感系统越过临界点，增加对人类生存与文明的威胁。

全球气候持续变暖，较高的温度将使冰川雪线上升，全球范围内冰川大幅度消融，许多区域的冰川持续退缩。1979 ~ 2019 年北极海冰范围呈显著减少趋势（见图 1-15），其中 9 月海冰范围平均每十年减少 12.9%；2006 ~ 2015 年全球山地冰川物质损失速率达 1230 ± 240 亿 t/ 年，物质亏损量较 1986 ~ 2005 年增加了 30% 左右。

图 1-15 北极海冰面积减少

1901 ~ 1990 年全球平均海平面每年上升 1.5mm，1993 ~ 2019 年全球平均海平面上升率为 3.2mm / 年。《气候变化中的海洋和冰冻圈特别报告》显示，自 20 世纪以来，全球海平面上升了 15cm。近几年，海平面上升速度已经达到了历史最高值——3.6mm/ 年。如果不加以控制，到 21 世纪末，海平面有可能上升 60 ~ 110cm。到 2300 年，海平面可能会上升到 3m 以上，这取决于温室气体排放水平和南极冰盖的反应。海平面升高，使一些海岸地区被海水淹没，部分地区将不再适合人类居住。有分析表明，如果海平面上升 30 ~ 50cm，全球超过 10 万 km 的海岸线将受其影响，珠江三角洲和孟加拉国的恒河三角洲处境尤为堪忧；如果海平面升高大于 50cm，超过 50 万 km^2 的土地将受到影响，斐济和马尔代夫等国的领土将所剩无几，孟加拉国、印度和越南的部分领土也将被淹没。

海洋温度升高，海水酸化。珊瑚虫与其体内的腰鞭毛虫藻失去共生关系，丧失原有的美丽的色彩，导致珊瑚白化死亡现象（见图 1-16），珊瑚覆盖面积减小，珊瑚礁群落生物多样性受到很大威胁。有研究表明，随海表水温上升，鲸类在低纬地区的分布范围减小，一些鱼类种群分布趋向于高纬度或深海水域。这打乱了原有海域和高纬度、深海海域的生态平衡，破坏生物多样性。

图 1-16　珊瑚白化死亡现象

高纬度地区和高海拔山区的多年冻土层也在变暖和融化。影响下游的径流和水资源与水质。

随着气候变暖，全球维持了亿万年的热量平衡被打破，世界各地洪水、干旱（见图 1-17）、台风、酷热等气象异常事件频发。世界上一些大河的径流量在减少。部分生物物种的地理分布、季节性活动、迁徙模型和丰度等都发生了改变。科学家估计，被誉为“地球之肺”的贝伦 - 亚马逊河三角洲，在几十年内，会因气候变化使亚马逊森林变成萨瓦纳稀树草原。

图 1-17　干旱

全球气候变化会使全球气温和降雨形态迅速发生变化，造成大范围的森林植被破坏，使许多地区的农业和自然生态系统无法适应或不能很快适应气候的变化，进而影响粮食作物的产量和作物的分布类型，使农业生产受到破坏性影响。气候变化能够使小麦和玉米平均每 10 年分别减产约 1.9% 和 1.2%，1961 年以来的气候变化，已经使全球农业生产力下降了 21%。可能引发了大范围的粮食危机。《2019 年全球气候状况声明》显示，2019 年，全球“气候难民”总人数接近 2200 万。

《气候脆弱性监测》报告指出，全球气候变暖正在使世界经济每年遭受约 1.6% 的损失。联合国环境规划署发布的报告显示，到 2050 年，发展中国家适应气候变化的成本可能将升至每年 2800 亿 ~5000 亿美元。联合国开发计划署的资料则显示到 2030 年，将有 43 个国家的国内生产总值（GDP）会受到全球变暖的直接影响，亚、非国家所受经济损失将尤其明显。

1.4.3 气候变化对中国的影响

中国是全球气候变化的敏感区和影响显著区，自 20 世纪 50 年代以来升温明显高于全球平均水平，是受到气候变化影响最严重的国家之一。气候变化持续影响中国的生态环境和经济社会发展，已对粮食安全、水安全、生态安全、能源安全、城镇运行安全以及人民生命财产安全构成严重威胁。

（1）冰川加速退缩，冻土面积减少

青藏高原和天山冰川加速退缩，一些小型冰川消失，近 50 年来中国西北冰川面积减少了 21%，西藏冻土最大减薄了 4 ~ 5m，冻土面积减少约 18.6%。

（2）平均年降水量年际波动

1961 ~ 2019 年中国平均年降水量存在较大的年际波动，东北西北大部和东南部年降水量呈现明显的增多趋势，自东北地区南部和华北部分地区至西南地区大部年降水量呈现减少趋势。气候变化导致我国水问题严峻，东部主要河流径流量有所减少，海河和黄河径流量减幅高达 50% 以上，导致北方水资源供需矛盾加剧。干旱区范围可能扩大，荒漠化可能性加重。因水资源短缺，耕地受旱面积不断增加。农业生产不稳定性和成本增加，品质下降。

（3）海平面持续上升

《中国气候变化蓝皮书（2019）》显示，海洋温度升高将导致珊瑚礁、贻贝海床、藻类栖息地等受到严重破坏，导致海洋环境发生巨大改变。中国自然资源部海洋预警监测司 2018 年发布的《中国海平面公报》显示，1980 ~ 2018 年，中国沿海海平面上升速率为 3.3mm / 年，高于同时段全球平均水平。据中国《第三次气候变化国家评估报告》预测，到 21 世纪末，中国沿海地区的海平面将比 20 世纪高出 0.4 ~ 0.6m。当海平面上升超过 1m 时，一些人口集中的河口三角洲地区（包括长江三角洲、珠江三角洲和黄河—海河三角洲）将受到严重损害，中国沿海将有 12 万 km^2 的土地被海水吞噬。

（4）极端天气频率增高

我国极端天气气候事件发生的频率越来越高。极端高温事件、洪水、台风、干旱等均有增加，造成的经济损失也在增多。极端天气气候灾害对我国所造成的直接经济损失由 2000 年之前的平均每年 1208 亿元增加到 2000 年之后的平均每年 2908 亿元，增加了 1.4 倍。极端天气气候事件对基础设施和重大工程运营产生显著不利影响。日益频繁和严重的气候风险威胁着人类系统的稳定性，还将以“风险级联”的方式通过复杂经济和社会系统传递，给我国可持续发展带来重大挑战。

气候变化已不同程度影响着我国生态系统的结构，气候变化叠加自然干扰和人类活动，导致生物多样性减少，生态系统稳定性下降，脆弱性增加。

（5）影响城市环境

气候变暖还会影响城市环境，加剧城市的“五岛效应”，即热岛效应、干岛效应、湿岛效应、雨岛效应和浑浊岛效应。一般城市地区的气温变化明显高于周围郊区，城市就像一个“热岛”，而干岛效应与热岛效应通常是相随的。由于城市主体是由成片钢筋水泥筑就的不透水下垫面构成，易形成孤立于周围地区的“干岛”，有些城市在某些时间湿度比较大，如上海在 1 月份夜间出现湿岛的次数最多，但强度偏弱，而夏季次数少，但强度大。大城市高楼林立，空气循环不畅，加上建筑物空调、汽车尾气容易使城市上空形成热气流，导致强降水事件增多，甚至形成城市区域性内涝。浑浊岛效应主要是由于城市颗粒污染物增加，凝结核过多，近 50 年来我国城市地区的雾霾天气总体呈增加趋势。

高温热浪、暴雨、暴雪、台风等损坏交通运输设备、地面设施，增加交通安全隐患，对城市公路、铁路、航空、航海的正常运行造成了极大影响。沿海城市面临的洪涝灾害风险将明显增加，近些年我国东南沿海城市常发生“台风、风暴潮、暴雨”等同期发生的极端事件，造成重大的人员、经济损失。

1.4.4 跨境关联

气候变化造成的影响不仅仅局限在一个地区、一个国家，经常会造成全球大范围更为广泛的连锁反应，特别是在目前社会经济更为全球化的情况下。如 2007 ~ 2008 年的全球粮食危机，触发此次危机的主要气候因素是澳大利亚发生的连续干旱事件，而澳大利亚是世界小麦市场的主要供应商。2006 年澳大利亚发生了被称为“千年大旱”的旱灾，之后又是多次干旱，导致小麦连续减产。而此前粮食系统已因库存不足，其后逐渐转移到对牲畜饲养和生物燃料生产的影响。由于全球粮食库存不足，各国政府迅速做出了反应，全球排名前 17 位的小麦出口国中有 6 个国家、排名前 9 位的大米出口国中有 4 个国家都采取了不同程度的贸易限制。由此全球粮食供应大幅度减少，从而推动粮食价格相应飙升。在高收入国家，食物支出在总支出中的比例相对较小，但低收入国家的情况则与之相反，高度依赖粮食进口的国家，在价格暴涨时受到更大冲击，全球多个国家发生骚乱，甚至一些国家政局发生更替。

类似这种影响多个国家、多个行业的气候变化风险虽然可能发生的概率不高，但是一旦发生，通常会以一种难以预测的方式加速演变、连锁发展。它往往是由某一种极端事件引发，通过一系列的因果风险链，进而影响更大范围、多个系统的结构、功能和稳定性，导致大范围、高风险的后果。

全球变暖会成为影响人类健康的一个主要因素，表现为发病率和死亡率增高，发展中国家将承受气候变化带来的更加巨大的压力。世界卫生组织的研究表明，2030 ~ 2050 年，因气候变化导致的疟疾、痢疾、热应激和营养不良将造成全球每年 25 万人死亡。气候变暖还会使高山冰川融化，出现生态难民。图 1-18 所示为源于气候危机的系统性风险概念框架。

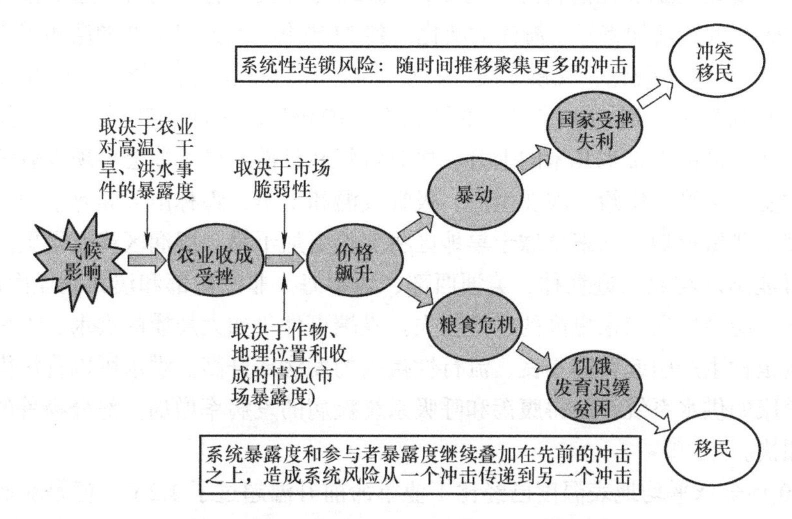

图 1-18　源于气候危机的系统性风险概念框架

资料来源：《中英合作气候变化风险评估——气候风险指标研究》。

1.4.5　未来的气候风险

未来全球气候变化带来的风险主要表现在以下几方面：1）水资源：随着温室气体浓度的增加风险将显著增加，21 世纪许多干旱亚热带区域的可再生地表和地下水资源将显著减少，地区间的水资源竞争恶化。升温每增加 1℃，全球受水资源减少影响的人口将增加 7%。2）生态系统：如寒带北极苔原和亚马逊森林面临高风险，部分陆地和淡水物种可能面临更高的灭绝风险。3）粮食生产与粮食安全：如果不能适应局地温度比 20 世纪后期升高 2℃或更高，预计除个别地区可能会受益外，气候变化将对热带和温带地区的主要作物（小麦、水稻和玉米）的产量产生不利影响。4）海岸系统和低洼地区：将更多受到海平面上升导致的淹没、海岸洪水和海岸侵蚀等不利影响，沿岸生态系统的压力将显著增加。5）人体健康：将通过恶化已有的健康问题来影响人类健康，加剧很多地区尤其是低收入发展中国家的不良健康状况。6）经济部门：

对于大多数经济部门而言，温升 2℃左右可能导致全球年经济损失达 0.2% ~ 2.0%。

总体上，相对于工业化前温升 1℃或 2℃时，全球所遭受的风险处于中等至高风险水平；温升超过 4℃或更高，全球将处于高或非常高的风险水平。

1.4.6 不同温升的差别

当前的全球气候变化主要是由于人类活动向大气排放温室气体导致的。如果人类对自己排放的温室气体不加以控制的话，未来的地球将会持续变暖，这个变暖的过程将会影响地球的方方面面。根据科学家对未来气候预估的结果表明，到 21 世纪末全球的平均温度相比工业化前将上升约 4℃，极地的升温可能会远高于这个幅度。大气中二氧化碳浓度的增加将导致海洋的酸化，到 2100 年 4℃或以上的增温相当于海洋酸性增加 150%。海洋酸化、气候变暖、过度捕捞和栖息地的破坏给海洋生物和生态系统带来了不利影响。到 2100 年 4℃的增温将可能导致海平面上升 0.5~1m，并将会在接下来的几个世纪内带来几米的上升，届时每年 9 月份北极可能会出现没有海冰的情况。气候变化将给水供给、农业生产、极端气温和干旱、森林山火和海平面上升风险等方面带来严重影响。未来全球干旱地区将变得更加干旱，湿润区将变得更湿润。极端干旱可能出现在亚马逊森林、美洲西部、地中海、非洲南部和澳大利亚南部地区，许多地方可能会导致未来更高的经济损失。极端事件（如大规模的洪水、干旱等）可通过影响粮食生产引起营养不良、流行性疾病的发病率升高。洪水可以将污染物和疾病带到健康的供水系统，使得腹泻和呼吸系统疾病的发病率增加。部分物种的灭绝速度将会加快。

2020 年全球平均地表温度已经比工业革命前升温超过了 1.2℃，但是对居住在地球上不同地区的人们，感受到的并不是均匀上升了 1.2℃，有些地区已经上升了 2℃以上，有些可能还不到 1.2℃。当全球升温 1.5℃，中纬度地区极端热日会升温约 3℃，而全球升温 2℃时则约为 4℃，全球升温 1.5℃，高纬度地区极端冷夜会升温约 4.5℃，而全球升温 2℃则约为 6℃。与全球升温 1.5℃相比，预估全球升温 2℃时，北半球一些高纬度地区、高海拔地区、亚洲东部和北美洲东部，强降水事件带来的风险更高，与热带气旋相关的强降水更多，受强降水引发洪灾影响的全球陆地面积比例更大。

全球相对于工业化前温升 1.5℃将对陆地和海洋生态系统、人类健康、食品和水安全、经济社会发展等造成诸多风险和影响，但与全球升温 2℃相比，1.5℃温升对自然和人类系统的负面影响更小。如相比 2℃温升，1.5℃温升时北极出现夏季无海冰状况的概率将由十年一遇降低为百年一遇；21 世纪末全球海平面上升幅度将降低 0.1m，使近 1000 万人口免受海平面上升的威胁；海洋酸化和珊瑚礁受威胁的程度也小于 2℃温升的后果。对健康、生计、粮食安全、水供应和经济增长的气候相关风险预估会随着全球升温 1.5℃而加大，而随着升温 2℃，此类风险会进一步加大。温升 1.5℃或 2℃的风险见表 1-1。

表 1-1　温升 1.5℃或 2℃的风险

领域	温升 1.5℃的风险	温升 2℃的风险
高温热浪（全球人口中至少 5 年一遇的比例）	14%	37%
无冰的北极（夏季海上无冰频率）	每百年至少 1 次	每十年至少 1 次
海平面上升（2100 年海平面上升值）	0.40m	0.46m
脊椎动物消亡（至少失去一半数量物种的比例）	8%	16%
昆虫消亡（至少失去一半数量的物种比例）	6%	18%
生态系统（生物群落发生转变对应的地球陆地面积）	7%	13%
多年冻土（北极多年冻土融化面积）	480 万 km^2	660 万 km^2
粮食产量（热带地区玉米产量减少）	3%	7%
珊瑚礁（减少比例）	70% ~ 90%	99%
渔业（海洋渔业产量损失）	150 万 t	300 万 t

资料来源：IPCC 全球升温 1.5℃特别报告。

科学和政治的综合研究认为，一旦未来全球平均气温升高超过 2℃的阈值，人类生活就可能面临较大的危险。为了避免这一可能发生的风险，必须要将温室气体排放控制在一定范围内。因此，我们常讲的碳排放空间主要是指为避免一定程度的全球地表平均温度上升，估算的满足累积排放限制的温室气体排放轨迹下的区间。该排放空间可以在全球层面、国家层面或者国家以下层面进行定义。如果按照控制温升不超过 1.5℃，现有研究认为，当前人为二氧化碳排放量为每年 420 亿 t，实现 1.5℃温升要求的剩余排放空间不到 4200 亿 t 二氧化碳，如果维持当前排放速率，将在 10 年之内用尽。

由于二氧化碳在大气中的存在寿命最长可以达到 200 年，所以即使人类停止向大气中排放二氧化碳，累积在大气中的二氧化碳也还会造成全球气温的持续上升。存留在大气中的二氧化碳的升温效应，被称为二氧化碳的累积效应。因此，在考虑将温升控制在 2℃或 1.5℃目标的排放路径时，不仅需要考虑全球剩余的排放空间，还需要考虑二氧化碳的累积效应。IPCC 对实现 2℃或 1.5℃温升目标排放路径做了综合评估，并对不同的模型结果进行了对比和计算，给出了不同温升目标下全球温室气体排放的路径。IPCC 第五次评估报告指出全球若要实现 2℃温升目标，需要在 2050 年时的全球温室气体排放量比 2010 年减少 40% ~ 70%，在 21 世纪末温室气体的排放量要接近或者是低于零。2018 年，IPCC 发布的《全球 1.5℃增暖》特别报告指出要实现温升 1.5℃目标，需要 2030 年全球温室气体排放量比 2010 年减少 40% ~ 60%，在 2050 年左右温室气体的排放量接近于零。

Chapter 2

第2章 应对气候危机的战略

针对2030年应对气候变化国家自主贡献目标，我国提出力争在2030年前二氧化碳排放达到峰值，制订了2030年前碳排放达峰行动方案，锚定努力争取2060年前实现碳中和。本章将介绍碳达峰与碳中和的内涵；全球气候治理气候变化的共识；全球和中国温室气体排放的状况；国家自主贡献的承诺和中国应对气候危机的战略等。

2.1 碳达峰与碳中和

为了应对气候变化，促进人类社会的可持续发展，必须努力减少温室气体排放。因此，人类提出碳达峰与碳中和的战略目标。

碳达峰是指全球、国家、城市、企业等主体的碳排放在由升转降的过程中，碳排放的最高点即碳峰值。大多数发达国家已经实现碳达峰，碳排放进入下降通道。我国目前碳排放虽然比2000～2010年的快速增长期增速放缓，但仍呈增长态势，尚未达峰。

碳中和是指人为排放源与通过植树造林、碳捕集与封存（Carbon Capture and Sequestration，CCS）技术等人为吸收汇达到平衡。碳中和目标可以设定在全球、国家、城市、企业活动等不同层面，狭义指二氧化碳的排放，广义也可指所有温室气体的排放。对于二氧化碳，碳中和与净零碳排放概念基本可以通用，但对于非二氧化碳类温室气体，情况则比较复杂。由于甲烷是短寿命的温室气体，只要排放稳定，不需要零排放，那么长期来看也不会对气候系统造成影响。

根据2020年12月全球碳项目（Global Carbon Project，GCP）发布的《2020年全球碳预算》报告估计，陆地和海洋大约吸收了全球54%的碳排放，那么是否全球减排一半就可以实现碳中和了呢？答案是否定的。需要特别强调的是，碳中和目标的吸收汇只包括通过植树造林、森林管理等人为活动增加的碳汇，而不是自然碳汇，也不是碳汇的存量。海洋吸收二氧化碳造成海洋的不断酸化，对海洋生态系统造成不利影响。陆地生态系统自然吸收的二氧化碳是碳中性的，并非永久碳汇。如森林生长期吸收碳，成熟期吸收能力下降，死亡腐烂后二氧化碳重新排放到空气中。一场森林大火还可能将森林储存的碳变为二氧化碳快速释放。因此，人为排放到大气中的二氧化碳必须通过人为增加的碳吸收汇清除，才能达到碳中和。

根据2018年政府间气候变化专门委员会（IPCC）1.5℃特别报告的主要结论，要实现《巴黎协定》下的 2℃目标，要求全球在 2030 年比 2010 年减排 25%，在 2070 年左右实现碳中和。而实现 1.5℃目标则要求全球在 2030 年比 2010 年减排 45%，在 2050 年左右实现碳中和。无论如何，全球碳排放都应在 2020 ~ 2030 年尽早达峰。

2.2　全球气候治理四大里程碑

应对气候变化是一个全球性公共问题。地球大气资源具有公共物品属性，气候变化影响和治理均是全球性的，依靠单一国家的努力难以有效应对气候变化。

国际合作为全球应对气候变化规划目标和路径。一方面，国际合作可以推动气候认知和科技创新，通过交流合作，提升国际社会对气候问题的认识并确立行动目标，促进气候友好技术的开发和普及应用；另一方面，通过国际合作引导投资、市场及经济发展方向，借助资金支持模式、国际贸易规则等手段，促进建立气候与环境友好型市场体系，引导建立低碳经济。

《联合国气候变化框架公约》等国际合作机制为国家间开展气候治理提供合作平台。通过在联合国平台下开展气候行动目标谈判，以及二十国集团（G20）、亚太经济合作组织（APEC）等相关国际机制下开展气候对话，促进各国进一步凝聚共识，提升气候行动成效。各国发展阶段不同，应对气候变化的能力存在差异，国际合作可以帮助和推动更多国家实现低碳转型发展，同时，保障全球气候安全。

《联合国气候变化框架公约》《京都议定书》“巴厘岛路线图”和《巴黎协定》通常被认为是全球气候治理进程中的四大里程碑。

2.2.1 《联合国气候变化框架公约》

《联合国气候变化框架公约》是 1992 年 6 月在里约热内卢联合国环境与发展大会上，由 154 个国家和地区共同签署的一项公约，由序言及 26 条正文组成，具有法律约束力，1994 年 3 月 21 日生效。

《联合国气候变化框架公约》的核心内容包括：一是确立了应对气候变化的最终目标，将大气温室气体的浓度稳定在防止气候系统受到危险的人为干扰的水平上，这一水平应当在足以使生态系统能够可持续进行的时间范围内实现；二是确立了国际合作应对气候变化的基本原则，主要包括“共同但有区别的责任”原则、公平原则、各自能力原则和可持续发展原则等；三是明确发达国家应承担率先减排和向发展中国家提供资金技术支持的义务；四是承认发展中国家有消除贫困、发展经济的优先需要；它们在全球排放中所占的份额将增加，经济和社会发展以及消除贫困是发展中国家首要和压倒一切的优先任务。

《联合国气候变化框架公约》确定了应对气候变化的基本原则：一是“共同但有区别的责任”原则，要求发达国家应率先采取措施，应对气候变化；二是要考虑发展中国家的具体需要和国情；三是各缔约国应当采取必要措施，预测、防止和减少引起气候变化的因素；四是尊重各缔约方的可持续发展权；五是加强国际合作，应对气候变化的措施不能成为国际贸易的壁垒。

《联合国气候变化框架公约》是世界上第一个为全面控制二氧化碳等温室气体排放，应对全球气候变暖给人类经济和社会带来不利影响的国际公约，也是国际社会在应对全球气候变化问题上进行国际合作的一个基本框架，它奠定了应对气候变化国际合作的法律基础。

2.2.2 《京都议定书》

《京都议定书》是1997年12月在日本京都召开的《联合国气候变化框架公约》缔约方第三次会议上通过的，共有28个条款和2个附件，2005年2月16日正式生效。其目标是将大气中的温室气体含量稳定在一个适当的水平，进而防止剧烈的气候改变对人类造成伤害，以及限制发达国家温室气体排放量以抑制全球变暖。

《京都议定书》规定，到2010年，所有发达国家二氧化碳等6种温室气体的排放量，要比1990年减少5.2%。2008～2012年，与1990年相比，欧盟削减8%、美国削减7%、日本削减6%、加拿大削减6%、东欧各国削减5%～8%，新西兰、俄罗斯和乌克兰的排放量可以与1990年排放量基本相当，爱尔兰、澳大利亚和挪威的排放量可比1990年分别增加10%、8%和1%。

《京都议定书》规定了减排多种温室气体，包括二氧化碳、甲烷、氧化亚氮、氢氟碳化物、全氟化碳和六氟化硫，《京都议定书多哈修正案》将三氟化氮（NF_3）纳入管控范围。

《京都议定书》首开全球范围内以法规的形式限制温室气体排放的先河。为了使各国完成温室气体减排的目标，允许采取以下四种减排方式：第一种是两个发达国家之间可以进行排放额度买卖的“排放权交易”，难以完成削减任务的国家，可以花钱从超额完成任务的国家买进超出的额度；第二种是以“净排放量”计算温室气体排放量，从本国实际排放量中扣除森林所吸收的二氧化碳的数量；第三种是可以采用绿色开发机制，促使发达国家和发展中国家共同减少温室气体的排放；第四种是可以采用“集团方式”，欧盟内部的国家可作为一个整体，采取有的削减、有的增加的方法，在总体上完成减少温室气体的排放任务。

国际排放贸易机制（ET）、联合履行机制（JI）和清洁发展机制（CDM）成为《京都议定书》建立的旨在减少温室气体排放的三个灵活合作机制。清洁发展机制规定了允许工业化国家的投资者从其在发展中国家实施的并有利于发展中国家可持续发展的减排项目中获取“经证明的减少排放量”。实施该机制下的造林再造林碳汇项目，是发达国家和发展中国家之间在林业领域内的唯一合作机制。由于森林与气候的变化关系密切，森林生长可吸收并固定二氧化碳，是二氧化碳的吸收汇、贮存库和缓冲器，但如果森林遭受破坏、生病或是死亡，蓄积在这些森林里的二氧化碳就会被释放出来，使森林变成二氧化碳的排放源。因此，造林、退化生态系统恢复、建立农林复合系统、加强森林可持续管理等措施，可增强陆地碳吸收量。减少毁林、改进采伐作业措施、提高木材利用效率以及更有效地控制森林灾害，可减少陆地碳排放量。以耐用木质林产品替代能源密集型材料、生物能源，加强采伐剩余物的回收利用，可减少能源和工业部门的温室气体排放量。

时任联合国秘书长安南在《京都议定书》正式生效后指出："这是全世界迎战一个真正的全球性挑战的、具有历史意义的一步……所有国家从现在开始，都要尽最大的努力去迎接气候变化的挑战，不要让气候拖住我们的后腿，使我们无法实现千年发展目标。"

2.2.3 "巴厘岛路线图"

"巴厘岛路线图"是 2007 年 12 月 15 日在印度尼西亚巴厘岛举行《联合国气候变化框架公约》第十三次缔约方会议暨《京都议定书》缔约方第三次会议通过的，共有 13 项内容和 1 个附录。

"巴厘岛路线图"的主要内容包括：一是路线图指出气候变暖是不争的事实，拖延减少温室气体排放的行动只会增加气候变化影响加剧的危险；二是路线图强调了国际合作，依照《联合国气候变化框架公约》原则，将考虑社会、经济条件及其他相关因素，缔约方的共同行动包括一个关于减排温室气体的全球长期目标，以实现《联合国气候变化框架公约》的最终目标；三是路线图确定通过谈判达成减缓全球变暖新协议的框架，美国这个仍在《京都议定书》之外的唯一工业大国将被纳入新协议的框架之内；四是路线图规定所有缔约的发达国家都要履行可测量、可报告、可核实的温室气体减排责任，尽管没有具体确定减排目标和具体哪些国家应当减排及减排的数量，但规定了到 2020 年将工业化国家的温室气体排放量在 1990 年的水平上降低 25% ~ 40% 的目标和到 2050 年实现全球排放量减少 50% 的目标；五是路线图规定发展中国家也要采取可测量、可报告和可核实的行动，来减少温室气体的排放，但不设定具体目标，发达国家有义务向发展中国家提供在适应气候变化、技术开发和转让、资金支持问题等方面的帮助；六是路线图包括为减少发展中国家的毁林和森林退化提供可能的财政支持，毁林与森林退化问题将最终被纳入法律的框架之中；七是路线图规定谈判将于 2009 年年底在哥本哈根结束，协议在 2012 年年底生效，以接替《京都议定书》。

"巴厘岛路线图"是人类应对气候变化历史中的一座新里程碑，确定了加强落实《联合国气候变化框架公约》的领域，为进一步落实《联合国气候变化框架公约》指明了方向。

2009 年 12 月 7 日 ~ 18 日，《联合国气候变化框架公约》第十五次缔约方大会暨

《京都议定书》第五次缔约方会议在丹麦哥本哈根召开，共有来自 192 个国家和地区的代表参加，115 位国家领导人出席，极大地促进了全球对气候变化问题的关注。会议达成了一份不具有法律约束力的《哥本哈根协议》，决定延续“巴厘岛路线图”的谈判进程，推动谈判向正确的方向迈进，同时提出建立帮助发展中国家减缓和适应气候变化的绿色气候基金。会议成为全球走向生态经济发展道路的一个重要转折点。

2.2.4 《巴黎协定》

《巴黎协定》是 2015 年 12 月 12 日在巴黎气候变化大会上通过、2016 年 4 月 22 日在纽约联合国总部签署的，2016 年 11 月 4 日正式生效，共 29 项条款，包括目标、减缓、适应、损失损害、资金、技术、能力建设、透明度、全球盘点等内容。《巴黎协定》坚持公平原则、共同但又区别的责任原则、各自能力原则。

《巴黎协定》的目标是将全球平均气温升幅较工业化前水平控制在显著低于 2℃的水平，并向升温较工业化前水平控制在 1.5℃努力；在不威胁粮食生产的情况下，增强适应气候变化负面影响的能力，促进气候恢复力和温室气体低排放的发展；使资金流动与温室气体低排放和气候恢复力的发展相适应。

到 2030 年全球碳排放量控制在 400 亿 t，2080 年实现净零排放，21 世纪下半叶实现温室气体净零排放；各方将以“自主贡献”的方式参与全球应对气候变化行动；发达国家继续提出全经济范围绝对量减排目标，鼓励发展中国家根据自身国情逐步向全经济范围绝对量减排或限排目标迈进；发达国家加强对发展中国家的资金、技术和能力建设支持，帮助发展中国家减缓和适应气候变化；建立“强化”的透明度框架，重申遵循非侵入性、非惩罚性的原则，并为发展中国家提供灵活性；从 2023 年开始，每 5 年将对全球行动总体进展进行一次盘点，以帮助各国提高力度、加强国际合作，实现全球应对气候变化长期目标。

到 2017 年 11 月，共有 197 个《联合国气候变化框架公约》缔约方签署了《巴黎协定》，这些缔约方的温室气体排放量占全球温室气体排放量的比例接近 100%。

《巴黎协定》将全球气候治理的理念进一步确定为低碳绿色发展，把国际气候谈判的模式从自上而下转变为自下而上，奠定了世界各国广泛参与减排的基本格局，成为《联合国气候变化框架公约》下，继《京都议定书》后第二个具有法律约束力的协定，在国际社会应对气候变化进程中向前迈出了关键一步。《巴黎协定》的达成为解决气候危机打下了基础，是全球气候治理进程的里程碑，标志着解决全人类面临的气候问题开始进入全球合作的新时代。

图 2-1 所示为全球应对气候变化的时间节点。

中国积极参与了与气候问题相关的国际治理进程，不仅在《联合国气候变化框架公约》的谈判中体现建设性姿态，也积极派员参与公约外的各项国际进程，如千年发展目标论坛、经济大国能源与气候论坛、国际民用航空组织、国际海事组织以及联合国秘书长气候变化融资高级咨询组等合作机制。

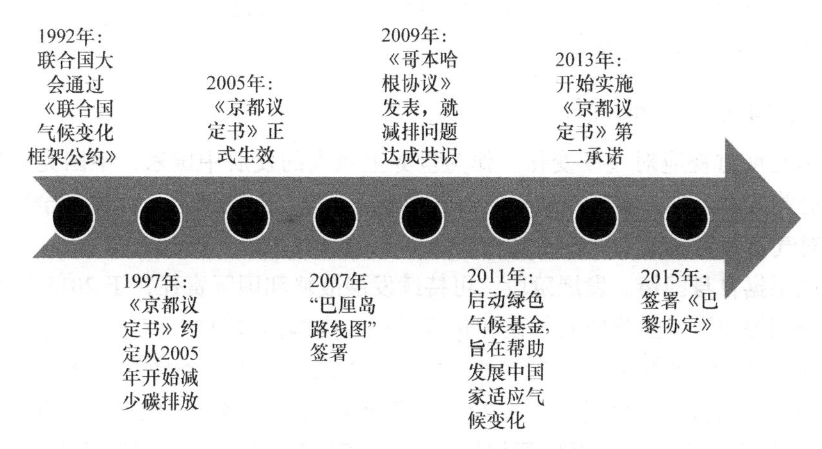

图 2-1　全球应对气候变化的时间节点

中国充分发挥大国影响力，加强与各方沟通协调，推动全球气候治理的发展。一方面，中国与其他国家保持密切沟通，寻求共识。先后同美国、英国、印度、巴西、欧盟、法国等发表气候变化联合声明，就加强气候变化合作、推进多边进程达成一系列共识，并且通过“基础四国”“立场相近发展中国家”“77 国集团 + 中国”等谈判集团，在发展中国家发挥建设性引领作用，维护发展中国家的团结和共同利益。另一方面，中国积极帮助其他受气候变化影响较大、应对能力较弱的发展中国家。多年来，中国通过开展气候变化相关合作为非洲国家、小岛屿国家和最不发达国家提高应对气候变化能力提供了积极支持，主要包括中国气候变化南南合作基金、气候变化南南合作“十百千”项目、“一带一路”倡议等。

2.3　国家自主贡献

2.3.1　国家自主贡献原则

国家自主贡献（NDC）是指批准《巴黎协定》的国家为实现协定提出的全球行动目标，根据自身情况确定的参与国际合作应对气候变化行动目标，包括温室气体控制目标，适应目标、资金和技术支持等。新的或更新的 NDCs 于 2020 年提交，此后每 5 年提交一次。受新型冠状病毒肺炎疫情影响，多数国家延迟提交，NDCs 代表了一个国家的减排意愿和目标。

2015 年左右，共有 193 个缔约方提交了预期的国家自主贡献（INDC），大部分国家在批准《巴黎协定》后，其 INDC 已自动转为 NDC。部分国家在无条件的 NDC 之外还提出了有条件的 NDC 目标，只有得到资金和技术援助，才能实现更高的减排目标。

截至2021年2月20日，有8个国家提交了第二轮更新NDC。2020年12月，欧盟通过了2030年相比1990年减排55%的新目标。英国脱欧后拟独立提出到2030年相对1990年减排68%的新目标。

2.3.2 中国自主贡献新目标

中国高度重视应对气候变化。作为世界上最大的发展中国家，中国克服自身经济、社会等方面困难，实施一系列应对气候变化战略、措施和行动，参与全球气候治理，应对气候变化取得了积极成效。

中国根据自身国情、发展阶段、可持续发展战略和国际责任，于2015年6月30日向联合国提交了《强化应对气候变化行动——中国国家自主贡献》，而且中国自主减排目标不附加任何条件，包括：二氧化碳排放2030年左右达到峰值并争取尽早达峰；单位国内生产总值二氧化碳排放比2005年下降60%～65%，非化石能源占一次能源消费比重达到20%左右，森林蓄积量比2005年增加45亿m^3左右。为实现到2030年的应对气候变化自主行动目标，还明确提出了体制机制、生产方式、消费模式、经济政策、科技创新、国际合作等方面的强化政策和措施。

2020年9月22日，习近平主席在第七十五届联合国大会一般性辩论时郑重宣示："中国将提高国家自主贡献力度，采取更加有力的政策和措施，二氧化碳排放力争于2030年前达到峰值，努力争取2060年前实现碳中和"。中国正在为实现这一目标而付诸行动。2020年12月12日，习近平主席在气候雄心峰会上进一步提出了中国国家自主贡献新举措："到2030年，中国单位国内生产总值二氧化碳排放将比2005年下降65%以上，非化石能源占一次能源消费比重将达到25%左右，森林蓄积量将比2005年增加60亿m^3，风电、太阳能发电总装机容量将达到12亿kW以上。"作为负责任的国家，中国积极推动共建公平合理、合作共赢的全球气候治理体系，为应对气候变化贡献中国智慧、中国力量。面对气候变化的严峻挑战，中国愿与国际社会共同努力、并肩前行，助力《巴黎协定》行稳致远，为全球应对气候变化做出更大的贡献。

2.3.3 中国提交新文献

2021年10月28日，《联合国气候变化框架公约》（以下简称《公约》）第26次缔约方大会（COP26）前夕，中国国家联络人向《公约》秘书处正式提交《中国落实国家自主贡献成效和新目标新举措》（以下简称《自主贡献》）和《中国本世纪中叶长期温室气体低排放发展战略》（以下简称《长期战略》）。2021年10月29日，生态环境部举行新闻发布会，新闻发言人介绍，《自主贡献》总结了2015年以来中国落实国家自主贡献的显著成效，全面展示了中国为应对气候变化做出的巨大努力和贡献。《自主贡献》提出了新的国家自主贡献目标。《自主贡献》从统筹有序推进碳达峰碳中和、主动适应气候变化、强化支撑保障等方面阐述了落实新的国家自主贡献目标的重要政策措施和重点任务，体现了中国落实国家自主贡献的坚定决心。同时，还向国际社会阐述了中国对全球气候治理的基本立场、所做贡献和进一步推动应对气候变化国际合作的考虑，积极推动构建公平合理、合作共赢的全球气候治理体系。《长期战略》提出了我国推动长期温室气体低排放发展的基本方针，强调坚持系统观念，处理好发展和减排、整体和局部、短期和中长期的关系，统筹稳增长和调结构，把碳达峰、碳中和纳入经济社会发展全局，加快形成节约资源和保护环境的产业结构、生产方式、生活方式、空间格局，坚定不移走生态优先、绿色低碳的高质量发展道路，确保如期实现碳达峰、碳中和。《长期战略》明确了经济体系、能源体系、工业体系、城乡建设、综合交通运输体系、非二氧化碳温室气体等领域的战略愿景、重点导向和实现路径，持续推动气候治理体系和治理能力现代化，明确了长期推进绿色低碳发展的方向。《长期战略》还提出了坚持公平合理、坚持合作共赢、坚持尊重科学、坚持信守承诺的全球气候治理理念与主张，对国际社会携手应对气候变化发出倡议。

2021 年 10 月 31 日，《联合国气候变化框架公约》第 26 次缔约方大会（COP26）在英国格拉斯哥举行，这是《巴黎协定》进入实施阶段以来的首次气候大会。

2.3.4　中国实现新目标面临的挑战

中国实现国家自主贡献面临巨大挑战和困难，将为之付出巨大努力。作为拥有 14 亿人口的发展中国家，中国面临发展经济、改善民生、环境治理、应对气候变化等艰巨任务，仍处于并将长期处于社会主义初级阶段，面临着发展不平衡不充分的问题，发展的质量效益还不高。中国是一个富煤贫油少气的国家，正处在转变发展方式、优化经济结构、转换增长动力的关键时期，工业化和城镇化进程持续推进，能源需求仍将增长，以煤为主的能源结构短期内难以根本改变，能源结构调整需要一个过程。更新的国家自主贡献目标是对全球治理的新的重大贡献，对中国应对气候变化工作提出了更高的要求。

与此同时，近年来全球气候治理面临的新问题、新挑战与日俱增，单边主义、保护主义和逆全球化抬头，对全球合作应对气候变化带来不利影响。发展中国家发展的外部环境更加复杂，落实国家自主贡献面临更大的不确定性。

尽管如此，中国积极应对气候变化的决心不会改变，落实应对气候变化承诺的决心不会改变，推动构建公平合理、合作共赢全球气候治理体系的决心不会改变。中国在新型冠状病毒肺炎疫情后恢复经济的过程中，将把实现国家自主贡献新目标作为促进经济转型升级和高质量发展的机遇，坚持绿色低碳发展方向，继续付出艰苦卓绝的努力，并与国际社会一道，树立创新、协调、绿色、开放、共享的新发展理念，抓住新一轮科技革命和产业变革的历史性机遇，推动疫情后世界经济“绿色复苏”，汇聚起可持续发展的强大合力。

2.3.5　全球新版和更新版国家自主贡献目标

联合国环境规划署在内罗毕发布的第 12 版《2021 年排放差距报告》显示，截至

2021年9月30日，占全球温室气体排放量一半以上的120个国家已经提交或更新了国家自主贡献目标。全球新版和更新版国家自主贡献目标仅在2030年预测排放量基础上减排了7.5%，而实现《巴黎协定》1.5℃温控目标需减排55%。目前全球更新后的2030气候承诺，可能导致世界“截至21世纪末升温至少2.7℃”，远高于《巴黎协定》的目标，并将引发灾难性的气候变化。要实现《巴黎协定》2℃温控目标，则到2030年，每年起码应减少130亿t二氧化碳当量的排放量。为了在21世纪末将全球变暖控制在1.5℃以下，世界需要在未来8年内将每年的温室气体排放量减半。

报告发现，共有49个国家及一个缔约方（欧盟）已承诺实现“净零”目标。这些国家和地区已涵盖全球一半以上的排放量、一半以上的GDP以及1/3的全球人口。目前有11个目标被写入法律条文，占全球排放总量的12%。如果获得有效实施，“净零”排放承诺有助于将全球升温幅度控制在2.2℃的水平，这更接近于《巴黎协定》设定的远低于2℃的目标。然而，许多国家在气候计划中将相关“净零”行动推迟到2030年之后。报告发现，减少化石燃料、废物和农业部门的甲烷排放量有助于在短期内缩小排放差距，并减缓全球变暖幅度。此外，全球应该意识到，向发展中国家提供资金和技术支持至关重要，这样全球有关国家可共同走上低排放的发展道路。

报告提出，碳市场也有助于大幅降低排放。但这只有在明确定义“规则”并以实际减排为目标，同时辅之以追踪进展和保证透明度等相关安排的支持时才会发生。

2.4 实现碳达峰的国家和地区

碳达峰是指一个国家某一年的碳排放总量达到历史最高值，并且在这一最高值出现后，碳排放量呈稳定下降的趋势。是否达峰，当年难以判断，必须事后确认。一般来说，实现碳排放峰值年后至少5年没有出现相比峰值年的增长，才能确认为达峰年。碳达峰的“碳”也有不同的解释，有的仅指化石燃料燃烧产生的二氧化碳，有的则是指将多种温室气体折算为二氧化碳当量的碳排放。讨论碳达峰的意义，主要是为了判断一个国家未来碳排放的趋势，以及探寻经济社会低排放发展的实现路径。但前提是，碳达峰的国家已经经历经济增长过程并实现较高水平的财富积累和社会福利。低发展水平和低收入水平的国家即便名义上碳达峰也意义不大，一来这些国家人均排放量本来就很低，从排放公平的角度看，应该有权增加排放，二来这些国家未来发展具有较大不确定性，目前观察到的峰值，随着经济社会发展很可能只是一个阶段性的峰值。根据1750～2019年全球各国和地区二氧化碳排放数据，对高于世界银行高收入国家标准的国家和地区二氧化碳排放趋势进行分析发现，截至2019年，全球共有46个国家和地区实现碳达峰，主要为发达国家，也有少量发展中国家和地区。截至2019年底碳达峰国家和地区的达峰时间与峰值见表2-1（数据来源《碳达峰、碳中和100问》）。

表 2-1 截至 2019 年底碳达峰国家和地区的达峰时间与峰值[一]

达峰时间	国家 / 地区	峰值 / 万 t	达峰时间	国家 / 地区	峰值 / 万 t
1969	安提瓜和巴布达	126	2003	芬兰	7266
1970	瑞典	9229	2004	塞舌尔	74
1971	英国	66039	2005	西班牙	36949
1973	文莱	997	2005	意大利	50001
1973	瑞士	4620	2005	美国	613055
1974	卢森堡	1443	2005	奥地利	7919
1977	巴哈马	971	2005	爱尔兰	4816
1978	捷克	18749	2007	希腊	11459
1979	比利时	13979	2007	挪威	4623
1979	法国	53028	2007	加拿大	59422
1979	德国	111788	2007	克罗地亚	2484
1979	荷兰	18701	2007	中国台湾	27373
1984	匈牙利	9069	2008	巴巴多斯	161
1987	波兰	46373	2008	塞浦路斯	871
1989	罗马尼亚	21360	2008	新西兰	3759
1989	百慕大三角	78	2008	冰岛	382
1990	爱沙尼亚	3691	2008	斯洛文尼亚	1822
1990	拉脱维亚	1950	2009	新加坡	9010
1990	斯洛伐克	6163	2010	特立尼达和多巴哥	4696
1991	立陶宛	3785	2012	以色列	7478
1996	丹麦	7483	2012	乌拉圭	859
2002	葡萄牙	6956	2013	日本	131507
2003	马耳他	298	2014	中国香港	4549

注：峰值选用达峰当年二氧化碳排放量（不含土地利用变化）。

2.5 实现碳中和的国家

在《联合国气候变化框架公约》和联合国发展计划署（UNDP）的支持下，由智利、英国发起成立的“气候雄心联盟（Climate Ambition Alliance）”号召各国承诺在 2050 年实现碳中和。根据英国非盈利机构“能源与气候智能小组（The Energy and Climate Intelligence Unit）”的统计，目前国际上已有 126 个国家和欧盟以立法、法律提案、政策文件等不同形式提出或承诺提出碳中和目标，其中苏里南、不丹两个国家由于低工业碳排放与高森林覆盖率已经实现了碳中和目标。全球范围有越来越多的国家将碳中和作为重要的战略目标，采取积极措施应对气候变化。世界主要国家（包括

[一] 陈迎，巢清尘等 . 碳达峰、碳中和 100 问 [M]. 北京：人民日报出版社，2021.

欧盟）提出的碳中和目标见表 2-2（数据来源《碳达峰、碳中和 100 问》）。

表 2-2 世界主要国家（包括欧盟）提出的碳中和目标

国家 / 缔约方	承诺性质	承诺碳中和时间
苏里南	—	已实现
不丹	—	已实现
丹麦	完成立法	2050
法国		2050
匈牙利		2050
新西兰		2050
瑞典		2045
英国		2050
加拿大	法律提案	2050
智利		2050
欧盟		2050
西班牙		2050
韩国		2050
斐济		2050
芬兰	政策文件	2035
奥地利		2040
冰岛		2040
日本		2050
德国		2050
瑞士		2050
挪威		2050
爱尔兰		2050
南非		2050
葡萄牙		2050
哥斯达黎加		2050
斯洛文尼亚		2050
马绍尔群岛		2050
美国		2050（拜登竞选承诺）
中国		2060
新加坡		21 世纪下半叶
其他数十个国家	政策讨论中	2050

2.6 中国碳达峰、碳中和“1+N”政策体系

“1 + N”政策体系的“1”是指中共中央、国务院发布《关于完整准确全面贯彻新发展理念做好碳达峰碳中和工作的意见》，“N”则包括能源、工业、交通运输、城乡

建设等分领域分行业碳达峰实施方案，以及科技支撑、能源保障、碳汇能力、财政金融价格政策、标准计量体系、督察考核等保障方案。一系列文件将构建起目标明确、分工合理、措施有力、衔接有序的碳达峰碳中和政策体系。进一步明确碳达峰碳中和的时间表、路线图、施工图。

实现碳达峰、碳中和是一场广泛而深刻的经济社会系统性变革，面临前所未有的困难和挑战。当前，我国经济结构还不够合理，工业化、新型城镇化还在深入推进，经济发展和民生改善任务还很重，能源消费仍将保持刚性增长。与发达国家相比，我国从碳达峰到碳中和的时间窗口偏紧。做好碳达峰碳中和工作，迫切需要加强顶层设计。对碳达峰碳中和这项重大工作进行系统谋划和总体部署，进一步明确总体要求，提出主要目标，部署重大举措，明确实施路径，对统一全党认识和意志，汇聚全党全国力量来完成碳达峰碳中和这一艰巨任务具有重大意义。

2021 年 10 月 24 日，中共中央、国务院发布《关于完整准确全面贯彻新发展理念做好碳达峰碳中和工作的意见》(以下简称《意见》)。《意见》提出了构建绿色低碳循环发展经济体系、提升能源利用效率、提高非化石能源消费比重、降低二氧化碳排放水平、提升生态系统碳汇能力五个方面主要目标。

《意见》除碳达峰碳中和长期目标外，还提出到 2025 年，绿色低碳循环发展的经济体系初步形成，重点行业能源利用效率大幅提升。单位国内生产总值能耗比 2020 年下降 13.5%；单位国内生产总值二氧化碳排放比 2020 年下降 18%；非化石能源消费比重达到 20% 左右；森林覆盖率达到 24.1%，森林蓄积量达到 180 亿 m^3，为实现碳达峰、碳中和奠定坚实基础。到 2030 年，经济社会发展全面绿色转型取得显著成效，重点耗能行业能源利用效率达到国际先进水平。单位国内生产总值能耗大幅下降；单位国内生产总值二氧化碳排放比 2005 年下降 65% 以上；非化石能源消费比重达到 25% 左右，风电、太阳能发电总装机容量达到 12 亿 kW 以上；森林覆盖率达到 25% 左右，森林蓄积量达到 190 亿 m^3，二氧化碳排放量达到峰值并实现稳中有降。到 2060 年，绿色低碳循环发展的经济体系和清洁低碳安全高效的能源体系全面建立，能源利用效率达到国际先进水平，非化石能源消费比重达到 80% 以上，碳中和目标顺利实现，生态文明建设取得丰硕成果，开创人与自然和谐共生新境界。这一系列目标，立足于我国发展阶段和国情实际，标志着我国将完成碳排放强度全球最大降幅，用历史上最短的时间从碳排放峰值实现碳中和，体现了最大的雄心力度，需要付出艰苦卓绝的努力。

实现碳达峰、碳中和是一项多维、立体、系统的工程，涉及经济社会发展的方方面面。《意见》坚持系统观念，提出 10 方面 31 项重点任务。一是推进经济社会发展全面绿色转型，强化绿色低碳发展规划引领，优化绿色低碳发展区域布局，加快形成绿色生产生活方式。二是深度调整产业结构，加快推进农业、工业、服务业绿色低碳转型，坚决遏制高耗能高排放项目盲目发展，大力发展绿色低碳产业。三是加快构建清洁低碳安全高效能源体系，强化能源消费强度和总量双控，大幅提升能源利用效率，严格控制化石能源消费，积极发展非化石能源，深化能源体制机制改革。四是加快推进低碳交通运输体系建设，优化交通运输结构，推广节能低碳型交通工具，积极引导低碳出行。五是提升城乡建设绿色低碳发展质量，推进城乡建设和管理模式低碳转型，大力发展节能低碳建筑，加快优化建筑用能结构。六是加强绿色低碳重大科技攻关和推广应用，强化基础研究和前沿技术布局，加快先进适用技术研发和推广。七是持续巩固提升碳汇能力，巩固生态系统碳汇能力，提升生态系统碳汇增量。八是提高对外开放绿色低碳发展水平，加快建立绿色贸易体系，推进绿色“一带一路”建设，加强国际交流与合作。九是健全法律法规标准和统计监测体系，完善标准计量体系，提升统计监测能力。十是完善投资、金融、财税、价格等政策体系，推进碳排放权交易、用能权交易等市场化机制建设。

2021 年 10 月 26 日，中国政府网正式发布国务院《2030 年前碳达峰行动方案》（以下简称《方案》)。《方案》主要目标要求，“十四五”期间，产业结构和能源结构调整优化取得明显进展，重点行业能源利用效率大幅提升，煤炭消费增长得到严格控制，新型电力系统加快构建，绿色低碳技术研发和推广应用取得新进展，绿色生产生活方式得到普遍推行，有利于绿色低碳循环发展的政策体系进一步完善。“十五五”期间，产业结构调整取得重大进展，清洁低碳安全高效的能源体系初步建立，重点领域低碳发展模式基本形成，重点耗能行业能源利用效率达到国际先进水平，非化石能源消费比重进一步提高，煤炭消费逐步减少，绿色低碳技术取得关键突破，绿色生活方式成为公众自觉选择，绿色低碳循环发展政策体系基本健全。顺利实现 2030 年前碳达峰目标。

《方案》指出，要将碳达峰贯穿于经济社会发展全过程和各方面，重点实施能源绿色低碳转型行动、节能降碳增效行动、工业领域碳达峰行动、城乡建设碳达峰行动、交通运输绿色低碳行动、循环经济助力降碳行动、绿色低碳科技创新行动、碳汇能力巩固提升行动、绿色低碳全民行动、各地区梯次有序碳达峰行动等“碳达峰十大行动”。

《方案》提出要大力发展新能源。全面推进风电、太阳能发电大规模开发和高质量发展，坚持集中式与分布式并举，加快建设风电和光伏发电基地。加快智能光伏产业创新升级和特色应用，创新“光伏 +”模式，推进光伏发电多元布局。坚持陆海并重，推动风电协调快速发展，完善海上风电产业链，鼓励建设海上风电基地。积极发展太阳能光热发电，推动建立光热发电与光伏发电、风电互补调节的风光热综合可再生能源发电基地。因地制宜发展生物质能发电、生物质能清洁供暖和生物天然气。探索深化地热能以及波浪能、潮流能、温差能等海洋新能源开发利用。进一步完善可再生能源电力消纳保障机制。

国务院新闻办公室 2021 年 10 月 27 日发表《中国应对气候变化的政策与行动》

白皮书。

白皮书中说，气候变化是全人类的共同挑战。中国高度重视应对气候变化。作为世界上最大的发展中国家，中国克服自身经济、社会等方面困难，实施一系列应对气候变化战略、措施和行动，参与全球气候治理，应对气候变化取得了积极成效。

白皮书介绍了中国实施积极应对气候变化国家战略：不断提高应对气候变化力度，强化自主贡献目标，加快构建碳达峰碳中和“1 + N”政策体系。坚定走绿色低碳发展道路，实施减污降碳协同治理，积极探索低碳发展新模式。加大温室气体排放控制力度，有效控制重点工业行业温室气体排放，推动城乡建设和建筑领域绿色低碳发展，构建绿色低碳交通体系，持续提升生态碳汇能力。充分发挥市场机制作用，持续推进全国碳市场建设，建立温室气体自愿减排交易机制。推进和实施适应气候变化重大战略，持续提升应对气候变化支撑水平。

谈到提高应对气候变化的力度，白皮书中说，为加强应对气候变化统筹协调，成立由国务院总理任组长，30 个相关部委为成员的国家应对气候变化及节能减排工作领导小组。2021 年，为指导和统筹做好碳达峰碳中和工作，成立碳达峰碳中和工作领导小组。将应对气候变化纳入国民经济社会发展规划，将单位国内生产总值（GDP）二氧化碳排放（碳排放强度）下降幅度作为约束性指标纳入国民经济和社会发展规划纲要，“十四五”规划和 2035 年远景目标纲要将“2025 年单位 GDP 二氧化碳排放较 2020 年降低 18%”作为约束性指标。建立应对气候变化目标分解落实机制，分类确定省级碳排放控制目标，确保应对气候变化与温室气体减排工作落地见效。

谈到坚定走绿色低碳发展道路，白皮书中说，要实施减污降碳协同治理。为加快推进应对气候变化与生态环境保护相关职能协同、工作协同和机制协同，从战略规划、政策法规、制度体系、试点示范、国际合作等方面，明确统筹和加强应对气候变化与生态环境保护的主要领域和重点任务。围绕打好污染防治攻坚战，重点把蓝天保卫战、柴油货车治理、长江保护修复、渤海综合治理、城市黑臭水体治理、水源地保护、农业农村污染治理七场标志性重大战役作为突破口和“牛鼻子”，以重点突破带动整体推进，推动生态环境质量明显改善。要加快形成绿色发展的空间格局。国土是生态文明建设的空间载体，必须尊重自然，给自然生态留下休养生息的时间和空间。主动作为，精准施策，科学有序统筹布局农业、生态、城镇等功能空间，开展永久基本农田、生态保护红线、城镇开发边界“三条控制线”划定试点工作。将自然保护地、未纳入自然保护地但生态功能极重要生态极脆弱的区域，以及具有潜在重要生态价值的区域划入生态保护红线，推动生态系统休养生息，提高固碳能力。要大力发展绿色低碳产业。建立健全绿色低碳循环发展经济体系，促进经济社会发展全面绿色转型，是解决资源环境生态问题的基础之策。为推动形成绿色发展方式和生活方式，制定国家战略性新兴产业发展规划，以绿色低碳技术创新和应用为重点，引导绿色消费，推广绿色产品，全面推进高效节能、先进环保和资源循环利用产业体系建设。推动制造业高质量发展，大力培育发展新兴产业，更有力支持节能环保、清洁生产、清洁能源等绿色低碳产业发展。要优化调整能源结构。能源领域是温室气体排放的主要来源，不断加大节能减排力度，加快能源结构调整，构建清洁低碳安全高效的能源体系。确立能源安全新战略，推动能源消费革命、供给革命、技术革命、体制革命，全方位加强国际合作，优先发展非化石能源，推进水电绿色发展，全面协调推进风电和太阳能发电开发，在确保安全的前提下有序发展核电，因地制宜发展生物质能、地热能和海洋能，全面提升可再生能源利用率。积极推动煤炭供给侧结构性改革，化解煤炭过剩产能，加强煤炭安全智能绿色开发和清洁高效开发利用，推动煤电行业清洁高效高质量发展，大力推动煤炭消费减量替代和散煤综合治理，推进终端用能领域以电代煤、以电代油。深化能源体制改革，促进能源资源高效配置。

谈到提升应对气候变化支撑水平，白皮书中说，要完善温室气体排放统计核算体系。建立健全温室气体排放基础统计制度，构建应对气候变化统计报表制度，持续对统计报表进行整体更新与修订。碳达峰碳中和工作领导小组办公室设立碳排放统计核算工作组，加快完善碳排放统计核算体系。要加强绿色金融支持。不断加大资金投入，支持应对气候变化工作。加强绿色金融顶层设计，设立了绿色金融改革创新试验区，出台气候投融资综合配套政策，统筹推进气候投融资标准体系建设，强化市场资金引导机制，推动气候投融资试点工作。要强化科技创新支撑。科技创新在发现、揭示和应对气候变化问题中发挥着基础性作用，在推动绿色低碳转型中将发挥关键性作用。先后发布应对气候变化相关科技创新专项规划、技术推广清单、绿色产业目录，全面部署了应对气候变化科技工作，持续开展应对气候变化基础科学研究，强化智库咨询支撑，加强低碳技术研发应用。鼓励企业牵头绿色技术研发项目，支持绿色技术成果转移转化，建立综合性国家级绿色技术交易市场，引导企业采用先进适用的节能低碳新工艺和技术。成立二氧化碳捕集、利用与封存（CCUS）创业技术创新战略联盟、CCUS 专委会等专门机构，持续推动 CCUS 领域技术进步、成果转化。

白皮书中指出，应对气候变化是全人类的共同事业，面对全球气候治理前所未有的困难，国际社会要以前所未有的雄心和行动，勇于担当，勠力同心，积极应对气候变化，共谋人与自然和谐共生之道。

Chapter 3

第3章 缓解气候危机的措施

碳达峰、碳中和的目标从空间上看，涉及全球；从时间上看，涉及几代人。解决气候变化的措施包含多方面，并且随着社会发展还不断变化。国际能源署（IEA）在《世界能源展望报告》中提出了三点建议：一是发展低碳能源，二是提高能效，三是碳捕集与封存。本章首先关注后两项，将介绍各行各业面对全球气候变暖问题的应对方式及发展方向。至于低碳能源的内容，将在后文展开。

3.1 减缓和适应

人类应对气候变化的途径主要有两类，即减缓和适应。减缓是指通过经济、技术、生物等各种政策、措施和手段，控制温室气体的排放源、增加温室气体吸收汇。为保证气候变化在一定时间段内不威胁生态系统、粮食生产、经济社会的可持续发展，将大气中温室气体的浓度稳定在防止气候系统受到危险的人为干扰的水平上，必须通过减缓气候变化的政策和措施来控制或减少温室气体的排放。控制温室气体排放的途径主要是改变能源结构，控制化石燃料使用量，增加核能和可再生能源使用比例；提高发电和其他能源转换部门的效率；提高工业生产部门的能源使用效率，降低单位产品能耗；提高建筑采暖等民用能源效率；提高交通部门的能源效率；减少森林植被的破坏，控制水田和垃圾填埋场排放甲烷等，由此来控制和减少二氧化碳等温室气体的排放量。增加温室气体吸收的途径主要有植树造林和采用固碳技术，其中固碳技术指把燃烧排放气体中的二氧化碳分离、回收，然后深海弃置和地下弃置，或者通过化学、物理以及生物方法固定。从各国政府可能采取的政策手段来看，可以实行直接控制，包括限制化石燃料的使用和温室气体的排放，限制砍伐森林；也可以应用经济手段，包括征收污染税费，实施排污权交易（包括各国之间的联合履约），提供补助资金和开发援助；还需要鼓励公众参与，包括向公众提供信息，致力于开发各种先进发电技术及其他面向碳中和目标的能源技术等。

适应是自然或人类系统在实际或预期的气候变化刺激下做出的一种调整反应，这种调整能够使气候变化的不利影响得到减缓或能够充分利用气候变化带来的各种有利条件。适应气候变化有多种方式，包括制度措施、技术措施、工程措施等。

图3-1所示为应付气候变化的主要措施。

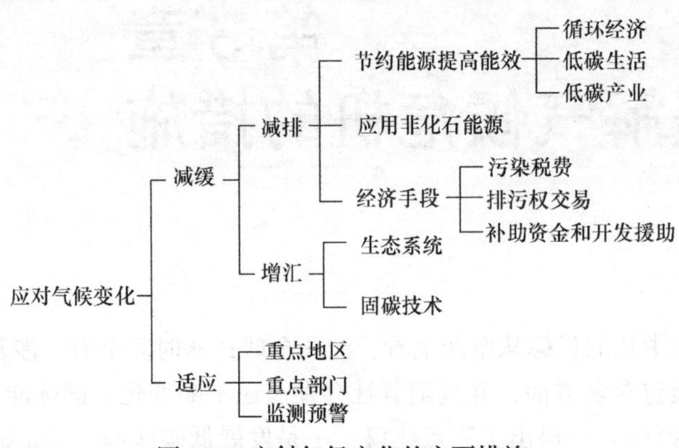

图 3-1 应付气候变化的主要措施

尽管气候变化是一个全球性的问题，但它对世界各地的影响是不同的，这意味着自然生态系统、社会经济系统对当地气候变化的反应往往是不同和具体的，不同地区的人们需要以不同的方式进行适应。如果全球温度从目前高于工业化前水平的约1.2℃上升到1.5℃甚至更高，适应气候变化的需求就会增加。当然，将全球平均温度稳定在比工业化前水平高出1.5℃所需的适应努力要小于2℃所需的适应努力。即使是向实现1.5℃目标努力，今天采取减缓措施，使温室气体排放减少，甚至走近零排放的道路，但是过去或者现在排放的温室气体的气候效应，仍会影响几十年，几百年甚至更长时间，比如即使在21世纪末将全球升温限制在1.5℃，南极海洋冰盖不稳定，格陵兰冰盖不可逆的损失将会继续导致海平面在数百年至数千年内上升数米，因此，适应气候变化的努力仍然必不可少。

由于适应工作在许多地区处于起步阶段，弱势群体的适应能力仍存在问题。因此，成功的适应需要得到国家和地方各级政府的大力支持，政府在协调、规划、确定政策优先事项以及分配资源和支持方面可以发挥重要作用。同时，由于气候风险的局地性特征明显，不同地区的适应气候变化需求非常不同，减少气候风险的措施也将在很大程度上取决于本地的不同情况。

如果成功地进行了适应，将可以最大限度地减少气候变化的不利后果。已有的许多适应实践正在帮助人们减少遭受气候变化的不利影响。主要有：

（1）推进和实施适应气候变化重大战略

2020年，中国启动编制《国家适应气候变化战略2035》，着力加强统筹指导和沟通协调，强化气候变化影响观测评估，提升重点领域和关键脆弱区域适应气候变化能力。

（2）开展重点区域适应气候变化行动

在城市地区，制定城市适应气候变化行动方案，开展海绵城市以及气候适应型城市试点，提升城市基础设施建设的气候韧性，通过城市组团式布局和绿廊、绿道、公园等城市绿化环境建设，有效缓解城市热岛效应和相关气候风险，提升国家交通网络对低温冰雪、洪涝、台风等极端天气的适应能力。

在沿海地区，组织开展年度全国海平面变化监测、影响调查与评估，严格管控围填海，加强滨海湿地保护，提高沿海重点地区抵御气候变化风险能力。气候变化将导致全球平均海平面持续上升几个世纪。如果不采取切实可行的适应措施，沿海风暴和超高潮汐等灾害的综合影响将大大增加低洼海岸地区发生洪水的频率和严重程度。而沿海地区往往是人口最为聚集、经济最为发达的地区，集中了大量资产和重要资源。许多沿海地区已经采取了一系列措施解决因海平面上升而加剧的沿海灾害，如风暴潮、热带气旋等极端事件造成的沿海洪水、海岸侵蚀和盐碱化，但仍然不能充分适应今天的极端海平面。由于具体条件不同，沿海地区采取的适应措施需要因地制宜。一些“硬防护”措施，如修建堤坝和海堤（见图 3-2）可以有效降低海平面上升 2m 或 2m 以上的风险，但修建高度不可避免地会有极限。在人口稠密的低洼沿海地区，如许多沿海城市和小岛屿地区，这种保护措施所产生的效益超过其投入成本，但较贫穷地区则难以承担硬保护措施的成本。维持健康的沿海生态系统，如红树林（见图 3-3）、海草床或珊瑚礁，是可以采取的“软保护”措施。在风险非常高且无法有效降低的沿海地区，从海岸线“撤退”是消除风险的唯一途径。居住在低洼岛屿上的数百万人口，包括小岛屿发展中国家的居民、一些人口稠密但不太发达的三角洲地区的居民以及已经面临海冰融化和前所未有的气候变化的北极地区的居民，都面临比较严峻的形势。因此，沿海国家、城市和地区需要采取更加紧迫的适合当地的行动。

图 3-2　海岸防护堤

图 3-3　红树林

在其他重点生态地区，开展青藏高原、西北农牧交错带、西南石漠化地区、长江与黄河流域等生态脆弱地区气候适应与生态修复工作，协同提高适应气候变化能力。

（3）推进重点领域适应气候变化行动

在农业领域，加快转变农业发展方式，推进农业可持续发展，启动实施东北地区秸秆处理等农业绿色发展五大行动，提升农业减排固碳能力。大力研发推广防灾减灾增产、气候资源利用等农业气象灾害防御和适应新技术。在农业适应气候变化方面，为应对干旱发展新型抗旱品种、采取间作方式、作物残茬保留、杂草治理、发展灌溉和水培农业等；为应对洪涝采取圩田和改进的排水方法、开发和推广可替代作物、调整种植和收割时间等；为应对热浪发展新型耐热品种、改变耕种时间、对作物虫害进行监控等。

在林业和草原领域，因地制宜、适地适树科学造林绿化，优化造林模式，培育健康森林，全面提升林业适应气候变化能力。加强各类林地的保护管理，构建以国家公园为主体的自然保护地体系，实施草原保护修复重大工程，恢复和增强草原生态功能。

在水资源领域，完善防洪减灾体系，加强水利基础设施建设，提升水资源优化配置和水旱灾害防御能力。实施国家节水行动，建立水资源刚性约束制度，推进水资源消耗总量和强度双控，提高水资源集约节约利用水平。基于生态系统的适应，加强生物多样性管理，发展可持续水产养殖业，帮助人们搬离高风险地区居住。

在公众健康领域，组织开展气候变化健康风险评估，提升适应气候变化保护人群健康能力。启动实施“健康环境促进行动”，开展气候敏感性疾病防控工作，加强应对气候变化卫生应急保障。

（4）强化监测预警和防灾减灾能力

强化自然灾害风险监测、调查和评估，完善自然灾害监测预警预报和综合风险防范体系。建立全国范围内多种气象灾害长时间序列灾情数据库，完成国家级精细化气象灾害风险预警业务平台建设。建立空天地一体化的自然灾害综合风险监测预警系统，定期发布全国自然灾害风险形势报告。发布综合防灾减灾规划，指导气候变化背景下防灾减灾救灾工作。

在某些情况下，气候变化的影响可能导致整个系统发生重大变化，例如变化了的气候需要当地改向一种全新的农业系统，调整城市规划以改变整个城市的洪水管理方式等，这些行动明显需要体制、组织结构的转变和更大的财政支持。同时，适应是一个反复的过程，需要在不断对特定适应行动进行评估的基础上完善和修订适应战略，还需要充分考虑特定的适应选择可能存在一定的权衡，如上游收集雨水可能会减少下游的可用水，海水淡化厂虽然可以改善水的供应，但随着时间推移又会存在很大的能源需求，因此选择某种适应措施要充分评估。

3.2 提升碳汇能力

3.2.1 碳吸收汇的内涵

实现碳中和目标，需要应用碳吸收汇从大气中移除二氧化碳并将其储存起来，以抵消那些难减排的碳排放。碳移除（CDR）或称碳汇，可分为两类：一是基于自然的方法，即利用生物过程增加碳移除，并在森林、土壤或湿地中储存起来；二是技术手段，即直接从空气中移除碳或控制天然的碳移除过程以加速碳储存。表 3-1 列出了一些碳吸收汇的例子。不同技术的机理、特点、成熟度差别较大。

表 3-1　碳吸收汇举例

技术	描述	碳移除机理	碳封存方式
造林 / 再造林	通过植树造林将大气中的碳固定在生物和土壤中	生物	土壤 / 植物
生物炭（Biochar）	将生物质转化为生物炭，并使用生物炭作为土壤改良剂	生物	土壤
生物质能源耦合碳捕集与封存（BECCS）	植物吸收空气中的二氧化碳并作为生物质能源利用，产生的二氧化碳被捕集并封存	生物	深层地质构造
直接从空气中捕集并封存（DACCS）	通过工程手段从大气中直接捕集二氧化碳并封存	物理 / 化学	深层地质构造
强化风化 / 矿物碳化（Enhance Weathering/Mineral Carbonation）	增强矿物的风化使大气中的二氧化碳与硅酸盐矿物反应形成碳酸盐岩	地球化学	岩石
改良农业种植方式	采用免耕农业等方式来增加土壤碳储量	生物	土壤
海洋施肥（Ocean Fertilization）	向海洋投放铁盐，增加海洋生物碳汇	生物	海洋
海洋碱性（Ocean Alkalinity）	通过化学反应提高海洋碱性以增加海洋碳汇	化学	海洋

资料来源：《碳达峰、碳中和 100 问》。

短期内，基于自然的碳移除可以发挥重要作用，且有改善土壤、水质和保护生物多样性等协同效益。长期来看，基于自然的移除难以永久地移除大气中的二氧化碳，例如森林火灾可以使原本储存的碳再释放到大气中。通过技术手段的碳吸收汇如 BECCS、DACCS，大规模应用也面临很多挑战。例如，BECCS 需要大规模生产生物能源，对土地和水资源带来压力。此外，BECCS 涉及生物能源的生产、收集、储存、运输、利用，以及碳捕集、输送、封存等诸多环节，从全生命周期看 BECCS 的效果还需要做详细的评估。

3.2.2　碳捕集、利用与封存技术

1. 碳捕集、利用与封存（CCUS）技术的方式

碳捕集与封存被联合国政府间气候变化专门委员会（IPCC）视为应对气候变化的“终极武器”。IPCC 指出，如果不借助碳捕集与封存技术，仅凭借发展低碳能源与提高能效，人类社会很难实现碳中和的目标。

碳捕集与封存是指将大型发电厂所产生的二氧化碳收集起来，采用各种方法储

存，以免其排放到大气中的一种技术。目前，这项技术在推广应用方面面临着很多挑战，包括成本高、地质埋存面临着较高的生态环境风险等。因此，近几年，很多研究机构在努力探索二氧化碳封存和固定技术，试图引入新方法——CCUS，实现更彻底、更高效的碳捕获与封存。

具体来看，CCUS 可以通过表 3-2 中的几种方式实现碳中和。

表 3-2　CCUS 实现碳中和的四种方式

方式	具体措施
解决现有能源设施的碳排放问题	CCUS 可以对发电厂进行改造，减少碳排放。根据国际能源署估算，如果全球现有的能源设备不经过改造一直工作到“生命”结束，将产生 6000 亿 t 的碳排放。以煤炭行业为例，煤炭行业的碳排放在碳排放总量中的占比接近 1/3，全球 60% 的煤炭设备到 2050 年之前将继续保持运行，其中大部分设备位于我国。这类部门想要实现碳减排、碳中和，利用 CCUS 是必行之路
攻克工业领域碳减排的核心技术手段	因为天然气以及化肥生产领域的碳捕获成本较低，所以这两个领域是 CCUS 应用的主要领域。在其他重工业生产领域，作为一种高效且性价比较高的碳减排技术，例如在水泥生产领域，CCUS 是碳减排的唯一技术手段；在钢铁生产与化工领域，CCUS 是性价比最高的一种碳减排手段。CCUS 的应用深度仍需拓展
在二氧化碳和氢气的合成燃料领域有重要应用	IEA 将 CCUS 视为生产低碳氢气的两种主流方法中的一种。根据 IEA 关于人类社会可持续发展的设想，到 2070 年，全球氢气使用量将增加 7 倍，达到 5.2 亿 t。其中水电解产生的氢气占比为 60%，剩下的 40% 来源于 CCUS。按照全球在 2050 年实现碳中和的设想，在未来几十年，世界各国将持续加大在 CCUS 领域的投入，投资规模至少要在当前规划的基础上增加 50%
从空气中捕获二氧化碳	根据 IEA 预测，实现碳中和之后，交通、工业等部门仍会产生碳排放，总量大约为 29 亿 t，这部分二氧化碳要通过碳捕集、封存与利用来抵消。目前，已经有一些 CCUS 设备投入使用，但因为成本太高，还需要进行改进

2. CCUS 的工作原理与实现路径

CCUS 不是一项单一的技术，而是一套技术组合，涵盖了从发电厂、化工企业等使用化石能源的工业设备中捕获含碳废气，对含碳废气进行循环利用，或者使用安全的方法对捕获的二氧化碳进行永久封存的全过程。在整个技术组合中，对含碳气体进行压缩和运输是关键环节。CCUS 技术应用的主要过程与环节见表 3-3。

表 3-3　CCUS 技术应用的主要过程与环节

环节		内容
捕集		将化工、电力、钢铁、水泥等行业利用化石能源过程中产生的二氧化碳进行分离和富集的过程，可以分为燃烧后捕集、燃烧前捕集和富氧燃烧捕集
运输		将捕集的二氧化碳运送到利用或封存地的过程，包括陆地或海底管道、船舶、铁路和公路等输送方式
利用与封存	地质利用	将二氧化碳注入地下，生产或者强化能源、资源开采过程，主要用于提高石油、地热、地层深部咸水、铀矿等资源采收率

（续）

环节		内容
利用与封存	化工利用	以化学转化为主要手段，将二氧化碳和共反应物转化为目标产物，实现二氧化碳资源化利用的过程，不包括传统利用二氧化碳生成产品、产品在使用过程中重新释放二氧化碳的化学工业，例如尿素生产等
	生物利用	以生物转化为主要手段，将二氧化碳用于生物质合成，主要产品有食品和饲料、生物肥料、化学品与生物燃料和气肥等
	地质封存	通过工程技术手段将捕集的二氧化碳储存到地质构造中，实现与大气长期隔绝的过程，主要划分为陆上或水层封存、海水咸水层封存、油气田封存等

（1）碳捕集技术

二氧化碳捕集技术可以分为三种类型，分别是燃烧前捕集、纯氧燃烧和燃烧后捕集，划分依据是对燃料、氧化剂和燃烧产物采用的措施的不同，见表 3-4。

表 3-4　碳捕集技术的三种类型

碳捕集技术的类型	具体应用
燃烧前捕集	燃烧前捕集的成本相对较低，效率较高。燃烧前捕集的流程为：先对化石燃料进行气化处理，形成主要成分为氢气和一氧化碳的合成气；然后将一氧化碳转化为二氧化碳；最后将氢气和二氧化碳分离，完成对二氧化碳的收集。这项技术需要采用基于煤气化的联合发电装置，导致碳捕集的成本较高，使用该技术投产的项目减少
纯氧燃烧	使用纯氧或者富氧对化石燃料进行燃烧，生成二氧化碳、水和一些惰性组分，然后通过低温闪蒸将二氧化碳提纯，提纯后单位容量内二氧化碳的浓度能够达到 80% ~ 98%，使二氧化碳捕集率得到了大幅提升
燃烧后捕集	燃烧前捕集与纯氧燃烧对材料、操作环境都有较高的要求，因此这两项技术在现实生活中应用得比较少。相对而言，选择性较多、捕集率较高的燃烧后捕集技术的应用范围较广，形成了三种比较常用的方法，分别是化学吸收法、膜分离法和物理吸附法。其中，化学吸收法的应用前景最广。在化学吸收中，胺类溶液凭借较好的吸收效果实现了广泛应用

图 3-4 所示为碳捕集技术流程。

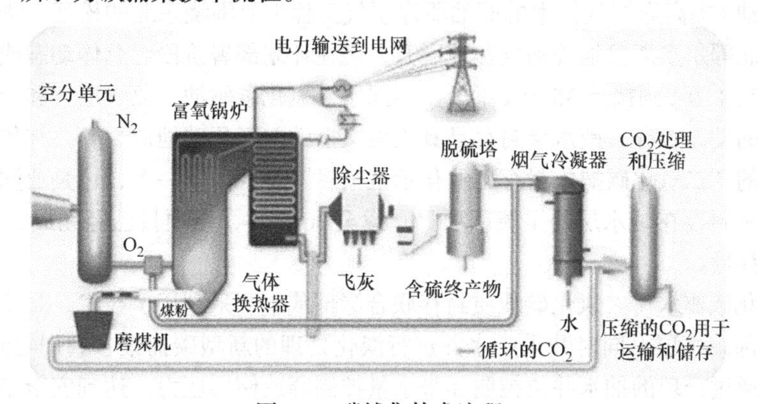

图 3-4　碳捕集技术流程

（2）碳利用技术

二氧化碳的利用可以包括合成高纯一氧化碳、烟丝膨化、化肥生产、超临界二氧化碳萃取、饮料添加剂、食品保鲜和储存、焊接保护气、灭火器、粉煤输送、合成可降解塑料、改善盐碱水质、培养海藻、油田驱油等，在此基础上发展生物质燃料或合成燃料技术、人工光合成技术、生物制造技术、甲烷化技术、吸碳建材技术等，以不断推动二氧化碳资源化利用。

近年来，在碳利用领域，国外探索出了一些新方向。例如，荷兰和日本尝试将二氧化碳运输到园林用来强化植物生长；一些国家在二氧化碳制化肥、油田驱油、食品级应用等领域推出了很多示范项目；在二氧化碳制聚合物、二氧化碳甲烷化重整、二氧化碳加氢制甲醇、海藻培育、动力循环等领域积极探索应用路径；在二氧化碳制碳纤维和乙酸等领域加强理论研究等。

目前在我国，一些研究院机构对二氧化碳加氢制甲醇、二氧化碳加氢制异构烷烃、二氧化碳加氢制芳烃、二氧化碳甲烷化重整等碳利用方向进行积极探索，大多数技术正处于理论研究或者中试阶段。

（3）碳封存技术

碳封存就是将捕集、压缩后的二氧化碳运输到指定地点进行长期封存。二氧化碳封存的方式主要有地质封存、海洋封存、矿石碳化和生态封存等。其中地质封存是主流，海洋封存中的深海封存则最具应用潜力。

地质封存包括强化采油（EOR）、天然气或石油层、盐沼池构造、提高煤层气（ECBM）等技术。借助强化采油技术，企业可以将捕集到的二氧化碳注入油田，让面临枯竭的油田焕发生机，再次采出石油，同时还能将二氧化碳永远贮存到地下。在地下 0.8～1.0km 的位置，超临界状态的二氧化碳会以流体的形式存在，可以永久地封存在地下。这一技术通过降低原油黏度，增加原油内能，使原油的流动性大幅提升，同时增强了油层的压力。强化采油技术已有成熟化的市场，天然气或石油层及盐沼池构造在一定条件下经济可行，而提高煤层气技术大多还处于示范阶段。目前，我国使用强化采油 / 提高煤层气技术的驱油驱煤层气工程主要围绕东北的松辽、华北渤海湾盆地、西北鄂尔多斯盆地等油气盆地展开，多在计划部署阶段，总体动态或静态封存规模从不到 1 万 t 到接近 35 万 t 不等。不同于二氧化碳驱油、驱煤层气和天然气等利用过程中的动态封存，咸水层封存是真正意义上的二氧化碳地质封存。神华集团位于鄂尔多斯的“二氧化碳捕集封存工业化示范项目”是我国第一个，也是亚洲最大规模把二氧化碳封存在咸水层的全流程项目。截至 2019 年，该项目已经完成 30 万 t 二氧化碳的封存量。

二氧化碳驱水（二氧化碳地质封存联合深部咸水开采利用）技术，是将二氧化碳封存于深部咸水层，同时开采咸水并进行淡化处理的新型碳捕集、利用与封存技术。一方面可通过合理的抽水井位控制和采水量控制释放储层压力，达到安全稳定大规模封存的目的；另一方面采收的低矿化度咸水经过处理后可用于中国西部缺水严重地区或东部地面沉降较严重地区的生活饮用或工农业生产，而采收的高矿化度咸水或卤水可以用来提取各种战略液体矿产资源。

海洋封存主要是指用管道或船舶运输将二氧化碳储存在深海的海洋水或深海海床上。海洋封存的技术主要包括溶解型、湖泊型两种。溶解型海洋封存是将二氧化碳输送到深海中，使其自然溶解并成为自然界碳循环的一部分；湖泊型海洋封存是将二氧化碳注入 3000m 的深海中，由于二氧化碳的密度大于海水，会在海底形成液态二氧化碳湖，从而延缓二氧化碳分解到环境中的过程。

二氧化碳矿化技术主要利用地球上广泛存在的碱性矿物（如橄榄石、蛇纹石及钾长石等）与溶解于水的二氧化碳反应，将其转化为稳定的碳酸盐产物，并联产出高附加值工业产品。作为新兴的具有较大碳封存潜力的 CCUS 技术之一，由于矿物开采与运输困难、矿化率低、能耗大及工艺成本较高等原因，该技术并未得到大规模应用。近年来，以碱性工业固体废弃物为原料的二氧化碳矿化利用研究已逐渐成为碳捕集、利用与封存领域的研究重点，如高炉炼铁产生的碱性副产品高炉渣就是最具二氧化碳封存潜力的矿化原料之一。

二氧化碳生物储存主要是指陆地与海洋生态环境中的植物、自养微生物等通过光合或化能作用来吸收和固定大气中游离的二氧化碳并在一定条件下实现向有机碳的转化，从而达到储存二氧化碳的目的。在二氧化碳生物储存的同时，也可获得高营养、高附加值的产品，如气肥、生物饲料、燃料、食品或化学制品等，其应用前景广阔。

3.2.3　生态系统碳汇能力巩固提升

1. 巩固生态系统固碳作用

结合国土空间规划编制和实施，构建有利于碳达峰、碳中和的国土空间开发保护格局。严守生态保护红线，严控生态空间占用，建立以国家公园为主体的自然保护地体系，稳定现有森林、草原、湿地、海洋、土壤、冻土、岩溶等固碳作用。严格执行土地使用标准，加强节约集约用地评价，推广节地技术和节地模式。

2. 提升生态系统碳汇能力

实施生态保护修复重大工程。深入推进大规模国土绿化行动，巩固退耕还林还草成果，扩大林草资源总量。强化森林资源保护，实施森林质量精准提升工程，提高森林质量和稳定性。加强草原生态保护修复，提高草原综合植被盖度。加强河湖、湿地保护修复。整体推进海洋生态系统保护和修复，提升红树林、海草床、盐沼等固碳能力。加强退化土地修复治理，开展荒漠化、石漠化、水土流失综合治理，实施历史遗留矿山生态修复工程。

森林是陆地生态系统中最大的碳库，是二氧化碳的吸收器、储存库和缓冲器。森林由于生长周期长、光合作用面稳定的特点，碳汇功能呈现显性化。树木通过光合作用吸收了大气中大量的二氧化碳，减缓了温室效应，其固碳功能是自然碳封存的过程，相对于人工固碳不需提纯二氧化碳，从而可节省分离、捕获、压缩二氧化碳气体的成本。因而，植树造林成为增加碳汇、减少排放成本较低且经济可行的主要方式。林木每生长 $1m^3$，平均吸收约 1.83t 二氧化碳，释放 1.62t 氧气，1 亩㊀ 茂密的森林，一般每天可吸收二氧化碳 67kg，放出氧气 49kg，可供 65 人一天的需要。森林植被区的碳储量几乎占到陆地碳库总量的一半。植树造林是低碳化最简易、最有效的途径。要大力植树造林，重视培育林地，特别是营造生物质能源林，在吸碳排污、改善生态的同时，创造更多的社会效益。第九次全国森林资源清查数据表明，我国森林植被总碳储量已达 91.86 亿 t。林业碳汇就是通过森林的储碳功能，吸收和固定大气中的二氧化碳，并按照相关规则与碳汇交易相结合的过程、活动或机制。

我国是全球森林资源增长最多和人工造林面积最大的国家，成为全球“增绿”的主力军。2010 ~ 2020 年，我国实施退耕还林还草约 1.08 亿亩。“十三五”期间，累计完成造林 5.45 亿亩、森林抚育 6.37 亿亩。2020 年底，全国森林面积 2.2 亿 hm^2，全国森林覆盖率达到 23.04%，草原综合植被覆盖度达到 56.1%，湿地保护率达到 50% 以上，森林植被碳储备量达到 91.86 亿 t，“地球之肺”发挥了重要的碳汇价值。

“十三五”期间，我国累计完成防沙治沙任务 1097.8 万 hm^2，完成石漠化治理面积 165 万 hm^2，新增水土流失综合治理面积 31 万 km^2，塞罕坝、库布齐等创造了一个个“荒漠变绿洲”的绿色传奇；修复退化湿地 46.74 万 hm^2，新增湿地面积 20.26 万 hm^2。截至 2020 年底，我国建立了国家级自然保护区 474 处，面积超过国土面积的十分之一，累计建成高标准农田 8 亿亩，整治修复岸线 1200km，滨海湿地 2.3 万 hm^2，生态系统碳汇功能得到有效保护。

3. 加强生态系统碳汇基础支撑

依托和拓展自然资源调查监测体系，利用好国家林草生态综合监测评价成果，建立生态系统碳汇监测核算体系，开展森林、草原、湿地、海洋、土壤、冻土、岩溶等碳汇本底调查、碳储量评估、潜力分析，实施生态保护修复碳汇成效监测评估。加强陆地和海洋生态系统碳汇基础理论、基础方法、前沿颠覆性技术研究。建立健全能够体现碳汇价值的生态保护补偿机制，研究制定碳汇项目参与全国碳排放权交易相关规则。

碳吸收汇对于实现碳达峰、碳中和具有重要及长远意义。必须积极推进 CCUS 关键技术、直接空气捕集（DAC）技术，及其在工业、电力等领域的集成技术研发，对太阳辐射管理等地球工程技术进行全面探索并对其综合影响进行评估，大力发展农业、林业、草原减排增汇技术，海洋、土壤等碳储技术，海洋“蓝碳”技术等，推动这些技术实现推广应用。

㊀ 1 亩 ≈ $666.7m^2$。

3.3 绿色生活

3.3.1 绿色消费

要如期完成碳达峰、碳中和目标，必须聚焦消费端，从亿万民众的普通生活着手，让碳减排理念深入人们的日常生活与消费，改变传统的生活方式与消费行为。

有研究机构对欧洲居民日常消费过程中产生的碳排放进行调查研究发现，在所有因消费产生的碳排放中，交通运输占比 30%，餐饮占比 17%，家庭生活占比 22%，家居及生活用品占比 10%，衣服占比 4%。由此可见在消费端的碳排放中，吃、住、行三个环节的碳排放占比较大。下面对饮食、家居这两个最有可能实现碳减排的环节进行重点讨论。

1. 绿色饮食

在其他条件不变的情况下，居民的饮食结构中，素食产生的碳排放远远低于肉食。其原因主要在于动物在成长过程中对食物的利用率比较低，会造成一定程度的浪费，再加上动物会排放甲烷类气体，最终造成较高的碳排放。即便同为肉类，牛肉、羊肉在生产过程中产生的碳排放大约是鸡肉、猪肉的 4 倍。

在西方国家的饮食结构中，肉类占比极大，肉类消耗所产生的碳排放在饮食碳排放中的占比达到了 56.6%。而在中国人的饮食结构中，小麦、水稻等主食占比较大，肉类占比较小，肉类消耗所产生的碳排放在饮食碳排放中的占比大约为 36.6%。

据预测，随着膳食结构优化调整，到 2030 年，仅饮食习惯就可以减少 6621 万 t 的碳排放。

2. 杜绝浪费

目前，在消费端，食物浪费现象非常严重，尤其是宴请、聚餐等场景。根据《中国城市餐饮食物浪费报告》，朋友聚餐每餐每人浪费食物大约为 107g，商务宴请平均每餐每人浪费食物大约为 102g，浪费率极高。另外，食物浪费还与餐厅规模有关，大型餐厅平均每餐每人浪费食物 132g，比平均水平要多 93g。相比之下，小型餐厅与快餐店的食物浪费要少很多，平均每餐每人浪费食物分别为 69g 和 38g。

3. 绿色家居

根据国际能源署的统计数据，在居民日常生活的碳排放中，家庭生活的碳排放占比超过了 20%。家庭生活的碳减排没有统一的方案，一方面要依靠碳减排技术的发展、能源结构的改善；另一方面需要居民养成绿色消费习惯，逐渐减少碳排放。

密歇根州立大学研究表明，随着房屋节能改造、家电更新维护、晒干代替烘干、降低热水温度等绿色生活方式的不断推行，家庭生活的碳排放可以减少 15%。另外，做好垃圾分类也有利于碳减排。

4. 支持环保

随着居民的环保意识不断增强，消费模式不断改善，也有助于减少碳排放，实现碳中和的目标。

例如，减少外卖包装消费。目前，我国的外卖市场仍处在高速发展阶段，2020 年我国在线外卖市场规模为 6646.2 亿元，同比增长 15%。大部分外卖包装盒、包装袋是一次性的，用完即弃，造成了严重的环境污染，是餐饮行业碳排放的重要来源。如果用可以重复使用的包装袋取代一次性塑料袋，就可以极大地减少环境污染，减少碳排放。在外卖包装中，塑料是最主要的包装材料。美团外卖调查发现，在外卖餐盒和包装袋中，塑料材质占比超过了 80%，其中大部分为聚丙烯和聚乙烯等普通塑料。目前，在外卖包装废弃物处理方面，我国还没有形成完整的链路，常用的处理方式就是焚烧、填埋，这个过程会排放大量的二氧化碳。虽然目前我国已经出现了一些可降解的包装材料，但因为相关技术不成熟，成本较高，导致这些材料还没有实现大规模应用，外卖包装污染问题亟须通过其他方式予以解决。

除此之外，居民还可以减少一次性筷子、一次性纸杯的使用，多购买电子书等。随着居民的环保意识不断增长，日常生活产生的碳排放必将大幅下降，为碳达峰、碳中和目标的实现提供助力。

3.3.2 绿色供给

与日常生活相关的企业在节能减排方面也有很大的发力空间，包括产品创新、提效降耗、包装减量等，可以引导居民绿色消费，释放绿色消费在碳减排方面的规模效益。

1. 产品创新

产品创新可以在一定程度上减少家庭能源消费。我国家庭能源消费以电能、天然气、煤炭为主，其中电能的消耗量最大。随着家用电器越来越多，家庭生活的用电量不断增长。因此，想要减少居民用电的碳排放，关键在于优化电能结构，减少煤电占比。

此外，家电生产行业可以提高家电能效标准，通过这种方式减缓家庭用电量的增长速度。一方面，我国家电生产企业要提高新家电的能效水平，尤其是空调、中央空调等用电量较大的电器；另一方面，家电企业、商家可以开展家电以旧换新活动，鼓励居民淘汰旧家电。因为家电使用的时间越长，平均能效水平就越低，单台家电的能耗就越高。

为了实现节能减排，家电行业推出了很多方案，例如使用变频技术提高空调、冰箱、洗衣机等家电的能效水平；使用太阳能热水器或者冷凝燃气热水器减少耗电量，提高能源利用效率；使用 LED 灯（见图 3-5）取代传统的节能灯、白炽灯，减少电能消耗等。在碳达峰、碳中和背景下，这类产品创新将越来越多。

2. 提效降耗

在生产环节，原材料损耗也会带来较大的碳排放。以家具行业为例，家具行业利用智能制造技术，开展柔性化生产，可以极大地提高木材利用率，减少碳排放。

我国木材消耗量排名世界第二，减少木材消耗、提高木材利用率是减少碳排放、实现碳中和的重要举措。根据中国林产工业协会和前瞻产业研究院公布的数据，近十年，我国木材消费总量以 173% 的速度增长，其中家居家装领域的木材消耗占比持续升高。在家居家装领域的木材消费结构中，占比最高的是人造板，大约为 32.99%，实木类家具占比大约为 3%。由此可见，家具行业提高木材的利用率，使用其他材料代替木材，可以有效减少碳排放。

图 3-5　LED 灯

3. 包装减量

电商、快递行业的快速发展给人们的生活带来了诸多便利，但快递包装造成了不小的环境污染，给城市清运带来了一定的挑战。目前，具体来看，快递包装主要面临着以下问题：回收率较低、过度包装、二次包装、可降解塑料利用率低等。

（1）减少塑料使用

《自然气候变化》发布的一份研究显示，如果塑料产量的增长率降至 2%，到 2050 年，塑料制品的碳排放可以减少 56%。利用可降解塑料代替一次性塑料，例如使用以植物淀粉为原料的淀粉基塑料和聚乳酸 PLA，减少塑料回收处理产生的碳排放。

（2）减少过度包装

我国很多行业都存在过度包装问题，例如茶叶、白酒、月饼等。以白酒为例，近几年，随着消费者消费理念的转变，光瓶酒取代盒装酒，玻璃瓶取代陶瓷酒瓶成为主流趋势。调研发现，2016 ~ 2020 年，我国光瓶酒市场规模复合增速达到了 20%，预计未来五年，光瓶酒市场规模将保持 15% 的增长速度。相较于陶瓷瓶来说，玻璃瓶回收更简单，因为碎玻璃的熔化温度低于新制玻璃所需温度，而且更易于重新造型，整个过程产生的碳排放相对较少。

（3）减少包装材料的用量

在不损害保护作用的前提下尽量减少包装材料的用量。例如电商快递减少二次包装，2025 年所有电商快递都要做到不进行二次包装，还可以利用智能包装算法提高包裹的填充率，减少包装体积。

（4）包装材料重复使用

包装材料要具备重复使用的功能，尽量不使用一次性材料，例如使用循环快递箱和循环中转袋。根据邮政局的统计，2019 年，我国投入使用的循环快递箱有 200 万个，预计到 2025 年将达到 1000 万个。

3.4 新型农业

农业作为人类社会与自然生态系统共同作用的界面，在参与碳循环过程中显示出碳汇和碳源双重特征。

农业碳源是指农业种养过程中，资源（能源）投入使用种养生长过程及各类废弃物处理所产生的排放活动。农业碳排放占全球碳排放的比重高达14%，我国农业碳排放在全国碳排放中占比高达17%。农业碳排放主要包括以下三个方面：一是植物需要部分呼吸消耗碳水化合物放出二氧化碳，以维持生理活动；二是农业化学制品生产使用、农业机械动力能源消耗以及农地利用所带来的直接或间接排放；三是废弃物处理排放，包括秸秆焚烧及动物粪便处理等带来的排放。

农业中粮食作物生产节能减排和土壤固碳潜力巨大。农作物生态系统是陆地生态系统中生产力较高的系统，生物量（干重）很高。生物量中含碳达到43% ~ 58%，农业生态系统通过绿色植物的光合作用，利用太阳能把大气中的二氧化碳和水合成碳水化合物，这部分同化物以生物量、废弃物等形式存在，都可以暂时捕捉；农用地生态系统也是一个巨大的碳库，土壤中储存着大量有机碳，农业有机肥将二氧化碳固定到了耕地的土壤中，农作物秸秆还田可将部分碳“永久”埋藏在地下。

消费市场需求的转变推动了农产品供给结构的调整与变革，要求农业发展从“生产导向型”转向“消费导向型”，不断增加安全、绿色、生态、有机农产品的有效供给，满足居民日益增长的高品质、安全、绿色农产品需要；同时要加快建立健全农产品标准化生产、农产品安全检测、品牌农产品质量认证和农业标准化推广体系，保障居民“舌尖上的安全”。

发展绿色农业，增加绿色农产品供给，首先要改变农业生产方式从传统粗放型生产转向绿色、清洁生产，逐步改变农业施肥方式，制定和执行更严格的化肥、农药行业管理标准，大力推广有机肥，增强农业病虫害预防治理能力，实现绿色防控、绿色生产。

实施碳达峰、碳中和战略对农业的影响及应对措施主要有：

（1）优化农业产业结构

提高农业生态系统空间，实现最大的绿色覆盖率，减少土壤侵蚀，提高农业土壤的固碳量，控制农业碳排放总量。高碳排地区普及科学施肥与农资的利用回收；低碳排地区征补结合、恢复森林覆盖面积、提高绿化水平、保证耕地水平。

（2）找准农业产业发展定位

我国各地区农业经济发展水平差异较大，兼顾区域农业碳减排的公平性与协同性，有利于推动全国范围内区域差异化低碳农业的发展。对于理想型与一般型地区进一步优化生产资料技术配置，对于劣质型地区通过延伸农产品产业链、增加其附加值、细分产品市场、提高品牌溢价，抵御低价冲击。要重视区域整合，搭建农业碳减排区域协同推进平台。

（3）推进农业农村减排固碳

大力发展绿色低碳循环农业，推进农光互补、“光伏 + 设施农业”“海上风电 + 海洋牧场”等低碳农业模式。研发应用增汇型农业技术。开展耕地质量提升行动，实施国家黑土地保护工程，提升土壤有机碳储量。合理控制化肥、农药、地膜使用量，实施化肥农药减量替代计划，加强农作物秸秆综合利用和畜禽粪污资源化利用。推广精准农业投入模式、农业废弃物处理和利用模式、水稻田温室气体减排模式、有机农业生产模式，改善土壤质量，提高农田固碳增能力。图 3-6 所示为农作物秸秆还田固碳。

图 3-6　农作物秸秆还田固碳

（4）推进农村建设和用能低碳转型

推进绿色农房建设，加快农房节能改造。持续推进农村地区清洁取暖，因地制宜选择适宜的取暖方式。发展节能低碳农业大棚。推广节能环保灶具、电动农用车辆、节能环保农机和渔船。加快生物质能、太阳能等可再生能源在农业生产和农村生活中的应用。加强农村电网建设，提升农村用能电气化水平。

（5）发挥农业政策导向作用

实施农业碳排放权奖惩和农业碳汇补贴制度，构建保障农业碳减排补偿机制，完善农业碳汇交易市场。对涉农的低碳生产以及种植业生产经营主体实施宽松信贷政策，对积极采用低碳型农业生产资料（有机肥等）或执行低碳生产行为（秸秆还田等）的各类生产主体予以适当的价格补贴。通过税补方式，提高对高碳排产业和产品的征税，以及对高碳汇产业和产品的补贴。

3.5　低碳工业

工业是产生碳排放的主要领域之一，对全国整体实现碳达峰具有重要影响。工业领域需要加快绿色低碳转型和高质量发展。

3.5.1　发展节能工业

1. 工业结构节能

推动工业领域绿色低碳发展，必须优化产业结构。采取强有力措施，坚决遏制“两高”项目盲目发展，加快退出落后产能。大力发展战略性新兴产业，加快传统产业绿色低碳改造。促进工业能源消费低碳化，推动化石能源清洁高效利用，提高可再生能源应用比重，加强电力需求侧管理，提升工业电气化水平。

2. 工业技术节能

积极研发新材料、新技术，推动现有节能技术与设备不断升级，提高原材料的利用率，提高能源的精细化管理水平以及能源利用效率。优化钢铁、水泥等生产实现绿色转型，积极推进电能替代、氢基工业、生物燃料等技术的研发与应用，包括氢能炼钢、电炉炼钢、生物化工制品工艺等，加速推进以二氧化碳为原料的化学品合成技术研发。

3. 工业管理节能

（1）完善绿色制造技术标准与管理规范

围绕绿色技术、绿色设计、绿色产品建立行业标准与管理规范。一方面，要对现行标准进行整理、汇总与清查，按照绿色可持续的原则对现有标准进行修订完善，尽快开发新技术、新产品标准，严格实施标准管理；另一方面，要积极参与国际绿色标准的制定，推动我国的绿色标准走向世界。

（2）鼓励金融机构创新产品，加大对绿色制造的资金支持

制造企业的绿色低碳转型需要大量的资金支持，因此，要鼓励金融机构参与绿色制造的发展，专门针对制造企业的绿色低碳转型开发金融信贷产品，利用风险资金、私募基金等手段创建有利于制造企业绿色发展的风险投资市场。同时，中央财政、地方财政可以为优秀的中小制造企业提供担保，鼓励银行加大对绿色低碳转型的中小制造企业的信贷支持。

（3）大力发展绿色运输，推动绿色物流发展

要大力发展多式联运与共同配送，建立健全交通信息网络，推动运输环节实现绿色发展；创建绿色仓储体系与仓储设施，对仓储布局进行优化。

（4）引导绿色消费行为

推动政府采购工程实现绿色化升级，对政府实行绿色采购的责任与义务做出明确规定，并制定完善的奖惩标准。同时在全社会开展宣传教育，引导企业制定绿色发展战略，帮助消费者树立绿色消费理念，培养绿色消费习惯。

3.5.2 重视绿色制造

绿色制造是综合考虑环境影响和资源效益的现代化制造模式，其目标是使产品从设计、制造、包装、运输、使用到报废处理的整个产品生命周期中，对环境的影响最小，资源利用率最高，从而使企业经济效益和社会效益协调优化。建设绿色工厂和绿色工业园区。推进工业领域数字化智能化绿色化融合发展。

在碳中和背景下，我国要推动制造业转型升级，大力发展绿色制造、构建绿色制造体系、转变发展理念，升级技术体系，完善相关标准，鼓励相关企业与机构在核心关键技术领域攻坚克难，推动整个工业体系转型升级，在这个过程中创造更多新的经济增长点。

根据绿色制造的相关理念，制造企业要在保证产品质量与功能的前提下，综合考

虑资源利用效率以及生产过程对环境的影响，不断升级技术、优化生产系统，在产品设计、生产、管理全过程贯彻“绿色”理念，推动供应链实现绿色升级，开展绿色就业，降低生产过程对环境的影响，提高资源利用率，切实提高经济效益、生态效益与社会效益。

随着工业化进程不断推进，我国进入工业化后期，制造业的发展空间依然很大，但也面临着新一轮全球竞争带来的严峻挑战。在 2008 年国际金融危机结束后，全球进入经济复苏阶段，发达国家提出了低碳发展理念，对绿色经济发展产生了积极的推动作用。在此形势下，我国将发展绿色制造纳入“十四五”发展规划的意义重大。一方面，发展绿色制造可以对新型工业化、“制造强国”建设产生积极的推动作用；另一方面，发展绿色制造可以推进经济结构调整，转变经济发展方式，在全球低碳市场提高竞争力，为能源安全、资源安全提供强有力的保障。

3.5.3　鼓励循环经济

在“制造—流通—使用—废弃”这种传统的制造模式下，企业与消费者都比较注重产品质量，忽视了对废弃物的处理。随着生产技术不断发展，产品更新换代的速度以及废弃物的产出速度不断加快，找到一种科学的方法对废弃物进行回收利用成为传统制造模式面临的最大难题。

如果说传统制造模式是一种开放的生产模式，那么绿色制造就是一种闭式循环的生产模式，因为它在传统制造流程中加入了“回收”环节。在绿色制造的闭式循环模式下，产品设计、材料选择、加工制造、产品包装、回收处理都要做到绿色、低碳。

1. 绿色设计

绿色设计指的是在设计产品的过程中，既要对产品性能、质量、开发周期、开发成本等进行综合考虑，也要对产品生产、使用过程对资源、环境的影响进行充分考虑，对各种设计因素进行优化，在最大程度上减少产品设计与制造对环境的影响。绿色设计是绿色制造的基础，要遵循六大原则，具体见表 3-5。

表 3-5　绿色设计需遵循的六大原则

原则	具体要求
宜人性	产品在制造、使用过程中不会对人和生态环境造成伤害
节省资源	这里的资源不仅包括各种材料与能源，还包括人力与信息等资源，绿色设计要求产品制造过程减少对上述资源的消耗
延长产品使用周期	使用标准化、模块化结构对易损零部件进行设计，以便在出现损坏时及时更换，从而延长产品的使用周期
可回收性	设计产品时尽量减少用材种类，尽量使用可回收、可分解的材料，以便在产品生命周期终结后可以回收再利用
清洁性	尽量使用污染较小，甚至没有污染的方法制造产品
先进性	满足消费者对产品的个性化需求

2. 绿色材料

绿色材料要符合能耗低、噪声小、无毒性、对环境无害等标准，即便对环境和人类有危害，也要可以采取措施减少或者消除这种危害。在绿色制造模式下，生产企业在选择绿色材料时要优先选择可再生材料，尽量选择能耗低、污染小、可以回收、环境兼容性比较好的材料，尽量规避可能对环境造成毒害或者辐射污染的材料，所选择的材料要满足可回收再利用、再制造、容易降解等标准。

3. 绿色工艺

绿色工艺又称清洁工艺，要求在提高生产效率的同时减少有毒化学品的用量，改善车间的劳动环境，降低产品生产过程对人体的损害，让产品实现安全与环境兼容，最终达到既提高经济效益，又减少对环境的影响的目的。

例如，改变原材料的投入，对原材料进行就地再利用、对回收产品进行再利用、对副产品进行回收利用等；改变生产工艺、生产设备、生产管理与控制，在最大程度上减少产品生产过程对生态环境、人类健康的损害，做好废弃物排放对环境影响的评价，采取有效措施予以控制。

4. 绿色包装

绿色包装要符合以下标准：第一，不会对生态环境、人体健康造成伤害；第二，可以循环使用或者再生利用；第三，可以促进可持续发展。按照发达国家的标准，绿色包装要符合“4R+1D”原则。即：包装减量（Reduce）、重复使用（Reuse）、回收利用（Recycle）、资源再生（Recover）和使用可降解塑料（Degradable）。

推广应用绿色包装关键要做好三项工作，见表 3-6。

表 3-6 推广应用绿色包装的三大策略

策略	具体内容
优化产品包装方案	在不影响包装质量的前提下减少包装材料的使用
加强包装技术创新	做好包装材料、包装工艺、包装产品的研发与迭代，研发更多可以实现再利用、再循环、可降解的包装材料，让包装废弃物的回收利用变得更简单、更高效
注重废弃物回收处理技术的研发	鼓励相关企业与机构积极研发包装废弃物回收处理技术，提高废弃物回收利用水平与效率

5. 绿色回收处理

随着一个产品的生命周期走向终结，如果不对其进行回收处理，产品就只能作为废弃物堆积在垃圾场，不仅会造成环境污染，还会造成资源浪费。解决这个问题最好的方式就是利用各种回收策略对产品进行回收再利用，让产品的生命周期成为一个闭环。绿色回收处理的最终目的应该是将产品废弃后对环境的影响降至最低，相较于传统的回收策略来说，绿色回收处理的成本更高。现阶段，绿色回收处理要针对不同的情况制定不同的方案。

废弃物回收再利用可以直接减少碳排放，因为相较于重新制造以及废弃物填埋所产生的碳排放来说，废弃物回收再利用产生的碳排放更少。研究表明，每回收 1t 废弃物，最多可以减少 8.1t 的碳排放。当然，材料不同，回收再利用的碳减排效果也不同。对于塑料来说，分类回收可以提高回收再利用的效率，将单位碳排放减少 50% ~ 100%。对快递包装材料进行回收，通过加工将其转变为新的快递包装材料，例如瓦楞纸回收再造纸浆等。

3.6 绿色交通

3.6.1 基本情况

随着经济社会不断发展，人们的收入水平不断提升，汽车保有量不断增加，我国交通运输行业的碳排放将持续增长。交通运输行业是全球三大温室气体排放源之一。

2021 年 5 月 10 日公安部举行新闻发布会，相关负责人表示我国机动车保有量达到了 3.8 亿辆，2021 年第一季度新注册登记机动车 996 万辆，创同期历史新高。根据国务院办公厅发布的《新能源汽车产业发展规划（2021—2035 年）》，到 2025 年，我国新能源汽车的市场占有率要达到 20%。这就表示，即便我国大力推广新能源汽车，在汽车市场上，传统燃油汽车的主体地位在未来很长时间仍不会发生改变。

鉴于交通行业既是制造业又是服务业的双重属性，其碳排放与国家经济结构、产业布局、能源结构、运输周转量等外界因素密切相关，碳排放结构非常复杂。另外，因为很多交通工具需要跨区域行驶，碳排放发生在不同地区，在很大程度上加大了碳排放管理的难度。

城市交通碳排放主要来源于两个方面：第一，使用不可再生能源生产电能所产生的碳排放；第二，燃烧汽油、柴油等传统能源产生的碳排放。

根据 2021 年 2 月国务院印发的《国家综合立体交通网规划纲要》要求，到 2035 年，我国交通领域的二氧化碳排放强度相较于 2020 年要有明显下降，并且要尽早实现碳达峰的目标。交通行业的碳排放方式非常多，而且结构复杂、统计困难，因此找对切入点非常重要。在交通行业的各个部门中，道路交通部门的碳减排潜力最大。根据《中国气候变化第二次两年更新报告》，2019 年，我国道路交通的碳排放在交通运输总体的碳排放中的占比达到了 84.1%。

为了推动交通行业实现碳减排，我国尽量减少传统燃油车的能耗，用低碳能源代替传统的柴油、汽油，减少汽车行驶过程中的碳排放。

根据《节能与新能源汽车技术路线图 2.0》的要求，到 2025 年，传统能源汽车的能耗要降至 4.8L/100km，货车、客车的油耗要比 2019 年降低 8% ~ 15%，混合动力汽车的油耗要降至 4.5L/100km。

低碳能源可以直接应用于电力、工业等领域，但想要在交通领域应用，必须转化成可以存储、运输的“绿色燃料”。交通行业包括四种不同的交通方式，分别是道路、铁路、航空、船运，每种交通方式都对“绿色燃料”提出了不同的要求。随着电力基础设施不断完善，电池、充电桩等技术快速发展，电能在道路、铁路这两种交通方式中得到了广泛应用。但因为动力电池的体积、重量都很大，不适合在航空、船运中应用，于是这两种交通方式不得不寻找其他的低碳能源代替方案，例如氢能、氨气和生物质等新能源。鉴于此，为了响应碳中和的目标，交通行业将根据不同交通方式的特点选用不同的低碳能源，例如以道路交通为主的小型、轻型交通和铁路将采用动力电池，远程航空将采用生物质能源，以实现零碳排放。

在交通运输行业的碳减排中，新技术将发挥重要作用。根据世界汽车协会的报告，汽车的轻量化率每提升 10%，就能减少 6% ~ 8% 的能源消耗，而且可以稳定节能效果，实现持续节能。

3.6.2 推动运输工具装备低碳转型

积极扩大电力、氢能、天然气、先进生物液体燃料等新能源、清洁能源在交通运输领域应用。大力推广新能源汽车，逐步降低传统燃油汽车在新车产销和汽车保有量中的占比，推动城市公共服务车辆电动化替代，推广电力、氢燃料、液化天然气动力重型货运车辆。提升铁路系统电气化水平。加快老旧船舶更新改造，发展电动、液化天然气动力船舶，深入推进船舶靠港使用岸电，因地制宜开展沿海、内河绿色智能船舶示范应用。提升机场运行电动化智能化水平，发展新能源航空器。到 2030 年，当年新增新能源、清洁能源动力的交通工具比例达到 40% 左右，营运交通工具单位换算周转量碳排放强度比 2020 年下降 9.5% 左右，国家铁路单位换算周转量综合能耗比 2020 年下降 10%。陆路交通运输石油消费力争 2030 年前达到峰值。

积极发展新能源汽车是交通低碳化的重要途径。新能源汽车主要包括混合动力汽车、纯电动汽车、氢能和燃料电池汽车、乙醇燃料汽车、生物柴油汽车、天然气汽车、二甲醚汽车等类型。对于新能源汽车来说，碳中和目标的提出为其带来了良好的发展机遇，但同时也带来了一定的挑战。在碳中和背景下，汽车行业不仅要致力于自身的碳减排，而且要通过新能源汽车的推广应用带动整个能源行业实现碳减排。

新能源是交通运输行业实现净零排放的关键。一方面，风电、光伏等新能源发电可以直接用于汽车电池的充放电；另一方面，动力电池和氢燃料电池可以作为储能方式推动新能源发展。除了扩大新能源汽车的市场份额外，交通行业的碳减排还需要依靠政策支持，推动城市交通尽快实现电动化，有条件的地区可以开展全面电动化的试点。为了保证城市交通全面电动化，各城市要完善相关基础设施建设，强化电网保障。

中国新能源汽车生产和销售规模连续 6 年位居全球第一，截至 2021 年 6 月，新能源汽车保有量已达 603 万辆。图 3-7 所示为中国新能源汽车保有量。

图 3-7　中国新能源汽车保有量（单位：万辆）

资料来源：2021 年《中国应对气候变化的政策与行动》白皮书。

3.6.3　构建绿色高效交通运输体系

发展智能交通，推动不同运输方式合理分工、有效衔接，降低空载率和不合理客货运周转量。大力发展以铁路、水路为骨干的多式联运，推进工矿企业、港口、物流园区等铁路专用线建设，加快内河高等级航道网建设，加快大宗货物和中长距离货物运输“公转铁”“公转水”。加快先进适用技术应用，提升民航运行管理效率，引导航空企业加强智慧运行，实现系统化节能降碳。加快城乡物流配送体系建设，创新绿色低碳、集约高效的配送模式。打造高效衔接、快捷舒适的公共交通服务体系，积极引导公众选择绿色低碳交通方式。

努力发展电气轨道交通是交通低碳化的又一重要途径。电气轨道交通是以电气为动力，以轨道为走行线路的客运交通工具，已成为理想的低碳运输方式。城市电气轨道交通分为城市电气铁道、地下铁道、单轨、导向轨、轻轨、有轨电车等多种形式。

私人汽车每年每公里的碳排放是地面公交的 5 倍，是轨道交通的 9 倍。因此，降低私人汽车的出行强度可以有效降低城市客运系统的碳排放。目前，有两种方法可以降低私人汽车的出行强度：第一，鼓励人们在选择出行方式时放弃私人汽车，选择碳排放量较低的公共交通和零排放的慢行交通；第二，构建紧凑型城市形态，弱化日常出行对私人汽车的依赖。

3.6.4　加快绿色交通基础设施建设

将绿色低碳理念贯穿于交通基础设施规划、建设、运营和维护全过程，降低全生命周期能耗和碳排放。开展交通基础设施绿色化提升改造，统筹利用综合运输通道线位、土地、空域等资源，加大岸线、锚地等资源整合力度，提高利用效率。有序推进充电桩、配套电网、加注（气）站、加氢站等基础设施建设，提升城市公共交通基础设施水平。到 2030 年，民用运输机场场内车辆装备等力争全面实现电动化。

3.7 节能建筑

根据联合国环境规划署发布的数据，在全球能源消耗中，建筑行业的能源消耗占比为30%～40%，所产生的温室气体占比超过了30%。如果建筑行业不改变生产方式、提高能效、节能减排，到2050年其排放的温室气体在温室气体排放总量中的占比将超过50%。而按照规划，我国要在2060年实现碳中和。在这一目标的指引下，我国建筑行业必须实现深度脱碳，让二氧化碳实现近零排放。

3.7.1 建筑能源利用现状

根据中国建筑节能协会能耗专委会2020年发布的《中国建筑能耗研究报告（2020）》，2018年全国建筑全寿命周期能耗为21.47亿吨标准煤当量，在全国能量消费总量中的占比大约为46.5%。其中，建材生产、建筑施工、建筑运行三个阶段的能耗分别为11亿吨标准煤当量、0.47亿吨标准煤当量、10亿吨标准煤当量，在建筑全生命周期能耗中的占比分别为51.3%、2.2%、46.6%，在全国能源消费总量中的占比分别为23.8%、1%和21.7%。

2018年全国建筑全生命周期的碳排放总量为49.3亿t二氧化碳，在全国能源碳排放总量中的占比为51.2%。其中，建材生产、建筑施工、建筑运行三个阶段的碳排放总量分别为27.2亿t二氧化碳、1亿t二氧化碳、21.1亿t二氧化碳，在建筑全生命周期碳排放中的占比分别为55.2%、2%、42.8%，在全国能源碳排放中的占比分别为28.3%、1%、21.9%。

国家统计局公布的数据显示，2020年，我国建筑行业总产值为26.4万亿元，同比增长6.2%；建筑业增加值为7.3万亿元，同比增长3.5%，占全国GDP的7.2%。自2011年以来，建筑业增加值占国内生产总值的比重始终保持在6.75%以上，是国民经济的支柱产业。另外，我国建筑行业的规模居全球首位，每年新增建筑面积大约为20亿m^2，相当于全球新增建筑总面积的1/3。因此，在碳中和目标下，建筑行业低碳化发展、深度脱碳势在必行。

3.7.2 城镇建筑物空间立体绿化

城镇建筑物空间立体绿化是根据不同的环境条件，在城镇各种建筑物和其他空间（如屋顶、墙面、阳台、门庭、廊、柱、栅栏、立交桥、坡面、河道堤岸等）上栽植攀缘植物或其他植物的一种城镇绿化方式。图3-8所示为墙面绿化。

北京市园林科研所的调查显示，屋顶绿化每年可以滞留粉尘2.2kg/hm^2，建筑物的整体温度夏季可降低约2℃。根据一项实验的测试，夏天时有攀缘植物攀附的墙面，温度能降低5～14℃，室温可降低2～4℃。如果一个城市将住宅小区的屋顶全部绿化，在高大建筑物屋顶建立草坪或空中花园，增加的绿化覆盖面积是巨量的，有研究表明这种绿化方式可使整个城市的最高温度降低5～10℃、建筑顶层温度降低3～5℃，这还没有计算在建筑物墙面栽植攀缘植物等。因此，推广普及城镇建筑物的空间立体绿化，在提高城镇空气质量、节约能源、缓解热岛效应的同时，还能提升城镇有限的碳汇水平。联合国环境规划署的研究显示，当一个城市的屋顶绿化率达到 70% 以上，城市上空二氧化碳含量能下降 80%，热岛效应会消失。

图 3-8　墙面绿化

立体绿化在我国正处于发展过程中，很多城市已经将发展城镇建筑物空间立体绿化作为建设美丽城市的重要因素。《上海市绿化条例》就规定，新建公共建筑以及改建、扩建中心城内既有公共建筑的，应当对高度不超过 50m 的平屋顶实施绿化；中心城、新城、中心镇以及独立工业区、经济开发区等城市化地区新建快速路、轨道交通、立交桥、过街天桥的桥柱和声屏障，以及道路护栏（隔离栏）、挡土墙、防汛墙、垃圾箱房等市政公用设施的，应当实施立体绿化。鼓励适宜立体绿化的工业建筑、居住建筑以及其他建筑，实施多种形式的立体绿化。北京市《屋顶绿化规范》也提出了屋顶绿化建议性指标，规定花园式屋顶绿化的绿化面积占屋顶总面积≥ 60%、种植面积占绿化面积≥ 85%、铺装园路面积占绿化面积≤ 12%、园林小品面积占绿化面积≤ 3%，简单式屋顶绿化的绿化面积占屋顶总面积≥ 80%、绿化种植面积占屋顶总面积≥ 80%、铺装园路面积占绿化面积≤ 10%。随着立体绿化模式的推广，很多省市也制定了屋顶绿化的地方标准。

当前，城镇建筑物空间立体绿化的方式主要有屋顶绿化、墙面绿化、阳台绿化、室内绿化、坡面绿化、棚架绿化和篱笆绿化。在新型城镇化过程中，城镇建筑物空间立体绿化要结合建设低碳城镇的要求，根据当地实际，采用点缀式、地毯式、花园式和田园式等建筑物空间立体绿化类型。

3.7.3 节能建筑路径

建筑全生命周期有三个阶段会产生能耗，分别是建筑建造阶段、建筑运行阶段和建筑拆除阶段。其中，建筑建造阶段的能耗主要产生于建筑材料的开采、生产、运输环节，建筑构件生产环节，以及建筑施工过程中消耗的各种资源；建筑运行阶段的能耗主要产生于供暖、制冷、通风、空调和照明等用于维护建筑环境的设备与系统用能，建筑内活动，包括办公、炊事等用能；建筑拆除阶段的能耗主要产生于拆除机械运作产生的能耗，拆除后物料运输产生的能耗，以及材料回收处理产生的能耗等。下面分阶段对建筑低碳化技术与方法进行探索。

1. 建筑建造阶段

在建筑建造阶段，碳排放主要来源于建材生产和现场施工。在建筑全生命周期的碳排放中，这个阶段产生的碳排放占比接近30%。在建筑建造阶段，建筑材料的用量增加、施工过程中的机械化程度提高、建筑质量或标准提高导致单位建造成本提高等，都会导致这一阶段的碳排放增加。相反，施工机械的能效提高、能源使用强度降低、能源结构优化等，都会导致这一阶段的碳排放减少。因此，建筑建造阶段的碳减排可以从以下三个方面切入。

（1）建筑材料减碳

通过使用可回收、可再生的材料或者复合纤维材料实现碳减排，前者如木材，后者如利用植物纤维制造的具有高阻燃性和高强度的建筑材料。另外，建筑企业还可以对既有材料进行回收再利用，这里的“既有材料”可以参考“城市矿产”这一概念。城市矿产指的是废旧机电设备、电线电缆、通信工具、汽车、家电、电子产品、金属和塑料包装物以及废料中潜藏的可以循环利用的钢铁、有色金属、贵金属、塑料、橡胶等资源。通过对这些资源进行回收再利用，不仅可以缓解资源短缺问题，而且可以减轻环境污染，发展循环经济。同时，建筑行业还可以利用再生混凝土、再生砖、再生玻璃、再生沥青等再生材料减少碳排放。

（2）结构工程减碳

结构工程实现碳减排的措施有三种：1）优化结构设计提高结构韧性，延长结构的使用寿命，从而降低碳排放；2）简化结构减少建筑材料的用量，从而降低碳排放；3）构件再利用技术减少碳排放，例如对连接件、节点等进行再利用。

（3）建造过程减碳

建造过程实现碳减排的方法是：1）采用低碳工艺与绿色建造体系；2）减少建筑垃圾的产生，对建筑垃圾进行再利用；3）采用新型节能装备和工艺；4）执行绿色施工标准；5）推广装配式建筑。

2. 建筑运行阶段

建筑运行阶段指的是建筑使用阶段，倾向于使用能耗更少的节能设备或者建筑技术，实现建筑运行阶段的碳减排。建筑运行过程消耗的能量根据建筑系统而变化，建筑使用过程就是消耗能量的过程。根据世界可持续发展工商理事会（WBCSD）报告，建筑物消耗的能源中有 88% 是在使用和维护过程中消耗的。为了提高建筑运行过程中的能源利用效率，在建筑设计阶段就应该采取的措施有：1）将房屋与交易区域、办公室和零售区域结合起来，让人们有机会在他们工作和购物的地方居住；2）以支持公共交通为前提设计可持续建筑；3）使用节能灯具和节能设备；4）推行“被动式建筑”理念，即将自然通风、采光、太阳能辐射、室内非供暖热源得热等被动节能手段与建筑围护结构高效节能相结合建造而成的低能耗建筑。图 3-9 所示为阳台太阳能发电。

图 3-9　阳台太阳能发电

3. 建筑拆除阶段

建筑拆除阶段实现碳中和的措施主要是对建筑拆除后的资源进行回收利用，减少资源浪费，进而减少碳排放。

以绿色发展理念为牵引，全面深入推进绿色建筑和建筑节能，充分释放建筑领域巨大的碳减排潜力。截至 2020 年底，城镇新建绿色建筑占当年新建建筑比例高达 77%，累计建成绿色建筑面积超过 66 亿 m^2。累计建成节能建筑面积超过 238 亿 m^2，节能建筑占城镇民用建筑面积比例超过 63%。“十三五”期间，城镇新建建筑节能标准进一步提高，完成既有居住建筑节能改造面积 5.14 亿 m^2，公共建筑节能改造面积 1.85 亿 m^2。可再生能源替代民用建筑常规能源消耗比重达到 6%。

3.8 碳交易

3.8.1 碳交易原则

碳交易是为了促进全球温室气体减排，减少全球二氧化碳排放所采用的市场机制。它是运用市场经济来促进环境保护的重要机制。参与碳交易企业在不突破排放配额的前提下，可以自由决定使用或交易碳排放权。

1997 年，《京都议定书》首次提出把市场机制作为解决温室气体减排问题的新路径，即将二氧化碳排放权作为一种商品，从而形成二氧化碳排放权的交易，简称碳交易。

碳交易可以分为两类，碳配额和碳减排，其中碳配额是强制实施，碳减排是自愿执行。碳配额交易是由主管部门向纳入试产的企业发放配额，当企业实际排放量超过配额时，需要向有配额富余的企业购买，而配额富余的企业则可以将多余的配额出售。碳减排即 CCER 交易，是指符合规定的减排项目可以申请签发国家核证资源减排量，用于出售获得额外收益，即自愿减排。

碳交易业务流程主要包括：第一，企业进行碳排放数据申报，重点排放单位参照排放报告核查指南报送年度碳排放报告；第二，由第三方核查，重点排放单位委托认证的第三方核查机构对年度排放报告进行核查；第三，配额分配，政府主管部门依据重点排放单位碳排放报告及核查报告，按照配额核定方法进行配额分配；第四，买卖交易，重点排放单位在获得配额后通过碳交易平台进行配额交易；第五，履约清算，重点排放单位在规定时间上缴其经核查的与上年度排放总量相等的配额量，用于抵消上年度碳排放量。

2002 年，荷兰和世界银行率先开展碳排放权交易。2005 年 1 月，欧盟碳排放交易系统开始运行，包括所有成员国以及挪威、冰岛和列支敦士登，覆盖了该区域约 45% 的温室气体排放，涉及超过 1.1 万家高耗能企业及航空运营商。按照“总量交易”原则，欧盟统一制定配额，各国为本国设置排放上限，确定纳入排放交易体系中的产业和企业，向其分配一定数量的排放许可权。如果企业的实际排放量小于配额，可以将剩余配额出售；反之则需要在交易市场上购买。2019 年，欧盟碳排放交易系统覆盖的排放量较上一年下降 9.1%，是 10 年来最大降幅；同年，欧盟拍卖的配额量同比减少 36%，收入增加 4.47 亿欧元，成为支持应对气候变化投融资的重要来源。欧盟排放交易计划是世界上第一个，也是迄今为止规模最大的用于减少温室气体排放的“安装级总量控制与交易”系统。

碳排放权交易和碳税是碳定价的两种形式，碳定价对碳达峰和碳中和有着重要作用。世界银行的统计分析表明，截至 2020 年，全球共有 61 项已实施或者正在规划中的碳定价机制包括 31 个碳排放交易体系和 30 个碳税计划；覆盖 46 个国家和 32 个次国家级司法管辖区，涉及 120 亿 t 二氧化碳，约占全球温室气体排放量的 22%。要通过不断完善碳定价机制和市场体系，用市场力量调整高碳产业结构，使产业结构更趋低碳化。

3.8.2 我国碳交易的发展

我国在积极履行签署的关于碳减排国际公约的同时，加紧构建了国内的碳排放政策体系。我国的碳排放权交易实践工作也在逐步推进。2008 年，北京、上海、天津环境交易所成立。2011 年 10 月，我国碳市场试点工作正式启动，北京、天津、上海、重庆、湖北、广东、深圳开展碳排放权交易试点工作。2012 年，我国碳交易政策框架建立，同时北京环境交易所推出了我国首个自愿减排标准，并发布了石化行业、有色金属、化工等行业的节能减排方式方法及政策。

我国的碳交易涉及行业主要以发电行业为主，2019 年发电行业二氧化碳排放量占全国碳排放的 46%，因此我国以发电行业为突破口，率先启动全国碳排放交易体系，逐步扩大参与碳市场的行业范围，增加交易品种，不断完善碳市场。而在实际执行中，各试点区域根据自身实际情况，继发电行业之后，分批次分阶段将石化、化工、建材、钢铁、有色、造纸、航空几大行业逐步纳入碳市场。

截至 2021 年 6 月，碳市场累计配额成交量为 4.8 亿 t 二氧化碳当量，成交额约为 114 亿元。全国碳排放权交易市场已经建立，交易于 2021 年 7 月 16 日启动，碳配额开盘价为 48 元 /t，首笔成交价为 52.78 元 /t，第一个履约周期从 2021 年 1 月 1 日至 12 月 31 日，纳入发电行业重点排放单位 2162 家，覆盖约 45 亿 t 二氧化碳排放量，中国碳市场成为全球规模最大的碳市场。

Chapter 4

第4章 能源与低碳能源

能源是能够产生人类可利用的能量的物质，它是人类赖以生存和发展的物质基础。人们的各种活动，无论是劳动生产还是日常生活，时时处处都离不开能源。人们的衣、食、住、行、用，都得以能源为依托。本章将介绍人类发展与能源的关系、能源的类别和低碳能源的发展战略等问题。

4.1 人类发展与能源

人类对能源的利用，经历了一个漫长的历史发展过程，原始人过着“饥即求食，饱即弃余，茹毛饮血，而衣皮苇”（班固《白虎通义》）的生活，发展到现代社会高度发达的物质文明与精神文明，对能源利用的范围逐渐扩大，能源的种类和数量越来越多，品位也逐步提高。

4.1.1 太阳神

最早应用的能源应该是太阳能。虽然不能光伏发电，但是，晒晒太阳是少不了的。远久的事情无据可考，只能听听传说或神话。

赫利俄斯（Helios）是古希腊神话中的太阳神，传说他是高大魁梧、英俊无须的美男子。他身披紫袍，头戴散发出无数光束的太阳金冠。每天当黎明女神厄俄斯用玫瑰色的手指打开天门后，赫利俄斯便驾着由四匹焰马所拉的日辇，在天空中驰骋，从东至西，令光明普照世界，直到黄昏降临到俄刻阿诺斯的彼岸，如图4-1所示。

中国的太阳神又称日神。《山海经》中有这样一个故事：“东海之外，甘泉之间，有羲和国。有女子名羲和，为帝俊之妻，是生十日，常浴日于甘泉。”是说羲和国中有个女子名叫羲和，她生了十个太阳。“太阳之母”是关于羲和的传说之一。在中国神话中，羲和又是太阳的赶车夫。《楚辞·离骚》说：“吾令羲和弭节兮，望崦嵫而勿迫。”诗句的意思是：我叫羲和不慌不忙地赶着马车，和太阳一起走在归家的路上。

图4-1 赫利俄斯

历代礼拜的“太阳星君”又称太阳公、太阳菩萨、太阳神、日神。中国民间信仰和道教尊奉的太阳神，主掌太阳。太阳星君为众阳之宗、纪岁时之准。农历三月十九日，为太阳星君的生日。在炎帝神农时代即有拜祭太阳星君典礼，到帝尧时代，以春分朝日，秋分饯日，周制且帅诸侯朝日于郊，嗣后之朝代，均有拜日朝日之礼。朝廷如此，民间也早就衍为时俗，形成拜太阳公之风尚，以感谢四季阳光普照之恩惠。

4.1.2　炎帝刀耕火种

史前的人类，依靠采集的植物和猎取的动物取得能量。火的发现是人类自觉地利用能量的开端，有了火，人们开始用野草、树枝等燃烧加工食物、取暖和照明。也就是应用生物质能源。如图 4-2 所示。

图 4-2　应用生物质能源

古希腊神话中说，火是普罗米修斯（Prometheus）偷来的。普罗米修斯曾与智慧女神雅典娜共同创造了人类，普罗米修斯负责用泥土雕塑出人的形状，雅典娜则为泥人灌注灵魂，并教会了人类很多知识。普罗米修斯还反抗宙斯，将火种带到人间。正因此案，普罗米修斯还尝尽了苦头。

中国传说，火是炎帝发现的。炎帝是中国上古时期姜姓部落的首领尊称，号神农氏。传说他由于懂得用火而得到王位，所以称为炎帝。炎帝部落的活动范围在黄河中下游。相传炎帝牛首人身，他亲尝百草，发展用草药治病；他发明刀耕火种创造了两种翻土农具，教民垦荒种植粮食作物；他还领导部落人民制造出了饮食用的陶器和炊具。传说炎帝部落后来和黄帝部落结盟，共同击败了蚩尤。华人自称“炎黄子孙”，将炎帝与黄帝共同尊奉为中华民族人文初祖，成为中华民族团结、奋斗的精神动力。

4.1.3　水力助人

随着大脑的进化、智力的发展，人类渐渐进入了有史社会，人类开始水上活动时，最早人们试着骑到水中漂浮的较大木头上，实现漂流。后来，慢慢学会了制造浮具，用河水飘移木筏等，也就是应用水力能。图 4-3 所示为一种早期的浮具，叫皮浮囊。

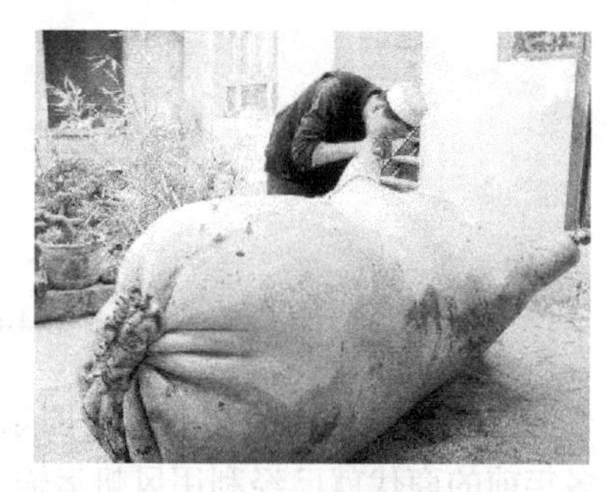

图 4-3　皮浮囊

筒车是一种以水流作动力，取水灌田的工具。筒车的主要机构是一个水轮，如图 4-4 所示。据说，筒车发明于隋而盛于唐。北宋官员梅尧臣（1002 ~ 1060 年）有《水轮咏》描写筒车：“孤轮运寒水，无乃农自营。随流转自速，居高还复倾。”

筒车利用了水的动能。古代还有很多水轮装置用于粮食的加工。如水碓、水磨和水碾等。水力也用于工业生产，例如水力鼓风的水排用于冶炼，如图 4-5 所示。

图 4-4　筒车

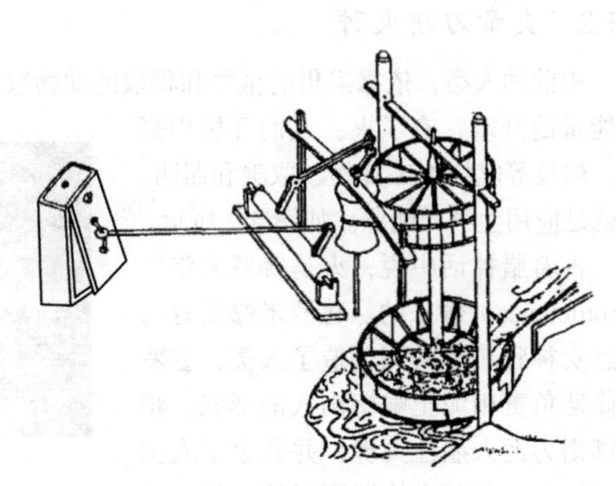

图 4-5　用于鼓风的水排

4.1.4　好风凭借力

风能最早用于风帆助航以及用风力机提水、碾米、磨面等。在埃及，人们发现了 5000 年前帆船图案，它们被绘制在陶罐上，如图 4-6 所示。

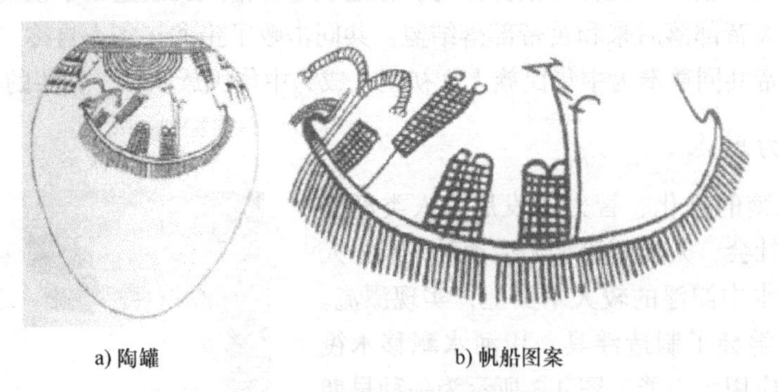

a) 陶罐　　b) 帆船图案

图 4-6　陶罐上的帆船图案

中国也是最早使用帆船的国家之一，从已出土的甲骨文推知，中国至少在 3000 多年前的商代就已经利用风帆运输。唐代对外贸易的商船直达波斯湾和红海之滨，所经航线被誉为“海上丝绸之路”。12 世纪初，中国首先将指南针用于导航。15 世纪初至 30 年代，郑和率巨大船队 7 次下西洋，所用“宝船”有 12 帆，长 44 丈（1 丈≈

3.33m)，宽 18 丈。船队大小船只 200 余艘，最远航程到达非洲东岸现今的索马里和肯尼亚一带。

除了风帆以外，人类还在很多其他领域利用风能。主要形式是风力机，在蒸汽机问世以前，风力曾经是工农业生产的重要动力。早期的风力机叫风车，风车有阻力型和升力型两类。

图 4-7 所示为阻力型风轮工作原理。风轮叶片处于顺风的半边阻力大，逆风的半边阻力小。风轮对风产生的阻力矩数值上等于风对风轮的驱动力矩，可以使风轮转动。当顺风的半边平均线速度大约等于风速时，风轮的转速就不会继续增加。

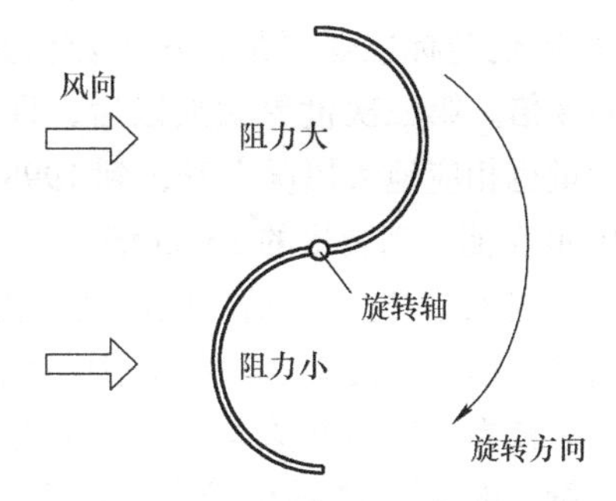

图 4-7　阻力型风轮工作原理

有资料称，在 644 年由波斯（Persian）人阿布·鲁鲁亚发明了利用阻力驱动的风车，用于碾米、磨面，被称为波斯风磨。结构如图 4-8 所示。波斯风磨的风轮轴与风向垂直。它用墙遮住半个风轮，造成不对称，使风驱动风轮。波斯风磨通常迎着主风向安装，这与当地主风向变化不大有关。

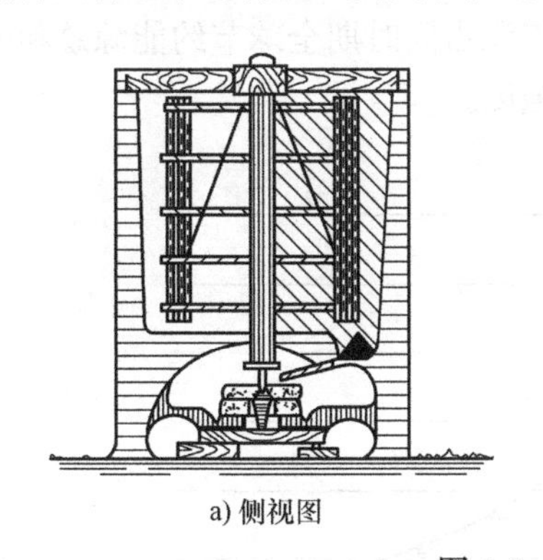

a) 侧视图　　b) 俯视图

图 4-8　波斯风磨

中国关于风车的记载始见于宋代。中国古代创造的立帆式垂直轴风车与波斯风磨相比的优点是：不论风从哪个方向来都可运行。被称为走马灯式风车，如图 4-9 所示。

升力型风车与上述阻力型风车不同，它的风轮轴基本上与风向平行。现在用的风力机就是这种形式，后文还会遇到。

图 4-9　走马灯式风车

到了近代，人类逐渐开始应用煤炭、

电力、石油、天然气。如今，已经把太阳能、潮汐能、地热能、海洋能，乃至核能等用于生产与生活之中。

20世纪是人类发展史上进步很快的阶段，在这一时期，各种能源的开发利用，对促进世界经济的繁荣与发达起到了重要作用，与此同时，能源的消费量也是逐年增加。20世纪的前50年，世界各国的经济发展还不算很快，1950年的能源消费量是26.64亿吨标准煤当量，这个数值是1900年能源消费量（7.75亿吨标准煤当量）的3.44倍。第二次世界大战以后，许多国家的经济建设以较快的速度发展，能源的消费量也相应地大幅度上升，到1998年，能源消费量竟达121.11亿吨标准煤当量，是1900年能源消费量的15.63倍。

进入21世纪以后，能源消费更是突飞猛进。从世界范围看，经济越发达，能源消费量越大。我国是个发展中国家，经济不算发达，人民生活水平还不高。据国家统计局核算，2020年人均能源消费为每年3.53吨标准煤当量，与美国人均11吨标准煤当量、俄罗斯13吨标准煤当量的水平有很大差距，只相当于能源利用效率最高的日本和德国的人均能源消费水平的一半多一点。

近年来，我国能耗强度（单位GDP所需能耗）明显下降，初步核算，2011～2020年我国能耗强度累计下降28.7%。“十三五”期间，我国以年均2.8%的能源消费量增长支撑了年均5.7%的经济增长，节约能源占同时期全球节约能源总和的一半左右。图4-10所示为2011～2020年中国能耗强度。

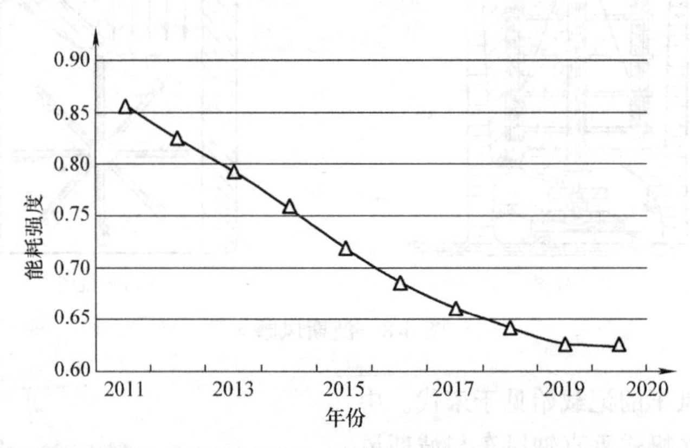

图4-10　2011～2020年我国能耗强度（单位：吨标准煤当量/万元国内生产总值）

资料来源：2021年《中国应对气候变化的政策与行动》白皮书。

2020年我国碳排放强度比2015年下降18.8%，超额完成了“十三五”约束性目标，比2005年下降48.4%，超额完成了我国向国际社会承诺的到2020年下降40%～45%的目标，累计少排放二氧化碳约58亿t，基本扭转了二氧化碳排放快速增长的局面。与此同时，我国经济实现跨越式发展，2020年GDP比2005年增长超4倍。图4-11所示为2011～2020年我国二氧化碳排放强度和国内生产总值。

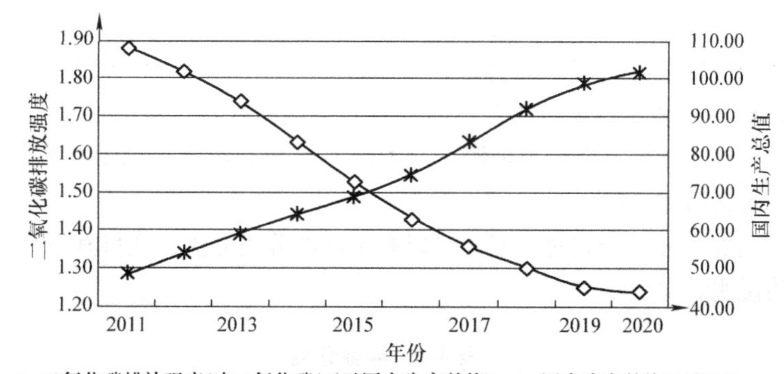

图 4-11　2011～2020 年我国二氧化碳排放强度和国内生产总值

资料来源：2021 年《中国应对气候变化的政策与行动》白皮书。

未来，随着居民人均收入水平的提高，居民消费能力提升，国人的消费行为会进一步向发达国家趋同，最终也会体现在人均能源消费水平的趋同。即便是向日本和德国趋同，我国人均能源消费还将提高约 1 倍左右。这也意味着中国能源消费总量最终会在现有基础上翻一番左右。

4.2　能源的分类

在能探测到的星系里，地球是一颗得天独厚的行星，它有多种能源供人类的生存与发展，人们正是有效地利用了这些能源，才把地球装扮得美丽多彩、生机勃勃。宏观地讲，地球上的能源来自 3 个方面。

一是来自太阳的能源。太阳能除了其光和热可以直接被人类利用外，它还是地球上许多种能源的主要来源。目前人类所需能量的绝大部分，都直接或间接地来源于太阳能。各种植物通过光合作用，把太阳能转变成化学能，在植物体内贮存下来，一部分在地球表面，供人类和动物利用；另一部分由于地壳的变迁被埋入地下，变成了化石燃料，如煤炭、石油、天然气等矿物燃料，它们是古代被埋在地下的动植物，经过漫长的年代，在不同的地质条件下形成的，所以矿物燃料实质上是古代生物固定下来的太阳能；另外，风能、水力能和海洋波力能等，也都是由太阳能转换而来的。

二是地球内部固有的能源，如地热能与核能。地球是个巨大的热库，里面蕴藏着异常丰富的热能，其热量一方面是地球形成时所固有的；另一方面是地球内部非稳定元素的同位素蜕变所释放出来的。已有的核电站所用的主要原料是重金属元素铀、钚等，通过原子核发生分裂（裂变）时释放出能量；目前还在研究由轻元素（氘或氚）的原子核发生聚合反应（聚变）而释放能量的核电站，它的主要原料是氢的同位素。核能所用的主要原料可分别从矿石和海水中提取。

三是潮汐能，它是由月球（主要的）、太阳（次要的）乃至其他天体（更为次要的）对随地球旋转的海水产生的引力而形成的涨潮与落潮。海洋水位的升降伴随着海水的流动，当其运动受到弯曲的海岸阻碍时，会使涨潮与落潮的水位高度差（潮差）产生较大的变化，如加拿大的芬地湾，最大潮差竟达16m多。潮汐电站就是为了利用海水位能的变化而建造的。

从不同侧面来分析研究时，能源可以有不同的分类方法，现将其概括于表4-1中，并做简要的说明。

表4-1　能源分类

<table>
<tr><th colspan="2">类别</th><th colspan="3">来自太阳的能源</th><th>星体间相互作用产生的能源</th><th>地球上固有的能源</th></tr>
<tr><td rowspan="4">一次能源</td><td rowspan="3">可再生能源</td><td>常规能源</td><td colspan="4">新能源</td></tr>
<tr><td rowspan="2">江河水能</td><td rowspan="2">太阳能、风能、生物质能</td><td colspan="2">海洋能</td><td rowspan="2">地热能</td></tr>
<tr><td>海洋波浪能、海水温差能、盐度差能、海洋流能</td><td>潮汐能</td></tr>
<tr><td>非再生能源</td><td>煤炭、石油、天然气</td><td colspan="2">油页岩</td><td></td><td>核能</td></tr>
<tr><td colspan="2">二次能源</td><td colspan="5">焦炭、煤气、电力、氢气、蒸汽、柴油、酒精、汽油、煤油、重油、液化气、木炭、生物质、燃气、沼气、电石</td></tr>
</table>

表4-1中所列的一次能源和二次能源，是按能源的生成方式来划分的。一次能源又称为自然能源，它是自然界中以天然形态存在的能源；二次能源则是指人们将一次能源经过加工转换，变为符合需要的能量形式。例如：煤炭是一次能源，经过干馏处理，变成了焦炭和煤气等二次能源；石油是一次能源，经过提炼，得到了汽油、煤油、柴油和重油等二次能源。

一次能源又可分为可再生能源与非再生能源。太阳能、江河水能、风能、生物质能、海洋能和地热能，随着时间的推移而不断生成，是可再生能源，不会因人类的开发利用而日益减少，具有自然的恢复能力；煤炭、石油、天然气、油页岩和核能，越用越少，它们是非再生能源。

来自太阳的可再生能源，人们会很容易理解，因为只要太阳不毁灭，这些种类的能源就会源源不断地形成，潮汐能是星体间相互作用产生的能源，只要星体间的作用力存在，它的形成就不会终止。把地热能划分为可再生能源大体上是这样考虑的：地球内部是个非常巨大的“热库”，其热含量大约为1.25×10^{31}J，其热量一般认为与地球（及地壳）的形成与固化（收缩及压力）有联系；还和地球物质中放射性元素衰变（原子核能的释放过程）产生的热量有关，而且这种放射性元素的衰变将连续地、长久地进行下去。

常规能源与新能源是这样划分的：技术上比较成熟，已被人类广泛应用的能源，称为常规能源；新能源一般是指在新技术基础上进行开发利用的能源。表 4-1 中所列的生物质能，不是指生物质直接、粗放地燃用，而是指用新技术（如气化、发酵等）开发利用的现代能源。新能源与常规能源是相对而言的，现在的常规能源过去也曾是新能源，如今的新能源将来也会成为常规能源。

另外，能源还有商品能源与非商品能源之称。商品能源是指通过流通环节大量销售的能源，如煤炭、石油、电力等；而风能、太阳能等就地开发利用的能源，则常常是非商品能源。

4.3　低碳能源

各类能源用于发电时，碳排放率（g/kWh）是不同的。煤发电为 275g/kWh，石油发电为 204g/kWh，天然气发电为 181g/kWh，太阳能热发电为 92g/kWh，太阳能光伏发电为 55g/kWh，波浪发电为 41g/kWh，海水温差发电为 36g/kWh，潮汐发电为 35g/kWh，风力发电为 20g/kWh，地热发电为 11g/kWh，核能发电为 8g/kWh，江河水力发电为 6g/kWh。这些数据是将各种发电方式所用的原料与燃料的开采和运输、发电设备的制造、电源及网架的建设、发电设备运行和维护保养、废弃物排放的处理等所有环节中消费的能源的碳排放量和各种发电方式在寿命期的发电量计算得出的。

从上述数据看传统的化石能源煤和石油碳排放率最高；太阳能、风能、地热能、核能、江河水能等碳排放率较低；天然气处于中间状态。人们根据能源消费过程对环境的影响将能源分为低碳能源与非低碳能源。非低碳能源就是在使用过程中会排放较多有害气体或者物质、对环境造成污染的能源，包括煤炭、石油等化石能源。低碳能源与之相对，就是在使用过程中不会或较少排放有害气体及物质，对环境的影响较小，甚至不会对环境造成不良影响的能源。

按照现有的划分标准，低碳能源可以划分为两种类型：一种是包括江河水能、太阳能、风能、地热能、海洋能等在内的可再生能源，消耗过程中不会产生太多的污染物，消耗后可以恢复，这类能源又被称为第Ⅰ类低碳能源；另一种是以核能、天然气为代表的低污染能源和以洁净煤、洁净油为代表的经过处理的化石燃料，这类能源具有不可再生的特点，又被称为第Ⅱ类低碳能源。通常所说的低碳能源有时指的是第Ⅰ类低碳能源。低碳能源的主要类型如图 4-12 所示。

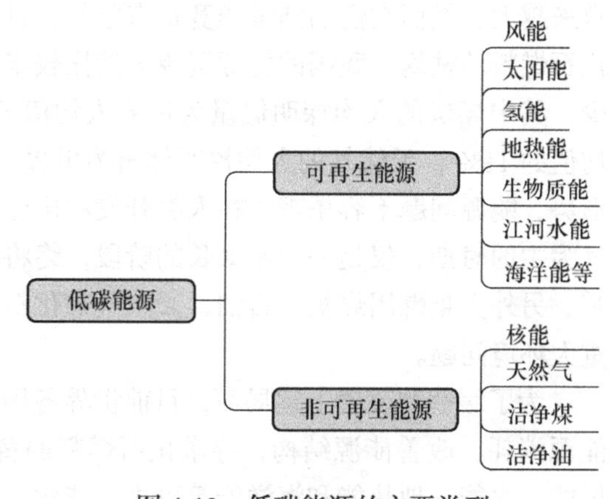

图 4-12　低碳能源的主要类型

4.4 第Ⅰ类低碳能源

第Ⅰ类低碳能源，就是可再生能源。

4.4.1 可再生能源的特点

可再生能源与传统的石化能源有很多不同之处，主要有：1）无穷尽：太阳不断地向地球发送光和热，提供太阳能；地球大气的循环经常产生风和雨，提供风能和水能；植物年复一年地生长，提供生物质能；月球不断地绕地球旋转，提供潮汐能……。它们都是“可再生”的，有取之不尽、用之不竭的共同特点。2）污染少：可再生能源清洁干净，应用过程中排放的污染物很少。从中可见，使用可再生能源是保护人类赖以生存的地球生态环境，走经济社会可持续发展之路的重大措施。3）分布广：可再生能源多种多样，分布极为广泛，人们可根据需要就地开采，就地使用。

迄今为止，世界上欠发达地区尚无电可用；还有一些特殊的领域，如高山气象站、地震测报台、森林火警监视站、光缆通信中继站、微波通信中继站、边防哨所、输油输气管道阴极保护站、海上航标等，那里一般没有常规电源可用，开发可再生能源是解决供电问题的重要途径。

开发利用可再生能源，对于偏远地区、山区、电网覆盖不到地区和居民分散、落后贫困、交通不便的地区更为有利，既可以解决能源供给问题，又有利于增加劳动就业机会，有助于改善那里居民的生活质量。

可再生能源的缺点是：与化石燃料相比，一般很分散；它的能量密度低（单位质量或单位面积所能获得的能量少）；有的是间歇性的、变化的，给收集或开采带来不便。

4.4.2 开发可再生能源的意义

开发可再生能源的意义在于：当今世界对煤炭、石油、天然气等化石燃料的需求越来越大，然而它们的储量毕竟是有限的，日益加剧的开采和使用，终究将导致这些化石燃料的枯竭。我国的能源资源虽然比较丰富，但是人口太多，人均能源量相对较少，其中煤炭的人均探明储量为世界人均值的 70%；石油的人均探明储量为世界人均值的 11%；天然气的人均探明储量为世界人均值的 4%。面对我国经济快速发展的形势，能源问题不容乐观。在人类开发利用能源的历史长河中，以石油、煤炭和天然气为主的时期，仅是一个不太长的阶段，终将要结束，化石能源终将被新的能源所代替。另外大量燃用煤炭、石油、天然气等化石燃料，还造成了空气污染和地球变暖等重大环境问题。

为了缓解和改善上述局面，目前世界各国都在纷纷采取提高能源利用效率，节省能源消耗，改善能源结构，寻求化石燃料的替代能源，其中包括太阳能、生物质能、风能、水能、地热能和海洋能等可再生能源。根据国际权威机构的预测，到 2060 年，全球新能源（含核能、氢能等）与可再生能源占世界能源构成的比例将会达到 70% 以上，成为人类社会未来能源的基石，是目前大量燃用的化石燃料的替代能源。

今后要实现碳中和的目标，必须加快能源结构转型调整，提高低碳能源生产和消费的比重。此外，在节能领域，我国与发达国家也有很大差距，这意味着，未来新能源、节能环保、绿色技术创新、清洁生产等产业将迎来巨大的发展机遇。

在优化能源结构方面，重点提高能够自给的低碳能源特别是可再生能源比重，加大对风能、光能、氢能等相关的材料技术、储能技术、智能电网等技术的研发和商业推广，提高转化效率。

在此基础上，要加快推动经济社会的电气化、电动化或氢动化，推进分布式低碳能源体系建设和智慧能源互联网建设，实质性减轻对原油和天然气的持续上升的进口依赖，降低化石能源生产和消费比重。

这是因为中国在风能、太阳能、核能、生物质能方面，还有较大空间通过技术和模式创新扩大低碳电力供给，这一替代不仅具有绿色低碳的减排意义，还具有降低能源对外依存度、提高能源自主安全保障能力的长远战略意义。

4.4.3　全球重视可再生能源

随着 1992 年世界环境与发展大会的召开，可再生能源的发展得到了普遍的重视。

近年来，在整个世界范围内越来越重视开发利用可再生能源，很多国家把可再生能源开发利用作为可持续发展总战略的组成部分，在立法、规划、税收、应用等诸多方面予以支持、鼓励和实施优惠政策，许多重大项目列入国家计划，例如：美国总统拜登上台后，2021 年 2 月 19 日，宣布重返《巴黎协定》，承诺大力发展低碳能源，到 2035 年实现 100% 清洁电力，使用 100% 低碳能源汽车。2020 年 11 月 18 日，英国政府发布“绿色工业革命”计划，涵盖 10 方面内容，投入 120 亿英镑，支持绿色能源发展，接着还提出到 2030 年温室气体排放相比 1990 年要减少 68% 以上。2020 年 9 月 23 日，德国联邦政府通过《可再生能源法修正案草案》，提出到 2030 年可再生能源发电在总电力消耗中的占比提升至 65%。日本经济产业省于 2020 年 12 月发布《2050 年碳中和绿色增长战略》，表示通过一系列优惠政策鼓励民营企业投资海上风电、核能、氢能等 14 个产业项目，总投资超过 240 万亿日元，约合 2.33 万亿美元……

4.4.4　中国可再生能源的发展

我国对环境与发展提出了 10 条对策和措施；明确要“因地制宜地开发和推广太阳能、风能、地热能、潮汐能、生物质能等低碳能源”。1994 年，国务院批准发布的《中国 21 世纪议程——中国 21 世纪人口、环境与发展白皮书》中强调，“可再生能源是未来能源结构的基础”，要“把开发可再生能源放到国家能源发展战略的优先地位”“广泛开展节能和积极开发新能源和可再生能源”。1995年颁布的《中华人民共和国电力法》中明确指出，国家积极提倡利用可再生能源发电，并进一步提出，农村利用太阳能、风能、地热能、生物质能发电，将得到国家的支持与鼓励。同年，国家计委、国家科委、国家经贸委制定印发了《新能源和可再生能源发展纲要（1996—2010）》，通过计划组织安排落实。1998年《中华人民共和国节约能源法》开始实施，2005年，全国人大通过的《中华人民共和国可再生能源法》于2006年1月1日开始实施。为中国的能源建设走向法制化轨道奠定了基础。2007年9月，中国政府发布了《可再生能源中长期发展规划》。在《国家中长期科学和技术发展规划纲要（2006—2020）》中，把能源列为第一优先发展领域，而且，把可再生能源的规模化利用技术作为重点攻关、重点研究的主题，也同时作为863计划能源领域和973基础研究计划中的重点内容。与此同时，国家和地方还制定并实施了一系列经济激励政策，分别从财政补贴、科研经费投入、贴息和减息贷款、技改贷款、优惠价格和减免税收等方面，支持新能源和可再生能源的开发利用。

2010年以后，可再生能源进入了高速增长期，党的十八大报告提出，推动能源生产和消费革命；2014年，国家能源局表示，从新能源方面解决环境问题；2016年4月国家能源局印发的《关于印发2016年能源工作指导意见的通知》指出，构建绿色低碳、安全高效的现代能源体系。2017年，我国新能源（并网风能和太阳能）发电量同比增长36.6%，占发电总量的比重达到6.5%。2018年两者装机比重占全部电力装机比重达到18.89%。

随后，《“十三五”规划纲要》和能源行业的“十三五”规划及政策先后颁布，从全局和各个领域提出了大力发展低碳能源，实现经济转型，促进绿色经济发展目标的实现。

2020年4月，国际能源局《中华人民共和国能源法（征求意见稿）》指出国家调整和优化能源产业结构和消费结构，优先发展可再生能源，安全高效发展核电，提高非化石能源比重，原则性地规定了可再生能源经济激励政策。

国家能源局消息，据行业统计，截至2021年10月底，我国可再生能源发电累计装机容量达到10.02亿kW，突破10亿kW大关，比2015年底实现翻番，占全国发电总装机容量的比重达到43.5%，比2015年底提高10.2个百分点。其中，水电、风电、太阳能发电和生物质能发电装机分别达到3.85亿kW、2.99亿kW、2.82亿kW和3534万kW，均持续保持世界第一。

2020年《气候透明度报告》指出，中国一方面逐步推进火电设施的去功能化，另一方面加速发展可再生能源，低碳经济发展在二十国集团（G20）中处于领先地位，预计碳排放峰值有望在早先预期的2030年前出现。在实施碳达峰、碳中和战略背景下，可再生能源取代化石燃料的趋势逐渐明朗，推进能源转型，推动低碳产业发展，中国经济必将进入一个高质量绿色低碳发展的新时期。

4.5 第Ⅱ类低碳能源

第Ⅱ类低碳能源是指以核能、天然气为代表的低污染能源和以洁净煤、洁净油为代表的经过处理的化石燃料，这类能源具有不可再生的特点，但应用中温室气体的排放较少，这里逐一作具体介绍。

4.5.1 核能

核能是原子核裂变或者聚变释放出来的能量，又称为原子能。从能源角度看，目前，核能利用的主要方向是发电。

世界上有比较丰富的核资源，目前人类投入使用的裂变核燃料有铀 -235、铀 -233 和钚 -239 等。聚变核燃料有氘和氚。世界上，铀的储量约为 417 万 t。地球上可供开发的核燃料资源，可提供的能量是矿石燃料的十多万倍。

核燃料具有许多优点：1）体积小而能量大，成本低。核燃料能量密度比起化石燃料高几百万倍，1kg 铀释放的能量相当于 2700 吨标准煤当量释放的能量；一座 100 万 kW 的大型燃煤电厂，每年需原煤 300 万 ~ 400 万 t，运这些煤需要 2760 列火车，相当于每天 8 列火车，还要运走大量灰渣。同功率的压水堆核电站，一年仅耗 3% 的低浓缩铀燃料 28t；每一磅铀的成本，约为 20 美元，换算成 1kW 发电经费是 0.001 美元左右，这和传统发电成本比较，便宜许多；而且，由于核燃料的运输量小，所以核电站就可建在最需要的工业区附近。核电站的基本建设投资一般是同等火电厂的 1.5 ~ 2 倍，不过它的核燃料费用却要比煤便宜得多，运行维修费用也比火电站少，如果掌握了核聚变反应技术，使用海水作燃料，则更是取之不尽、用之方便。2）污染少。火电厂不断地向大气里排放二氧化硫和氧化氮等有害物质，同时煤里的少量铀、钛和镭等放射性物质，也会随着烟尘飘落到火电厂的周围，污染环境。而核电厂设置了层层屏障，基本上不排放污染环境的物质，就是放射性污染也比烧煤电厂少得多。据统计，核电站正常运行的时候，一年给居民带来的放射性影响，还不到一次 X 光透视所受的剂量。3）核能发电在技术成熟性、经济性、可持续性等方面具有很大的优势，同时相较于水电、光电、风电，具有无间歇性、受自然条件约束少等特点，是可以大规模替代化石能源的低碳能源。

虽然核能应用潜力巨大，但在现阶段，核能发展也面临着诸多问题，这些问题主要表现在经济、安全和环境方面：1）核电站的反应器内有大量的放射性物质，如果在事故中释放到外界环境，会对生态及民众造成伤害。2）核电站会产生高低阶放射性废料，或者是使用过的核燃料，虽然所占体积不大，但因具有放射线，故必须慎重处理。3）核电站热效率较低，因而比一般化石燃料电厂排放更多废热到环境里，故核电站的热污染较严重。4）资金投入大。核电项目不仅对技术要求高，对周边环境的要求也极高，包括地质环境、水文环境、气候条件、人居环境等，建设过程投资巨大，而且周期较长，导致投资成本回收周期较长。5）核电站较不适宜做尖峰、离峰之随载运转。

从第一座核电站建成以来，全世界投入运行的核电站达400多座，30多年来基本上是安全正常的。但是，鉴于日本福岛核事故、苏联切尔诺贝利核电站事故、英国温茨凯尔核电站事故等所造成的影响，公众对核电站接受度较低。因为公众反对，美国尤卡山核废物处置库未按计划完成建设，瑞典和德国被迫推出弃核政策。

1954年，苏联建成世界上第一座装机容量为5MW的奥布宁斯克核电站，此后英国、美国等国也相继建成各种类型的核电站。根据世界核协会（WNA）公布的数据，截至2021年1月1日，全球有32个国家在使用核能发电共有441台在运核电机组，总装机容量约3924GW。相对于2020年1月1日核电使用国增加了2个，机组数量减少了1台，总装机容量基本保持稳定。

近年来，国内外核能综合利用技术取得了较大突破，小型且简单的核能发电和产热机组——小型核动力堆引起了广泛关注，成为研究热点。小型核电的应用范围极广，可以满足分布式能源系统在供电供热、工业供汽和海水淡化、同位素生产等领域的应用需求，是顺应全球能源低碳化、扩大能源应用范围的重要举措。因此，世界各国开始重点推进多用途核电小堆建设。在国内，国家电力投资集团在齐齐哈尔市建设核能供热小堆，率先实现了“无煤化、零碳化”供暖。

我国大陆地区的核电起步较晚，20世纪80年代才开始兴建核电站。我国自行设计建造的30万kW秦山核电站（见图4-13）1985年3月开工，于1991年底投入运行；大亚湾核电站1987年开工，于1994年全部并网发电。

图4-13　秦山核电站

截至2021年6月30日，我国大陆地区已建成16座核电站，运行核电机组共51台（不含台湾地区），装机容量为53274.95MW（额定装机容量）。2021年1月～6月，全国累计发电量为38717.0亿kWh，运行核电机组累计发电量为1950.91亿kWh，占全国累计发电量的5.04%。与燃煤发电相比，核能发电相当于减少燃烧标准煤5517.17万t，减少排放二氧化碳14454.98万t，减少排放二氧化硫46.90万t，减少排放氮氧化物40.83万t。在安全利用核电的前提下，发展核电有利于实现碳达峰、碳中和。

随着科技不断发展，尤其是超导材料、量子计算机等技术取得重大突破，可控核聚变技术有可能落地应用。在该技术的支持下，核聚变电站有望源源不断地产生能源。2021 年，我国“人造太阳”首次实现 1 亿℃“燃烧”近 100s，推动世界可控核聚变能源研究迈向新高度。

国务院发表的《2030 年前碳达峰行动方案》指出：积极安全有序发展核电。合理确定核电站布局和开发时序，在确保安全的前提下有序发展核电，保持平稳建设节奏。积极推动高温气冷堆、快堆、模块化小型堆、海上浮动堆等先进堆型示范工程，开展核能综合利用示范。加大核电标准化、自主化力度，加快关键技术装备攻关，培育高端核电装备制造产业集群。实行最严格的安全标准和最严格的监管，持续提升核安全监管能力。

4.5.2　天然气

1. 常规天然气

天然气是指自然界中存在的一类可燃性气体，蕴藏在地下多孔隙岩层中，包括油田气、气田气、煤层气、泥火山气和生物生成气等。而人们常用的是“天然气”狭义定义，指油田气和气田气。其组成以烃类为主，并含有非烃气体。

天然气和煤、石油都属于化石能源，而且是非再生能源。但是，天然气作为一种低碳能源，相较煤炭、石油等能源具有热值高、洁净等优势。燃烧后无废渣及废水产生，不含一氧化碳。天然气能减少近 100% 二氧化硫和粉尘排放，减少 60% 的二氧化碳排放和 50% 的氮氧化合物排放，并有助于减少酸雨形成，减缓地球温室效应。天然气比空气轻，一旦泄漏，会立即向上扩散，不易积聚形成爆炸，较为安全。

天然气可用于燃气轮机电厂发电；用于民用及商业燃气灶具、热水器、采暖及制冷；也用于造纸、冶金、采石、陶瓷、玻璃等行业；或用于废料焚烧及干燥脱水处理；汽车也可用天然气为燃料。

天然气还可以作为化工原料，制造炭黑、化学药品。由天然气生产的丙烷、丁烷是现代工业的重要原料。

天然气产业大规模发展的时期是 20 世纪 70 年代以后，随着技术的改革和创新，越来越多的新型天然气产业出现并不断发展。截至 2019 年年底，世界天然气剩余可采储量为 198.8 万亿 m^3，天然气年产量为 3.99 万亿 m^3。其中，北美地区天然气年产量为 11280 亿 m^3，中东地区天然气年产量为 6953 亿 m^3，俄罗斯 - 中亚地区天然气年产量为 8465 亿 m^3。

2019 年国际能源署（IEA）发布的《天然气在能源转型中的作用》报告指出，通过降低能源强度、低碳燃料替代以及可再生能源的快速发展，全球碳排放增速放缓。2010 年以来，全球通过天然气替代煤炭量累计减少了 5 亿 t 二氧化碳，在推动能源转型中发挥了关键作用，是能源转型进程中有益的过渡能源。在欧洲，天然气替代煤炭的过程已基本饱和，天然气消费进入平台期。法国、荷兰等一些欧洲国家已经不再将天然气作为低碳能源，开始减少消费天然气。2019 年 1 月，法国智库“巴黎可持续发展与国际关系研究所”（IDDRI）发布的《天然气和气候承诺，两个不可调和的因素？》研究报告指出，2017 年天然气燃烧排放 60 亿 t CO_2，约占全球温室气体排放量的 12%。要实现碳中和目标，必须在整个欧盟建立大幅度减少天然气的共同愿景并采取相应的政策行动。2021 年 1 月 20 日，欧洲投资银行行长沃纳·霍耶在欧投行的年会上说，欧洲需要确保未来不再使用化石燃料，就是天然气的时代结束了。

中国是世界上最早大规模开采、应用天然气的国家。根据 1993 年全国天然气远景资源量的预测，中国天然气总资源量达 38 万亿 m^3，陆上天然气主要分布在中部和西部地区，分别占陆上资源量的 43.2% 和 39.0%。

2019年，全国天然气（含非常规气）产量达1773亿m^3，其中常规气产量为1527亿m^3、页岩气产量为 154 亿 m^3、煤层气产量为 55 亿 m^3、煤制气产量为 36.8 亿 m^3。2019 年天然气表观消费量为 3064 亿 m^3，在一次能源消费结构中占比达 8.1%。

2020 年 12 月，国务院新闻办发布《新时代的中国能源发展》白皮书，对我国未来天然气行业发展提出了一系列的要求，将天然气作为替代煤炭的一种手段，加强天然气基础设施建设与互联互通，在城镇燃气、工业燃料、燃气发电、交通运输等领域推进天然气高效利用。大力推进天然气热电冷联供的供能方式，推进分布式可再生能源发展，推行终端用能领域多能协同和能源综合梯级利用。同时积极推进生物天然气产业化发展和农村沼气转型升级。合理布局适度发展天然气发电，发挥其灵活性强的优势，积极参与调峰等。国家能源局提出的“十四五”期间重点做好六个方面工作中也明确要进一步创新发展方式，加快低碳能源开发利用，推动非化石能源和天然气成为能源消费增量的主体，更大幅度提高低碳能源消费比重。由此可见，在碳达峰、碳中和目标下，天然气作为能源转型的过渡性方案，在未来 5 ~ 10 年还有一定的发展空间，未来 10 ~ 15 年发展前景存在较大不确定性。从长远来看，要实现碳中和目标，天然气最终也将被无碳的非化石能源所替代。

2. 可燃冰

可燃冰是天然气与水在高压低温条件下形成的类冰状结晶物质，因其外观像冰，遇火即燃，因此被称为“可燃冰”“固体瓦斯”和“气冰”。

可燃冰是一种白色固体物质，有强大的燃烧力，主要由水分子和烃类气体分子（主要是甲烷）组成（见图 4-14），它是在一定条

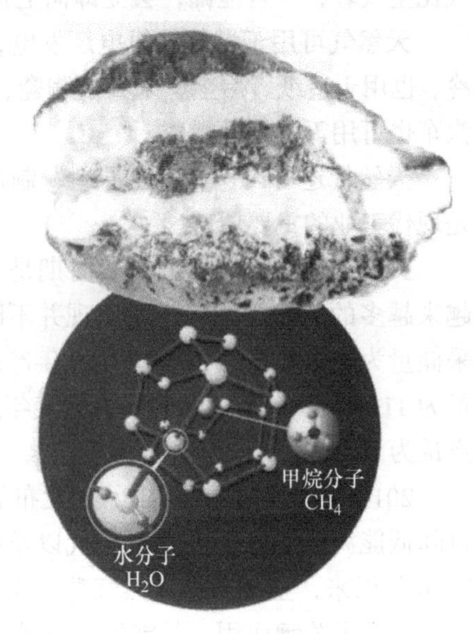

图 4-14　可燃冰的分子模型

件（合适的温度、压力、气体饱和度、水的盐度、pH 值等）下，由气体或挥发性液体与水相互作用过程中形成的白色固态结晶物质。一旦温度升高或压强降低，甲烷气则会逸出，固体水合物便趋于崩解。

可燃冰分布于深海或陆域永久冻土中，其燃烧后仅生成少量的二氧化碳和水，污染远小于煤、石油等，且储量巨大，因此被国际公认为石油等的接替能源。可燃冰中甲烷占 80% ~ 99.9%，1m^3 的纯净可燃冰可以释放出 164m^3 的天然气，具有使用方便、燃烧值高、清洁无污染等特点。据现有的科技水平测算，这种世界公认的地球上尚未开发的储量最大的新型能源，其所含天然气的总资源量为 1.8 亿亿 ~ 2.1 亿亿 m^3，其含碳量是全球已知煤、石油、天然气总碳量的两倍，仅海底可燃冰的储量就可以供人类使用 1000 年，与等热值煤炭相比，每千 m^3 气可分别减排二氧化碳约为 4.33t、二氧化硫约为 0.0483t，而且基本不含铅尘、硫化物、细颗粒物。

我国可燃冰地质资源储量约为 $1.02 \times 10^{14} m^3$，比常规天然气地质资源量多约 4×10^{10} t 标准煤当量。我国先后两次进行海域可燃冰试采。首次试开采作业区位于珠海市东南 320km 的神狐海域。2017 年 3 月 28 日第一口试开采井开钻，同年 5 月 10 日下午 14 时 52 分点火成功，从水深 1266m 海底以下 203 ~ 277m 的可燃冰矿层开采出天然气。到 2017 年 7 月 9 日，已连续试开采 60 天，累计产气超过 30 万 m^3。2020 年 2 月 17 日，第二轮试采点火成功，持续至 3 月 18 日完成预定目标任务。试采 1 个月产气总量 86.14 万 m^3。

3. 页岩气

页岩气存在于富含有机质、成熟的暗色泥页岩或高碳泥页岩中的非常规天然气。其形成原因有生物原因或热解原因，或者二者皆有之。它可能以游离态存在于天然裂缝和孔隙中，也可能以吸附态存在于干酪根、黏土颗粒表面，还有极少量以溶解状态储存于干酪根和沥青质中，游离气比例一般在 20% ~ 85%。

页岩气成分以甲烷为主，是一种清洁、高效的能源资源和化工原料，主要用于居民燃气、城市供热、发电、汽车燃料和化工生产等，用途广泛。页岩气生产过程中一般无需排水，生产周期长，一般为 30 ~ 50 年，勘探开发成功率高，具有较高的工业经济价值。

世界上对页岩气资源的研究和勘探开发最早始于美国，1981 年美国打出第一口页岩气井。目前国际上页岩气开采技术最先进的是美国。北美非常规气快速发展主要得益于技术突破，装备技术进步降低了单位生产成本，尤其是低成本的浅层井进展为页岩气商业化开采做出了重要贡献。美国和加拿大页岩气技术已趋成熟，并进入规模化生产阶段。

根据 2018 年的数据显示，我国已探明页岩气储量为 31.6 亿 m^3，位列全球第一。产能达 135 亿 m^3，累计产气 225.80 亿 m^3。

煤层气也是一种低碳能源，燃烧后很洁净，几乎不产生任何废气，全球煤层气资源量为256.3万亿m^3，其中俄罗斯、加拿大、中国、美国、澳大利亚五国占90%。中国煤层气资源量约为36.81万亿m^3，与国内陆上常规天然气资源量相当。2017年，我国首次在青海共和盆地3705m深处钻获236℃的高温干热岩体，干热岩是地热资源中最具应用价值和利用潜力的低碳能源。

4.5.3 洁净煤技术

1. 洁净煤技术应用范围

洁净煤技术主要包括煤炭加工、洁净煤气化、煤炭转化以及污染控制与废弃物处理等。

煤炭加工是指在燃烧前对煤炭进行前端处理（包括洗煤、型煤、配煤、水煤浆），对可能的排放污染物进行有效控制。目前主要的清洁燃煤技术是循环流化床锅炉加工技术，它通过一系列的燃煤净化、分离，达到提高煤炭资源利用率和降低污染的目的。

洁净煤气化是以煤或煤焦为原料，以氧气等为气化剂，在高温条件下通过化学反应将煤或煤焦中的可燃成分转化为气体燃料的过程。煤炭转化主要包括煤炭气化和煤炭直接液化，其中煤炭气化是将煤炭形态转化，有利于运输与提高燃烧效率，提高了资源利用率，也包含地下气化。

污染控制与废弃物处理是指在煤炭燃烧后对生成的污染物进行处理与净化。

此外，煤炭的资源化利用也日益兴起，主要包括煤矸石综合利用、矿井水与煤泥水的净化和利用、煤层气的开发利用等。

2. 洁净煤技术分类

煤炭的清洁高效利用离不开洁净煤技术。洁净煤技术从技术工艺上划分，主要分为直接燃煤洁净技术和煤转化为洁净燃料技术。

直接燃煤洁净技术主要包括燃烧前净化加工技术、燃烧中净化技术和燃烧后净化处理技术。

燃烧前净化加工技术主要包括选煤、型煤加工及水煤浆技术，其中以选煤为主。与其他方式相比，选煤是洁净煤技术的前提，能够以较低的成本最大程度地除去煤炭中大部分的矸石、灰分、部分硫分和其他有害杂质，从而减少燃煤对大气的污染。

燃烧中净化技术主要包括流化床技术和先进燃烧器技术。流化床技术具有燃烧温度低、燃烧效率高、燃料使用范围广、脱硫效率高以及有效控制氮氧化物排放等优点。先进燃烧器技术能有效减少二氧化硫和氮氧化物的排放。

燃烧后净化处理技术主要包括消烟除尘和脱硫脱氮技术。在消烟除尘方面，电厂一般都采用静电除尘；而脱硫分干法和湿法，脱硫效率都可达90%。干法脱硫是用浆状石灰喷雾与烟气中二氧化硫反应，生成干燥颗粒硫酸钙，用集尘器收集；湿法脱硫是用石灰水淋洗烟尘，最后生成浆状亚硫酸排放。

煤转化为洁净燃料技术主要包括煤气化技术、煤液化技术、煤气化联合循环发电和燃煤磁流体发电技术。其中整体煤气化联合循环发电系统发电技术在洁净煤发电领域中被普遍认为是最具竞争力和发展前景的燃煤发电技术之一。随着科技进步和国内外能源形势的转变，洁净煤技术已经将重点更多地放在煤转化为洁净燃料技术上。

目前阶段煤转化为洁净燃料技术主要是指煤气化、煤液化和煤气化联合循环发电技术，我国在这些方面均取得了较大的技术进步和优秀的技术成果，其中煤液化技术取得的成果尤为卓著。

图 4-15 所示为固态洁净煤，它是以低硫、低灰、高热值的优质无烟煤为主要原料，加入固硫、黏合、助燃等有机添加剂加工而成的煤制品，具有清洁环保、燃烧高效、使用简单等特点。洁净煤包装后储运不容易破碎，且燃烧时间长、发热量高，燃烧充分、灰少，封火时间长，上火快，燃烧状态稳定。

图 4-15　固态洁净煤

洁净煤的好处有：1）更加高效。洁净煤易燃烧、热值高，是传统散煤的两倍热值，极大减少了用煤的数量。2）更加安全方便。洁净煤无黑烟、无异味，对人体伤害极低，防止出现冬季煤气中毒的现象。同时使用圆形，椭圆形的洁净煤比使用传统的散煤更加方便。3）更加的环保。可以减少有害气体的排放，燃烧后的硫分低，不会造成二次空气污染。4）更加节能。使用洁净煤在燃烧时，综合的节能效率可以达到 50% 以上。

3. 我国洁净煤技术的现状和发展

目前，我国已建成全球最大的清洁高效煤电供应体系，燃煤发电机组大气污染物的超低排放标准高于世界主要发达国家和地区，燃煤发电已不再是我国大气污染物的主要来源，我国的煤炭产业及技术总体水平处于世界领先水平。

随着技术的进步，我国洁净煤技术取得了一系列创新突破成果。我国在煤直接、间接液化等成套关键技术上具有自主知识产权，工业示范工程也已实现安全、稳定、长期满负荷运行；开发了多种具有自主知识产权的高效低成本煤气化技术，彻底摆脱了大型煤气化技术对国外进口的依赖；研发建设了世界首套百万吨级煤直接液化商业装置，并实现长周期稳定运行；开发了 400 万 t/ 年煤间接液化成套技术，并实现商业化运行，目前煤制油年产能已达 921 万 t；建成了世界首套年产 60 万 t 煤制烯烃工业化生产装置，首次实现由煤化工向石油化工原料的转换，目前年产能超过 1300 万 t。此外，我国在煤制乙二醇、煤制天然气等技术发展和产业应用方面，均取得了重大突破。

要继续稳步推进以煤制油、煤制烯烃为代表的现代煤化工发展，加强技术创新，逐步推动煤化工产品高端化、高值化，延伸产业链，提升价值链，持续推进废水近零排放、“固废”减量化和资源化利用。现代煤化工项目建设只有在规模条件下，技术经济效能和环保性能才能得到充分体现。因此，要积极推进煤化工产业大型化、园区化和基地化发展，结合资源禀赋，稳步有序推进大型现代煤化工基地建设。

4.6 第四次能源革命

4.6.1 第四次能源革命的驱动力

纵观全球能源行业的发展，大致经历了四次能源革命。第一次发生在19世纪中叶，标志是煤炭取代木材成为主要能源；第二次发生在20世纪中叶，标志是石油取代煤炭；第三次发生在20世纪后半叶，标志是以核能为代表的非化石能源开始推广应用；第四次就是现阶段正在发生的新一轮能源革命，标志是全球能源结构从“以化石能源为主、低碳能源为辅”向“以低碳能源为主，化石能源为辅”转变。驱动新一轮能源革命的因素有如下三个。

1. 环境保护

能源消耗是温室气体的主要来源，为了减少温室气体排放，遏制全球气温升高趋势，世界各国先后制定了碳减排目标，通过各种方式推动能源转型。

2. 能源供需

从能源需求看，发达国家的经济发展已经比较成熟，对化石能源的依赖逐渐减弱。为了实现碳中和，通过大规模电气化提高能源利用效率将成为主要趋势；随着新兴经济体与发展中国家的发展速度越来越快，对能源的需求越来越大，到2040年之前会推动全球能源消耗增长30%左右。从能源供给看，各种能源在能源结构中的占比将发生巨大变革。美国的页岩革命提高了非常规石油和天然气的产量。可再生能源作为一种低碳能源，将在未来多元化的能源结构中占据较大比重。

3. 技术创新

随着区块链、人工智能等技术在电力行业渗透应用，智能电网不断发展，消费者与供应商之间的关系将发生重大变革。随着光伏技术不断成熟，安装成本不断下降，风电技术不断发展，碳捕集和封存技术、电池储存和非常规燃料提取技术取得重大突破，将推动全球能源格局发生巨大改变。

4.6.2 多元化能源供应体逐渐形成

新一轮能源革命，低碳能源逐渐替代传统的化石能源，形成了煤炭、石油、天然气、核能和可再生能源等多元化的能源供应体系。在能源消费环节，电气化应用范围不断扩大，不仅提高了能源利用效率，而且开启了一个高效、清洁、低碳、智能的能源新时代，主要标志是：

1. 能源结构向更低碳的燃料倾斜

根据国际能源署预测，虽然到2050年，化石燃料依然在全球能源结构中占据主要地位，但能源结构会向低碳化方向发展，天然气、石油与煤炭、可再生能源在满足能源需求方面的贡献将达到 1 ∶ 1 ∶ 1。

中国严控煤炭消费，煤炭消费占比持续明显下降。2020 年中国能源消费总量为 49.8 亿吨标准煤当量，煤炭占能源消费总量比重由 2005 年的 72.4% 下降至 2020 年的 56.8%。中国超额完成“十三五”煤炭去产能、淘汰煤电落后产能目标任务，累计淘汰煤电落后产能 4500 万 kW 以上。截至 2020 年底，中国北方地区冬季清洁取暖率已提升到 60% 以上，京津冀及周边地区、汾渭平原累计完成散煤替代 2500 万户左右，削减散煤约 5000 万 t，据测算，相当于少排放二氧化碳约 9200 万 t。图 4-16 所示为 2011 ~ 2020 年中国煤炭消费量占能源生产消费总量比例，图 4-17 所示为 2015 ~ 2019 年中国碳强度和非化石能源占能源消费总量比重变化趋势。

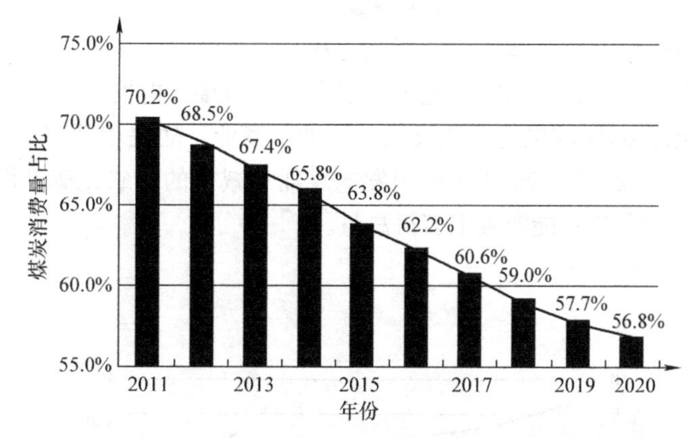

图 4-16　2011 ~ 2020 年中国煤炭消费量占能源生产消费总量比例

资料来源：2021 年《中国应对气候变化的政策与行动》白皮书。

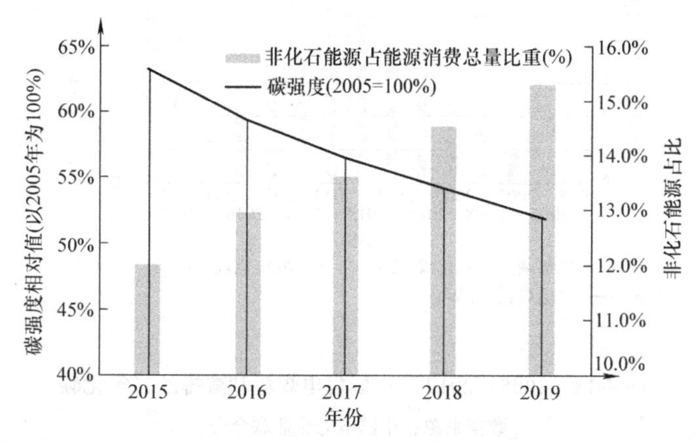

图 4-17　2015 ~ 2019 年中国碳强度和非化石能源占能源消费总量比重变化趋势

数据来源：碳强度数据来自国家应对气候变化战略研究和国际合作中心；非化石能源占比数据来自国家统计局。

2. 天然气将成为重要的“过渡性燃料”

在美国页岩革命的驱动下，天然气需求的增长速度远超石油和煤炭。根据国际能源署预测，在未来 20 ~ 30 年，天然气需求的年均增长速度有望超过 1.6%，进而带动液化天然气和压缩天然气的贸易量大幅增长。相较于石油和煤炭来说，天然气的二氧化碳排放量要少很多，属于相对低碳能源，会在很长一段时间内作为“过渡能源”使用，助力能源结构转型。

3. 能源效率将变得越来越重要

在新一轮能源革命中，交通、建筑、制造业等行业将重点提高能源效率，在全球范围内掀起一场能源管理革命，帮助企业探索能源管理模式与方法，为智能家居、智能建筑、智能家电等行业的技术创新提供机会。

4. 清洁化、智能化和全球化的电网建设

在未来的能源政策中，清洁化、智能化和全球化的电网建设将发挥决定性作用。随着智能电网不断发展，低碳能源电力可以大规模地接入电网。在全球新增电力中，可再生能源将贡献 60% 的电力。为交通、工业、商业、居民生活等提供更多清洁电能。图 4-18 所示为 2005 ~ 2019 年中国发电煤耗和减排的二氧化碳，图 4-19 所示为 2011 ~ 2020 年中国非化石能源发电装机总量。

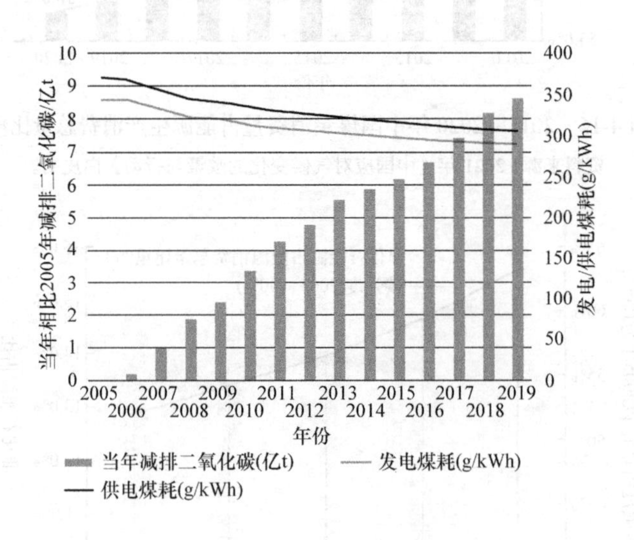

图 4-18　2005 ~ 2019 年中国发电煤耗和减排的二氧化碳

数据来源：中国电力企业联合会。

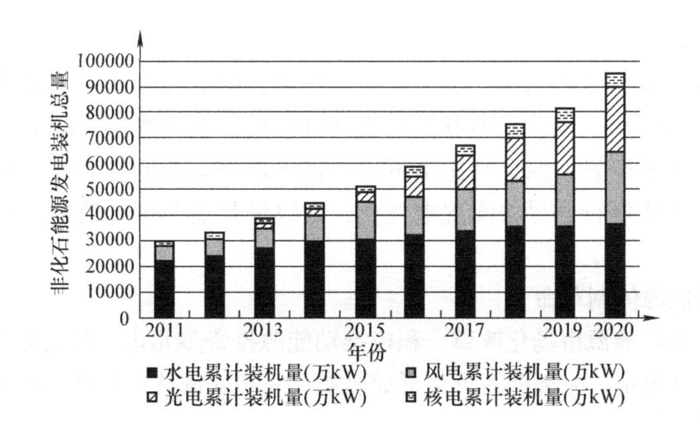

图 4-19　2011～2020 年中国非化石能源发电装机总量

资料来源：2021《中国应对气候变化的政策与行动》白皮书。

4.7　低碳能源发展战略

中共中央、国务院发布《关于完整准确全面贯彻新发展理念做好碳达峰碳中和工作的意见》指出：积极发展非化石能源。实施可再生能源替代行动，大力发展风能、太阳能、生物质能、海洋能、地热能等，不断提高非化石能源消费比重。坚持集中式与分布式并举，优先推动风能、太阳能就地就近开发利用。因地制宜开发水能。积极安全有序发展核电。合理利用生物质能。加快推进抽水蓄能和新型储能规模化应用。统筹推进氢能“制储输用”全链条发展。构建以新能源为主体的新型电力系统，提高电网对高比例可再生能源的消纳和调控能力。

在实现碳达峰、碳中和战略目标的要求下，面对能源供需格局新变化、国际能源发展新趋势，保障国家能源安全，推动能源产业可持续发展，必须推动能源生产和消费革命。

（1）推动能源消费革命

改变现阶段我国以煤炭为主的能源消费结构，提高低碳能源在消费总量中的比重。大力发展低碳能源，推进以电代煤、以电代气，着力促进能源清洁高效利用。

（2）推动能源供给革命

促进能源供给结构低碳转型着力提高能源供给质量和效率，立足多元化能源供应，促进多能互补、协调发展。综合考虑资源环境约束、低碳能源消纳、能源流转成本等因素，调整能源发展布局，将风电、光伏布局向东中部转移。

（3）推动能源技术革命

能源技术革命是能源革命的动力和核心支撑，着力提升关键技术自主创新能力，加快能源与现代信息技术深度融合，为低碳能源结构优化以及能源互联网建设提供重要基础和技术支撑。

积极研发储能、智能电网、虚拟电厂等技术，降低技术的应用成本，实现大规模应用，同时构建水、风、光等资源利用—可再生发电—终端用能优化匹配技术体系，做好相关技术研发，保证高比例可再生能源电网运行的灵活性与稳定性，推动工业、交通、建筑等行业尽快实现电气化，最终满足能源生产消费方式深度脱碳转型需求。

（4）推动能源体制革命

着力加快推进能源市场化改革，积极推动能源投资多元化，深化电力体制改革和石油天然气体制改革，完善能源价格形成机制，完善能源统计制度，推动能源领域法律法规立改废工作。

（5）全方位巩固能源领域多边合作

协同畅通国际能源贸易投资，协同促进欠发达地区能源可及性，推进全球能源可持续发展，维护全球能源安全。

实现“碳达峰、碳中和”目标，需要立足长远发展规划，以低碳思维和发展的视角部署未来能源的开发与利用，通过强有力的政策引导、先进材料和工程技术研发以及智能化、大数据的应用，提高技术进步和成本效率，以增量促改革，以改革转存量，进一步提高公众的节能环保意识，共同担负起时代的重任，推进能源产业绿色转型，促成这场更高效、更经济、更低碳的能源变革。

Chapter 5

第5章 低碳能源的利用

从20世纪70年代出现的两次石油危机开始，世界能源消费结构逐渐向多元化方向发展，进入21世纪以来，随着应对全球气候变暖的需求，低碳能源加速发展，得到广泛应用。本章将分别介绍太阳能、风能、生物质能、江河水能、海洋能和地热能等可再生能源的应用状况，以及有应用前景的二次能源的氢能。包括各种低碳能源的内涵、用途、优缺点、应用的历史和现状、发展趋势等。

5.1 风能

风能是指地球表面大量空气流动所产生的动能，是太阳能的一种转化形式。在自然界中，风能是一种可再生、无污染且蕴藏量巨大的能源。但风能资源受地形的影响较大，世界风能资源多集中在沿海和开阔大陆的收缩地带。

风能可以根据需要转化为机械能、电能、热能等，目前应用比较多的就是转化为电能，即风力发电。风力发电具有装机容量增长空间大、成本下降快、安全、能源永不耗竭等优势。在各类新能源开发中，风力发电是技术相对成熟，并具有大规模开发和商业开发条件的发电方式。

20世纪70年代，丹麦西日德兰半岛有一个木匠，名叫克里斯蒂安·里萨格（Christian Riisager），他经过多次尝试，成功地在自己家的后院安装了一台22kW的风力发电机组（见图5-1），塔高12m，叶片由玻璃钢制成。里萨格以盖瑟风电机组的设计为基础，尽可能地采用便宜的标准部件，比如用一台感应电动机作为发电机使用，齿轮箱和机械制动器就用汽车的部件。当他通过电子设备将发电机与公用电网连接时，竟发现电表指针倒转。然后，里萨格采用感应发电机的风电机组在丹麦开始商业化批量生产。同时，里萨格的成功给丹麦的制造商提供了灵感，开始设计和制造他们自己的风力发电机组。

图5-1 里萨格风电机组

1973年一些发达国家开始在风力发电的研究与应用方面投入了大量的人力和资金，制定了开发计划。经过10多年的发展，到20世纪80年代中期，中、大型风力发电机的技术逐渐成熟，产品规格、数量逐年增加，并在美国、西北欧出现了“风电场”。到1987年底，美国在加利福尼亚州安装了约16400台不同容量的风力发电机组，总装机容量约达140万kW，被称为“加利福尼亚风暴”。到2020年，全球市场累计装机743GW（1 GW=10^9W）。

近年来，风力发电技术呈现出以下几个特点：1）水平轴风力发电机组为主流机型，变速变桨距技术已经成为并网机组的主要控制方式。2）单机容量不断增大，风电能量转换效率不断提高。目前，全球投产的最大机组是西门子歌美飒公司的14MW海上风电机组，在国内东方电气风电有限公司与三峡集团成功研制出10MW海上风力发电机组，2020年7月12日该机组在福建兴化湾二期海上风电场成功并网发电。中国船舶集团海装风电股份有限公司于2021年10月18日在风能展会上举行H256-16MW海上风电机组发布会暨颁证仪式。3）风电场正在向提高机群安装场地的准确性，改进机群布置的合理性，提高运行的可靠性、稳定性，实现全生命周期智能控制，进一步降低设备投资和发电成本等方向发展。4）叶片材料由玻璃纤维增强树脂发展为强度高、重量轻的碳纤维，提高了叶片的柔性。叶片的形状进一步改进，增加了风轮捕捉风能的性能。

在风力发电领域，海上风电是非常重要的组成部分，对风电技术进步、产业升级产生了积极的推动作用。相较于陆上风电，海上风电的优点主要表现在三个方面，分别是距离负荷中心近、发电机组利用效率高、不占土地资源。根据全球风能理事会（GWEC）发布数据，2020年全球海上风电新增装机容量为6067MW。

我国风能储量很大，分布面广，开发利用潜力巨大。中国工程院综合现有的国内风能资源研究成果以及国际机构的研究结果，提出我国陆地风能资源的基本结论：在50m高度层上，1km^2布置6～8MW风电机组，我国20万km^2陆地可开发面积上风能技术可开发量可能达到14亿kW。如果考虑到不断进步的技术水平，风能技术可开发量可能更高。风能资源丰富的地区主要分布在东南沿海及附近岛屿，内蒙古、新疆和甘肃河西走廊，东北、西北、华北（简称“三北”地区）和青藏高原的部分地区。

图5-2　上海东海大桥海上风电场

1986年，我国第一座风电场——马兰湾风力发电厂在山东荣成并网发电。2010年我国首座102MW海上风电场（见图5-2）——上海东海大桥海上风电场34台机组全部并网发电。

图5-3所示为中国历年风电累计装机量和新增装机量情况。

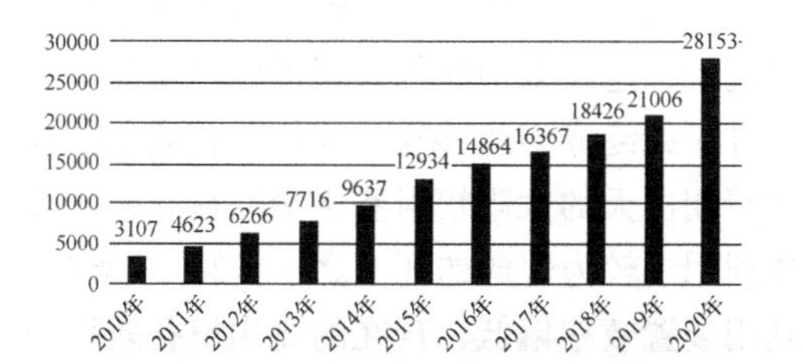

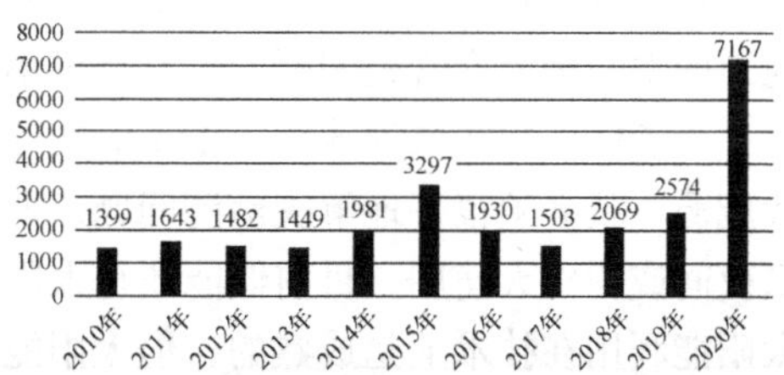

图 5-3　中国历年风电累计装机量和新增装机量情况

据国家能源局消息，截至 2021 年 11 月，我国风电并网装机容量达到 30015 万 kW，突破 3 亿 kW 大关，较 2016 年底实现翻番，是 2020 年底欧盟风电总装机的 1.4 倍、是美国的 2.6 倍，已连续 12 年位居全球第一。风电占全国电源总装机比例约为 13%，发电量占全社会用电量比例约为 7.5%，较 2020 年底分别提升 0.3 和 1.3 个百分点。风电已经成为仅次于火电、水电的第三大电力来源。与此同时，我国风电产业技术创新能力也快速提升，已建立形成了具有国际竞争力的风电产业体系，我国风电机组产量已占据全球 2/3 以上市场份额。

5.2　太阳能

太阳能指的是太阳发出的光能，可以转化为热能、电能、化学能等不同形式的能源。太阳能资源丰富，无须运输，对环境无任何污染。太阳能发电有两大类型：一是太阳能光发电；二是太阳能热发电。目前应用比较普遍的是太阳能光发电。太阳能应用形式也比较多元化，除太阳能发电外，还有太阳能集热器、太阳能温室、太阳能干燥、太阳能制冷等。

太阳能的优点有：1）普遍：太阳光普照大地，没有地域的限制，无论陆地或海洋，无论高山或岛屿，处处皆有，可直接开发和利用，便于采集，且无须开采和运输。2）无害：开发利用太阳能不会污染环境，它是最低碳能源之一，在环境污染越来越严重的今天，这一点是极其宝贵的。3）量大：尽管太阳辐射到地球大气层的能量仅为其总辐射能量的 22 亿分之一，但已高达 173000TW（$1TW=10^{12}W$），其总量属现今世界上可以开发的最大能源。4）长久：根据太阳产生的核能速率估算，氢的贮量足够维持上百亿年，而地球的寿命也约为几十亿年，从这个意义上讲，可以说太阳的能量是用之不竭的。

太阳能的缺点有：1）分散性：到达地球表面的太阳辐射的总量尽管很大，但是能流密度很低。平均说来，北回归线附近，夏季在天气较为晴朗的情况下，正午时太阳辐射的辐照度最大，在垂直于太阳光方向 $1m^2$ 面积上接收到的太阳能平均有 1kW 左右；若按全年日夜平均，则只有 200W 左右。而在冬季大致只有一半，阴天一般只有

1/5 左右，这样的能流密度是很低的。2）不稳定性：由于受到昼夜、季节、地理纬度和海拔高度等自然条件的限制以及晴、阴、云、雨等随机因素的影响，最终到达某一地面的太阳辐照度既是间断的，又是极不稳定的，这给太阳能的大规模应用增加了难度。为了使太阳能成为连续、稳定的能源，进而最终成为能够与常规能源相竞争的替代能源，就必须很好地解决储能问题，即把晴朗白天的太阳辐射能尽量贮存起来，以供夜间或阴雨天使用，目前储能还是太阳能利用中较为薄弱的环节之一。3）效率低：太阳能利用在技术上是成熟的，但太阳能利用装置效率偏低，现在的商用设备效率一般为 10% ~ 20%。4）太阳能板污染：现阶段，太阳能板是有一定寿命的，一般最多 3 ~ 5 年就需更换一次太阳能板，而换下来的太阳能板则非常难被大自然分解，从而造成污染。

太阳能的利用主要包括以下几个方面。

（1）光电利用

利用太阳能发电主要有以下两种：1）光—热—电转换。即利用太阳辐射所产生的热能发电。一般是用太阳能集热器将所吸收的热能转换为工质的蒸汽，然后由蒸汽驱动汽轮机带动发电机发电。前一过程为光—热转换，后一过程为热—电转换。2）光—电转换。其基本原理是利用光生伏特效应将太阳辐射能直接转换为电能，它的基本装置是太阳能电池。

（2）光热利用

它的基本原理是将太阳辐射能收集起来，通过与物质的相互作用转换成热能加以利用。目前使用最多的太阳能收集装置，主要有平板型集热器、真空管集热器、陶瓷太阳能集热器和聚焦集热器（槽式、碟式和塔式）4 种。通常根据所能达到的温度和用途的不同，把太阳能光热利用分为低温利用（<200℃）、中温利用（200 ~ 800℃）和高温利用（>800℃）。目前低温利用主要有太阳能热水器、太阳能干燥器、太阳能蒸馏器、太阳能采暖（太阳房）、太阳能温室、太阳能空调制冷系统等；中温利用主要有太阳灶（见图 5-4）、太阳能热发电、聚光集热装置等；高温利用主要有高温太阳炉等。

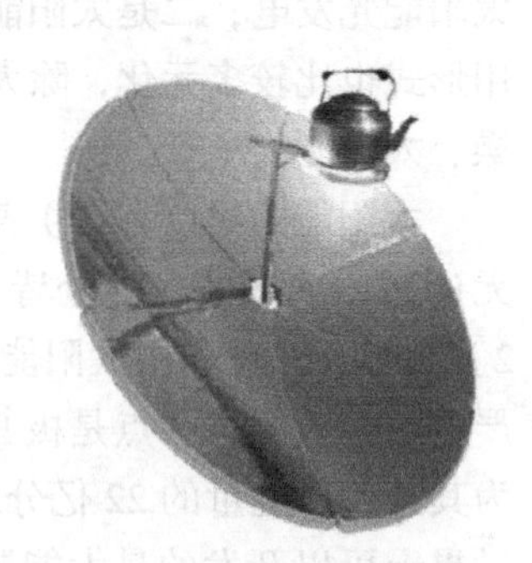

图 5-4 太阳灶

近代太阳能利用历史可以从 1615 年法国工程师所罗门·德·考克斯在世界上发明第一台太阳能驱动的发动机算起。该发明是一台利用太阳能加热空气使其膨胀做功而抽水的机器。早在 1839 年，法国科学家亚历山大·埃德蒙·贝克雷尔就发现，光照能使半导体材料的不同部位之间产生电位差。这种现象后来被称为“光生伏特效应”，简称“光伏效应”。1954 年，美国科学家查平、富勒和皮尔森在美国贝尔实验室首次制成了实用的单晶硅太阳电池，诞生了将太阳光能转换为电能的实用光伏发电技术。

1973 年，美国制订了政府级阳光发电计划，1980 年又正式将光伏发电列入公共电力规划；1992 年日本启动了新阳光计划；1997 年美国和欧洲相继宣布“百万屋顶光伏计划”；2000 年全世界太阳电池的产量达到 287.7MW；到 2003 年，日本光伏组件生产占世界的 50%。次年德国新可再生能源法规定了光伏发电上网电价，大大推动了光伏市场和产业发展，使德国成为继日本之后世界光伏发电发展最快的国家。瑞士、法国、意大利、西班牙、芬兰等国，也纷纷制订光伏发展计划，并投巨资进行技术开发和加速工业化进程。截至 2020 年底，全球累计光伏装机 760.4GW。

我国具有丰富的太阳能资源，太阳能较丰富的区域占国土面积的 2/3 以上，年辐射量超过 60 亿 J/m^2，每年地表吸收的太阳能大约相当于 1 ~ 7 万亿吨标准煤当量的能量。特别是西北、西藏和云南等地区，太阳能资源尤为丰富。

我国自 1958 年开始研究太阳能电池。1971 年首次成功地应用于我国发射的东方红二号人造卫星上。太阳能光伏发电应用始于 20 世纪 70 年代。

《京都议定书》签订后，我国诞生了第一批光伏企业，但真正迅速发展是在 20 世纪 80 年代。1983 ~ 1987 年先后从美国、加拿大等国引进了 7 条太阳能电池生产线。到 2001 年，我国太阳能电池的生产能力已经达到 6.5MW/ 年，实际生产量达到 4.5MW/ 年，全国累积用量已超过 20MW。

2002 ~ 2004 年，国家组织实施了“送电到乡”工程，中央和地方财政共安排 47 亿元的资金，在内蒙古、青海、新疆、四川、西藏和陕西等 12 个省（市、区）的 1065 个乡镇，建设了一批独立的光伏、风光互补、小水电等可再生能源电站，其中光伏电站占大部分，应用了 1.7 万 kW 的光伏电池，促进了国内新兴光伏产业的发展。特别是各地结合城镇建设，推广屋顶计划、风 - 光互补路灯系统（见图 5-5）等太阳能发电产品的应用，使得我国光伏发电应用呈上升趋势。到 2008 年底，我国光伏电池产量达到了 250 万 kW，居世界第 1 位，累计光伏发电容量为 20 万 kW。

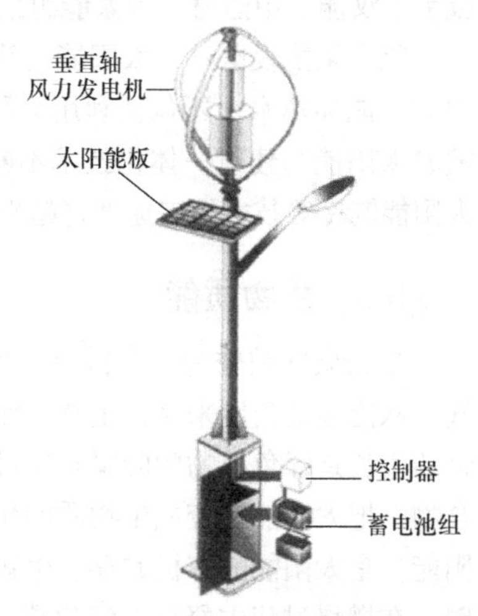

图 5-5　风 - 光互补路灯系统

自 2004 年，中国光伏制造企业积极吸收国外资本与技术，在国际光伏市场尤其是德国、日本市场的强大需求的拉动下，我国的光伏产品生产能力迅速扩张，包括晶体硅片和太阳能电池的生产能力，以及太阳能电池组件的封装能力都大为提升，涌现出一批具有国际竞争力和国际知名度的光伏电池生产企业。在这一阶段，全国各地建成几十个光伏产业园，太阳能电池产量以年均 143.72% 的速度快速增长，在全球市场所占份额快速提升，在 2010 年超过了 50%。经过几年时间的快速发展，我国太阳能光伏产业出现了产能过剩现象。

2012 年 12 月，国务院围绕太阳能光伏产业发展出台了五项措施。2013 年，国务院发布《关于发挥价格杠杆作用促进光伏产业健康发展的通知》，进一步完善了光伏发电的价格政策，确定分布式电价补贴标准，刺激国内需求，帮助光伏企业脱离困境、重获新生。

2020 年，受新型冠状病毒肺炎疫情的影响，全球经济倒退，然而我国光伏行业逆流而上。应用市场实现恢复性增长，2020 年我国光伏新增装机共 48.2GW，连续 8 年位居全球首位；累计装机量达到 253GW，连续 6 年位居全球首位；产业规模持续扩大，制造端四个主要环节实现两位数增长，多晶硅产量共 39.2 万 t，连续 10 年位居全球首位。

从 2020 年开始，政府补贴退出光伏市场，在不断发展的光伏技术的支持下，光伏发电成本不断下降，开启了光伏大规模发电时代。

目前，太阳能光伏电池主要有两类，一类是晶体硅电池，占市场份额超过了 90%；另一类是薄膜电池，市场占比较小，主要是因为它是一项新技术。随着生产成本不断下降，碲化镉电池出货量将快速增长。铜铟镓硒薄膜电池转换效率提升较快，吸引了汉能、中建材、国家能源集团等企业纷纷布局。

除太阳能发电外，太阳能发热也引起了广泛关注。这里的“发热”不仅指的是利用太阳能加热水，还包括利用太阳能取暖、制冷、烘干，将太阳能用于工业生产等。随着太阳能与建筑一体化技术不断发展，主动太阳房、被动太阳房、太阳能热发电、太阳能制冷等技术发展速度将越来越快，产业链将逐渐成熟。

5.3 生物质能

生物质能被誉为当今世界“第四大能源”，前三大能源分别是煤炭、石油和天然气。从能源的角度来看，生物质能是指所有可以作为能源使用的源于植物的物质。植物的生长是绿色植物的叶绿素通过光合作用，将植物吸收的二氧化碳和水合成碳水化合物，把太阳能转变成生物质的化学能并固定下来的过程。因此，生物质能来源于太阳能，是太阳能的有机贮存。生物质能是一种碳中性能源，在生长过程中吸收二氧化碳，在燃烧过程中释放二氧化碳，从而达到碳平衡。图 5-6 所示为生物质能在自然界的循环过程。

生物质能资源主要指以下几类物质：1）农作物秸秆和水生植物可作燃料使用的部分，农产品加工剩余物；2）合理采伐的薪柴、原木采伐和木材加工的剩余物；3）能源植物；4）畜禽养殖剩余物，人畜粪便；5）农副产品加工后的有机废弃物，有机废水、废渣；6）城镇有机垃圾等。

虽然生物质能是人类已经应用很久的一种古老的能源，但是，如今所讨论的生物质能的利用，是指在新的历史时期如何利用新技术来应用它，因此，在能源分类中，把生物质能置于新能源范畴。

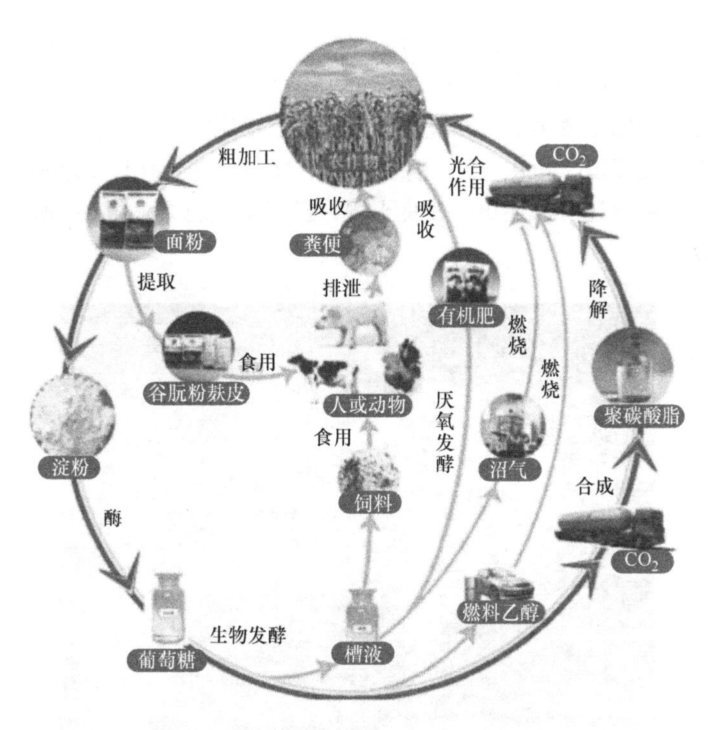

图 5-6　生物质能在自然界的循环过程

当今世界许多国家之所以把生物质能作为能源开发利用的一个重要方面，是因为生物质能具有自身的突出特点：1）生物质能蕴藏量巨大，而且是可再生的能源。只要有阳光照射，绿色植物的光合作用就不会停止，生物质能也就永远不会枯竭。特别是在大力提倡植树、种草，合理采樵，保护自然环境的情况下，植物将会源源不断地为人类提供生物质能。2）生物质能源具有普遍性、易取性。几乎不分国家、地区，它到处存在，而且廉价、易取，生产过程极为简单。据估算，地球陆地每年生产 1000 亿 ~ 1250 亿 t 生物质，海洋年生产 500 亿 t 生物质，生物质能源的年生产量远远超过全世界总能源需求，相当于目前世界总能耗的 10 倍。3）在可再生能源中，生物质是唯一可以贮存与运输的能源，这为其加工转换与连续使用带来一定方便。4）与煤相比，生物质在燃用过程中，对环境污染小。生物质的灰分含量低于煤；含氮量也比煤低；特别是生物质含硫量比煤少得多，煤的含硫量一般为 0.5% ~ 1.5%，而生物质的含硫量一般少于 0.2%。硫在燃烧过程中产生二氧化硫，是酸雨形成的主要原因，这正是煤燃烧所带来的最主要的环境问题。燃用生物质所排放的二氧化硫为燃煤的 1/10 左右；排放的氮氧化物为燃煤的 1/5 左右；排放的烟尘也比燃煤少。燃用生物质产生的二氧化碳，又可被等量生长的植物光合作用所吸收，也就是人们所说的二氧化碳的“零排放”，这对减轻大气的“温室效应”和避免地球气候变暖是有利的。5）生物质挥发组分高，炭活性高，易燃。在 400℃左右的温度下，可释放出大部分挥发组分，而煤在800℃时才释放出30%左右的挥发组分。生物质转换成气体燃料的过程比较容易实现。生物质燃烧后灰分少，并且不易黏结，可简化除灰设备。6）提倡开发利用生物质能，有助于改善生态环境。大力开发生物质能，通过积极植树、种草，绿化大地，可以美化环境，净化空气，保持水土，减少风沙。在科学地利用了生物质能的热能后，剩余部分还可以还田，改良土壤，提高土壤肥力。图5-7所示为秸秆打捆直接集中供暖。

图5-7　秸秆打捆直接集中供暖

资料来源：中国农科院。

生物质作为能源利用也有不方便之处，从质量密度的角度来看，作为燃料它与煤相比不具优势；它是能量密度较低的低品位能源；它重量轻、体积大，给运输带来一定难度；许多外界因素如风、雨、雾、火等，都不利于生物质的保存。

生物质能目前主要用于发电、供热、制气、制油、制生物质碳等，可以满足工业时代对所有能源商品的需求。在全球可再生能源利用结构中，生物质能终端使用占比超过了一半。在欧洲，生物质能在新能源中的占比远高于风能、太阳能，超过了60%。

生物质能发电主要有以下几种方法：1）直接燃烧发电；2）将生物质气化，产出可燃性气体发电；3）经过厌氧发酵产出沼气发电；4）将城市生活垃圾焚烧。

2018年全球生物质能发电装机容量为117.8GW，其中秸秆发电装机量为18.68GW，沼气发电装机量为18.13GW，垃圾发电装机量为12.60GW。中国、巴西、美国是全球排名前三的生物质能发电装机国家。

我国拥有丰富的生物质能资源，农作物秸秆可收集资源量每年约6.9亿t，林业剩余物和能源植物每年约3.5亿t，适合人工种植的30多种能源作物（植物）资源潜力可满足年产5000万t生物液体燃料的原料需求，生活垃圾、厨余垃圾、城镇污水处理厂污泥可利用资源量约 9300 万 t，酒精、制糖、酿酒等 20 多个行业每年排放有机废水 43.5 亿 t、废渣 9.5 亿 t，可转化为沼气约 300 亿 m^3，规模化畜禽养殖场粪便资源每年约 8.4 亿 t，生产沼气的潜力约为 400 亿 m^3。我国可作为能源利用的生物质资源总量每年约 4.6 亿 t 标准煤，目前已利用量约 2200 万吨标准煤当量，还有约 4.4 亿 t 可作为能源利用。随着造林面积的扩大和经济社会的发展，我国生物质资源转换为能源的潜力可达 10 亿吨标准煤当量。在传统能源日渐枯竭的背景下，生物质能源是理想的替代能源。

我国的生物质气化发电始于 1981 年，当时是以稻壳为原料。近 10 年来，还开始用农作物秸秆、锯末等做原料，进行气化发电。功率较大的是广州能源研究所研制的流化床气化炉配套内燃机的发电机组，先后在海南、福建、黑龙江、河北等省建安装应用，发电规模达 1MW 左右。联合国开发计划署在吉林省延边地区建造了一处以秸秆为原料的生物气化气电联供示范性气化发电站，3 台固定床气化炉配 1 台 200kW 的内燃发电机组。

我国用沼气发电始于 20 世纪 80 年代，机组规模有向两极发展的趋势，农村以 3 ~ 10kW 发电机组较多；而酒厂、糖厂、畜牧厂、污水处理厂等中、大型环保能源工程，则以 50 ~ 200 kW 发电机组为主。

2020 年，全国生物质发电新增装机 543 万 kW，累计装机达到 2952 万 kW。其中，垃圾焚烧发电新增装机 311 万 kW，累计装机达到 1533 万 kW；农林生物质发电新增装机 217 万 kW，累计装机达到 1330 万 kW；沼气发电新增装机 14 万 kW，累计装机达到 89 万 kW。

5.4　海洋能

海洋是个巨大的能源库。海洋面积占地球表面的 70.9%。由于在赤道两侧附近海洋面积大于陆地面积，太阳辐射到地球表面上的能量，有 79% 被海洋所获得，约为 64.8 万亿 kW 左右。阳光射到海面上，有一部分反射到大气中去，有一部分消耗于海水的蒸发，一部分形成风进而作用于海面形成波浪能，但是大部分被海水所吸收，转化成海水温度差能等。由于月球、太阳和其他星体对地球（主要指海水）的引力以及地球的自转，形成了潮汐能；海底水道和海峡中较为稳定的流动以及由于潮汐导致的有规律的海水流动所产生的动能统称为海流能；另外，在江河入海口处，有盐度差能。海洋能一般是指潮汐能、海流能、波浪能、海水温度差能和盐度差能这 5 种能源，尽管它们能量密度不高，但是数量极大。

海水温差能是一种热能。低纬度的海面水温较高，与深层水形成温度差，可产生热交换。其能量与温差的大小和热交换水量成正比。潮汐能、潮流能、海流能、波浪能都是机械能。潮汐的能量与潮差大小和潮量成正比。波浪的能量与波高的平方和波动水域面积成正比。在河口水域还存在海水盐差能（又称海水化学能），入海径流的淡水与海洋盐水间有盐度差，若隔以半透膜，淡水向海水一侧渗透，可产生渗透压力，其能量与压力差和渗透能量成正比。

海洋能属于低碳能源，海洋能具有蕴藏量大、可再生、污染小等优点，但也有不稳定及造价高等缺点。因为类型丰富，所以海洋能的利用种类比较多，发展前景比较广阔。

海洋与陆地环境是截然不同的，利用海洋能发电，其技术含量、投资额度、施工难易、管理水平等，一般都要有更新更高的要求，因此，加速开发海洋可再生能源，是与综合国力和人员素质的提高休戚相关的。

从技术层面讲，潮汐发电技术已经成熟；小型波浪能发电技术也已成熟；波浪能和海洋流（海流与潮流）能发电技术处于海上示范验证阶段，正快速向商业化应用成长（欧盟正逐步推动海流发电机产品产业化进程）；海水温差能发电技术开始了小型机组的海试研究阶段；盐度差能发电仅处于原理研究和不成熟的规模较小的实验室研究阶段。

大规模的海洋能技术研究始于 20 世纪 70 年代，但在第一次石油危机过后便迅速衰落。然而进入 21 世纪后，人类对于低碳能源的需求越来越大，海洋能开发的研究又进入了一个快速增长阶段。

（1）潮汐能利用

在海湾或感潮河口，可见到海水或江水每天有两次的涨落现象，早上的称为潮，晚上的称为汐。潮汐作为一种自然现象，为人类的航海、捕捞和晒盐提供了方便。这种现象主要是由月球、太阳的引潮力以及地球自转效应所造成的。涨潮时，大量海水汹涌而来，具有很大的动能；同时，水位逐渐升高，动能转化为势能。落潮时，海水奔腾而归，水位陆续下降，势能又转化为动能。海水在运动时所具有的动能和势能统称为潮汐能。目前海洋能中有效开发利用的是潮汐能。潮汐能主要用于发电。潮汐发电的原理与水力发电相似，建筑拦潮坝，利用潮水涨落形成的水位差，推动水轮机带动发电机进行发电。

潮汐能发电的优点：1）是一种清洁、不污染环境、不影响生态平衡的可再生能源。潮水每日涨落，周而复始，取之不尽，用之不竭。它完全可以发展成为沿海地区生活、生产和国防需要的重要补充能源。2）是一种相对稳定的可靠能源，很少受气候、水文等自然因素的影响，全年总发电量稳定，不存在丰、枯水年和丰、枯水期影响。3）潮汐能发电站不需淹没大量农田构成水库，因此，不存在人口迁移、淹没农田等复杂问题。而且可用拦海大坝，促淤围垦大片海涂地，把水产养殖、水利、海洋化工、交通运输结合起来，大搞综合利用。这对于人多地少、农田非常宝贵的沿海地区，更是个突出的优点。4）潮汐能发电站不需筑高水坝，即使发生战争或地震等自然灾害，水坝受到破坏，也不至于对下游城市、农田、人民生命财产等造成严重灾害。5）潮汐能开发一次能源和二次能源相结合，不用燃料，不受一次能源价格的影响，而且运行费用低，具有一次投资大、发电成本低的特点，是一种经济能源。6）机组台数多，不用设置备用机组。

潮汐能发电的缺点：1）潮差和水头在一日内经常变化，在无特殊调节措施时，出力有间歇性，给用户带来不便。但可按潮汐预报提前制定运行计划，与大电网并网运行，以克服其间歇性。2）潮汐存在半月变化，潮差可相差两倍，故保证出力、装机的年利用小时数也低。3）潮汐能发电站建在港湾海口，通常水深坝长，施工、地基处理及防淤等问题较困难。故土建和机电投资大，造价较高。4）潮汐能发电站是低水头、大流量的发电形式。涨落潮水流方向相反，故水轮机体积大，耗钢量多，进出水建筑物结构复杂。而且因浸泡在海水中，海水、海生物对金属结构物和海工建筑物有腐蚀和玷污作用，故需作特殊的防腐和防海生物黏附处理。

潮汐能的利用方式分为两大类型：一类是传统的建造拦潮坝方式，包括单库双向、单库单向、双库单向和双库双向；另一类是新型利用方式，包括潮汐潟湖、动态潮汐能等。迄今为止，通过建造拦潮坝利用潮汐能的技术已经发展了数十年，形成了比较成熟的商业模式。目前，拦坝式潮汐能发电站主要采用单库方式。

浩瀚的海洋和漫长的海岸线使欧洲、北美各国拥有大量、稳定、廉价的潮汐资源，在开发利用潮汐能方面一直走在世界前列。法国、加拿大、英国等国在潮汐能发电的研究与开发领域保持领先优势。世界上已建成的较著名的潮汐能发电站有法国的朗斯潮汐能发电站（1966 年建成，装机容量 240MW），苏联基斯拉雅潮汐试验电站（1968 年建成，装机容量 400kW），加拿大的安纳波利斯潮汐能发电站（1984 年建成，装机容量 20MW）等。潮汐能发电是海洋能应用中技术最成熟和利用规模最大的一种。潮汐能开发的趋势是大型化。

我国拥有长达 1.8 万多 km 的大陆海岸线和 1.4 万多 km 的岛屿海岸线，1 万多个大大小小的海岛和岛礁，潮汐能资源蕴藏量约为 1.1 亿 kW，可开发总装机容量为 2179 万 kW，年发电量可达 624 亿 kWh。

从 20 世纪 80 年代，我国开始兴建中、小型潮汐能发电站。其中规模最大的潮汐能发电站是浙江省的江厦潮汐能发电站，1986 年建成，装机容量 0.32 万 kW。图 5-8 所示为江厦潮汐能发电站。

（2）潮流能利用

潮流能是海流能的一部分，与潮汐能相伴相生，两者的不同之处在于潮流能是海水在月球引力、太阳引力的作用下周期性水平运动形成的动能，潮汐能是海水周期性涨落形成的势能。

潮流能的发电原理与风力发电相似，简单来说就是将水流的动能转化为电能。2008 年，MCT 公司在北爱尔兰斯特朗福德海湾安装了一台全尺寸的海流涡轮机原型机，同年 12 月该机组的装机容量超过 1.2MW，成为世界上第一个实现商业化运行的潮流能发电系统。

图 5-8　江厦潮汐能发电站

在潮流能发电的开发方面，我国自 1980 年以来已做了多年的基础性研究工作。2016 年 1 月，我国第一台自主研发的潮流能发电机组——“LHD 林东模块化大型海洋潮流能发电机组”总成平台在浙江舟山下海，装机容量 3.4MW，装机功率世界最大。同年 7 月，两个 24m 高、230t 重的发电机组模块精准吊装至海下总成平台，标志着我国潮流能发电进入“兆瓦时代”。

（3）波浪能利用

波浪能是由风能转化而来的一种能量。风通过海—气作用将能量传递给海水形成波浪，将能量储存为势能与动能。波浪能主要用于发电，同时也可用于输送和抽运水、供暖、海水脱盐和制造氢气。据统计，全球可利用的波浪能大约有 30 亿 kW，超过当前全球发电总量。

一般来说，波浪能发电装置由一级能量转换系统、二级能量转换系统和三级能量转换系统构成。根据一级能量转换系统的不同，波浪能发电技术可以分为吸收式、截止式、消耗式三种类型；根据二级能量转换系统的不同，波浪能发电技术可以分为气动式、液压式、液动式、直驱式四种类型。

从 20 世纪 70 年代中期起，英国、日本、挪威等波浪能资源丰富的国家，开始对波浪能发电进行研究。1978 年，日本建造了一艘称为“海明号”的波浪能发电船。1985 年，英国、中国各自研制成功了对称形叶片的空气涡轮机的新一代导航灯浮标用的波浪能发电装置，并得到了推广应用。此时前后，挪威建成了一座装机容量为 250kW 和一座装机容量为 500kW 的两种型式的波浪能发电站。2004 年 3 月苏格兰在北海成功实验了一种称为“海蛇”的离岸浮式波浪能装置，装机容量为 3×250kW；2005 年 6 月，葡萄牙订购了 3 台该型 750kW 装置，2008 年 9 月在北海岸正式运行，成为世界上第一个商业型并网波浪能发电场。

我国沿海地区的波浪能非常丰富，建立波浪能发电系统有较大发展潜力。中国的波浪能开发利用始于 20 世纪 70 年代，于 1975 年制成并投入试验了一台 1000W 的波浪能发电装置。在波浪能发电站建设方面，中国科学院广州能源研究所在 1989 年建成 3kW 的多振荡水柱式波浪能电站，并于 1996 年试发电成功，该电站升级成为一座 20kW 的波浪能电站。广东省汕尾市在 2005 年建成了世界上首座独立稳定的波浪能电站。

（4）海水温差能利用

温差能的主要利用方式为发电，首次提出利用海水温差发电设想的是法国物理学家阿松瓦尔，1926 年，阿松瓦尔的学生克劳德试验成功海水温差发电。1930 年，克劳德在古巴海滨建造了世界上第一座海水温差发电站，获得了 10kW 的功率。

在 20 世纪 70 年代末和 20 世纪 80 年代初，美国在夏威夷、日本在瑙鲁岛和德之岛分别建造了 50kW 和 100kW、50kW 的海水温差能发电装置，之后又开始建造兆瓦级的海水温差能发电站。2010 年，全球的海洋温差发电站就超过了 1000 座，主要集中在美国和日本。

在海水温差能发电方面，中国科学院广州能源研究所等单位，开展了一系列开发性的研制工作，还没建立实验电站。

5.5 地热能

地热能是从地壳抽取的天然热能，这种能量来自地球内部的熔岩，并以热力形式存在，是引发火山爆发及地震的能量。地球内部的温度高达 7000℃，而在 80～100km 的深度温度会降至 650～1200℃。透过地下水的流动和熔岩涌至离地面 1000～5000m 的地壳，热力得以被转送至较接近地面的地方。高温的熔岩将附近的地下水加热，这些加热了的水最终会渗出地面。地热能储量比目前人们所利用能量的总量多得多。全球 5000m 以内地热资源量约为 4900 万亿吨标准煤当量，图 5-9 所示为地热能的形成。

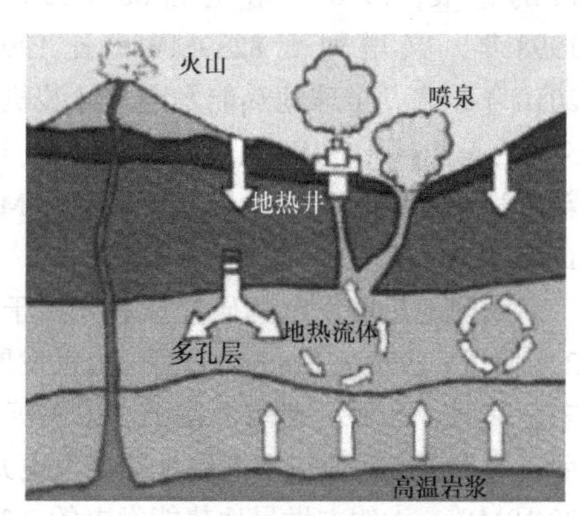

图 5-9　地热能的形成

我国地热资源蕴藏丰富。336 个主要城市浅层地热能可利用量折合为 7 亿吨标准煤当量 / 年，地热资源量可折合 1.25 万亿吨标准煤当量，已探明地热流体可采热量相当于 1.17 亿吨标准煤当量 / 年，高温地热资源发电潜力为 846 万 kW。我国大陆 3000～10000m 深处的干热岩资源总计相当于目前年度能源消耗总量的 26 万倍，约等于 860 万亿吨标准煤当量，提取其中的 2% 就相当于我国 2014 年能源消耗的 4040 倍。

我国地热资源约占全球资源量的 1/6。虽然我国拥有丰富的地热资源，但大多存储在地下几千米深处的干热岩中，由于现阶段的开采技术尚不成熟，开采成本极高，只有少数区域可以直接利用高温地热资源。现每年可利用浅层地热能资源量 3.5 亿吨标准煤当量，减排 5 亿 t 二氧化碳，每年可利用中深层地热能资源量 6.4 亿吨标准煤当量，减排 13 亿 t 二氧化碳。

地热能不同的温度有不同的利用途径，150℃以上的高温地热资源主要用来发电；90 ~ 150℃的中温地热资源与 25 ~ 90℃的低温地热资源可以用于工业、农业、医疗、旅游及日常生活的各个场合；25℃以下的浅层地温主要用来供暖、制冷。作为新能源的重要组成部分，近年来，地热能受到了广泛关注，应用模式不断拓展，从简单的地热温泉逐渐转向地热能发电等深度开发模式，切实提高了地热资源的利用效率。

5.5.1 地热能发电

地热能发电是地热利用的最重要方式。高温地热流体应首先应用于发电。地热能发电和火力发电的原理是一样的，都是利用蒸汽的热能在汽轮机中转变为机械能，然后带动发电机发电。要利用地下热能，首先需要有“载热体”把地下的热能带到地面上来。能够被地热能发电站利用的载热体，主要是地下的天然蒸汽和热水。按照载热体类型、温度、压力和其他特性的不同，可把地热能发电的方式划分为蒸汽型地热能发电和热水型地热能发电两大类。

1904年，意大利在拉德瑞罗建立起世界上第一座小型地热蒸汽试验电站；1913 年，拉德瑞罗的 250kW 地热能发电站正式投入运行，这是世界地热能发电的开端。以后的几十年地热能发电进展缓慢，直到 20 世纪 70 ~ 80 年代，地热能发电有了较快的进展，1990 年增至为 5827.55MW，比 1980 年的 2388MW 增加了 1.44 倍；1998 年，又增加到 8239MW，比 1990 年增加了 2411.45MW，增幅达 41.38%。2010 年以来，全球地热能发电累计装机容量不断增长。2019 年，地热装机容量排前 5 位的是美国（18.3%）、印度尼西亚（15.3%）、菲律宾（13.8%）、土耳其（10.9%）、新西兰（6.9%）。世界上装机容量在 10MW 以上的地热能发电站有 73 座，装机容量为 13931 MW。

我国地热能发电的研究试验开始于 20 世纪 70 年代初，30 余年来的发展经历了 2 个阶段：1970 ~ 1985 年期间，为以发展中低温地热试验电站为主的阶段，先后在广东、河北、江西、湖南、辽宁、山东等省份建造了试验性地热能发电站；1985 年以后，进入发展商业应用高温地热能发电站的阶段，主要集中在西藏地区，总装机容量 28.18MW。大约占世界地热能发电的 0.35%，所占比例很小。其中除西藏羊八井电站装机容量 25.18MW 略有规模外，其他几个都很小，例如：西藏朗久电站 2MW、西藏那曲电站 1MW（双循环系统）、广东丰顺电站 0.3MW。

5.5.2 地热能供暖

集中供暖是地热能应用的一个主要场景。利用地热能集中供暖方式简单、经济性好，可以切实提升地热能的利用效率，减少能源损耗。冷热站将深层的地热井供暖与浅层的地源热泵制冷相结合，可以实现集中供暖与集中制冷，提高能效，为人们创造一个更加舒适的生活环境。

将地热能直接用于采暖、供热和供热水备受各国重视，特别是位于高寒地区的西方国家，其中冰岛开发利用得最好。该国早在 1928 年就在首都雷克雅未克建成了世界上第一个地热供热系统，现今这一供热系统已发展得非常完善，每小时可从地下抽取 7740t、80℃的热水，供全市 11 万居民使用。由于没有高耸的烟囱，冰岛首都已被誉为“世界上最清洁无烟的城市”。此外利用地热能给工厂供热，如用作干燥谷物和食品的热源，用作硅藻土生产、木材、造纸、制革、纺织、酿酒、制糖等生产过程的热源也是大有前途的。目前世界上最大两家地热能应用工厂就是冰岛的硅藻土厂和新西兰纸浆加工厂。图 5-10 所示为冰岛的地热能利用。

图 5-10　冰岛的地热能利用

在我国的地热资源开发中，直接利用地热水进行建筑供暖也得到较快发展。截至 2018 年年底，我国北方地区地热供暖面积累计约 4.52 亿 m^2。在京津地区已成为地热利用最普遍的方式。

5.5.3　地热能务农

地热能在农业中的应用范围十分广阔。如利用温度适宜的地热水灌溉农田，可使农作物早熟增产；利用地热水养鱼，在 28℃水温下可加速鱼的育肥，提高鱼的出产率；利用地热能建造温室，育秧、种菜和养花；利用地热能给沼气池加温，提高沼气的产量等。将地热能直接用于农业在我国日益广泛，北京、天津、西藏和云南等地都建有面积大小不等的地热温室。各地还利用地热能大力发展养殖业，如培养菌种、养殖非洲鲫鱼、鳗鱼、罗非鱼、罗氏沼虾等。图 5-11 所示为地热能蔬菜大棚。

图 5-11　地热能蔬菜大棚

5.5.4　地热能医疗

地热能在医疗领域的应用有诱人的前景，热矿水就被视为一种宝贵的资源，世界各国都很珍惜。由于地热水从很深的地下提取到地面，除温度较高外，常含有一些特殊的化学元素，从而使它具有一定的医疗效果。如含碳酸的矿泉水供饮用，可调节胃酸、平衡人体酸碱度；含铁矿泉水饮用后，可治疗缺铁贫血症；氢泉、硫水氢泉洗浴可治疗神经衰弱和关节炎、皮肤病等。由于温泉的医疗作用及伴随温泉出现的特殊的地质、地貌条件，使温泉常常成为旅游胜地，吸引大批疗养者和旅游者。在日本就有1500多个温泉疗养院，每年吸引1亿人到这些疗养院休养。我国利用地热治疗疾病的历史悠久，含有各种矿物元素的温泉众多，因此充分发挥地热的医疗作用，发展温泉疗养行业是大有可为的。图5-12所示为地热能温泉浴。

图 5-12　地热能温泉浴

未来随着与地热能利用相关的高新技术的发展，将使人们能更精确地查明更多的地热能资源；钻更深的钻井将地热能从地层深处取出，因此地热能利用也必将进入一个飞速发展的阶段。

地热能在应用中要注意地表的热应力承受能力，不能形成过大的覆盖率，这会对地表温度和环境产生不利的影响。

5.6　江河水能

江河水能指的是陆地上的水力能，就是河川径流相对于某一基准面具有的势能以及流动过程中转换成的动能。水力发电就是将水所具有的势能（或动能）转换成水轮机旋转的机械能并传递给发电机，再由发电机将机械能转换成电能。

水力发电在国民经济建设中具有重要作用。水力发电与其他发电方式（如火电、核电等）相比有许多特点，主要表现在以下几个方面：1）江河水能是取之不尽的、可再生的能源。地球表面以海洋为主的水体，在太阳的作用下，蒸发成水汽升至高空，转成雨雪，一部分降到陆地，汇集补给河川径流，流向海洋或内陆湖泊。这是一个以太阳热能为动力的水之循环，周而复始，循环再生。2）江河水能用的是不花钱的“燃料”，水电成本低廉。水力发电是把一次能源（水）与二次能源（电）的开发同时完成的。同时，水电是在常温常压下进行能量转换的，因此水电设备比较简单，易于维修，管理费用低。3）水力发电的效率高。常规水电站水能的利用效率在 80% 以上；而火力发电的热效率只有 30% ~ 40%（若对余热加以利用，可提高总效率）。电能输送方便，减少交通运输负荷。4）水电机组起停迅速，操作方便，运行灵活，可变幅度大，易于调整出力，所以水电是电力系统中最理想的调峰、调频和事故备用电源。5）水电能源无污染。而且由于新的建筑群体和人工湖的出现，会使人感到空气清新、环境优美，是很好的疗养场所和旅游景点。6）水电站和水库建设有利于实现水资源的综合利用。兴水利、除水害，兼而取得防洪、灌溉、航运、供水、养殖、旅游等良好效益。建设水电站还可同时带动当地的交通运输、原材料工业乃至文化、教育、卫生事业的发展，成为振兴地区经济的前导。

水力发电不利的方面有：1）易受河川天然径流丰枯变化的影响，无水库调节或水库调节能力较差的水电站，其发电能力在不同季节变化较大，与用电需要不相适应。因此，一般水电站需建设相应的水库，调节径流。2）建有较大水库的水电站，有的水库淹没损失较大，移民较多，并改变了人们的生产与生活条件；水库淹没影响野生动植物的生存环境；水库调节径流，改变了原有水文情况，对生态环境有一定影响。3）一般说来，建设大型水电站投资较多，施工期较长，建坝条件较好和水库淹没损失较小的大型水电站的站址，往往位于远距用电中心的偏僻地区，需要建设较长的输电线路，增加了造价和输电损失。

尽管水力发电具有许多优点，建站后常常会产生显著的经济效益和社会效益，但是如果计划不周，对不利因素没能充分考虑，也可能会带来一些负面影响。

世界河川水力能资源理论蕴量约 35 万亿 kWh/ 年，技术可开发资源约 14.6 万亿 kWh/ 年，经济可开发资源约 9 万亿 kWh/ 年。各国河川水力能资源的开发程度差异很大，已建水电站的年发电量占技术可开发资源比例较大的国家有：法国、意大利、瑞士、日本、美国、挪威、加拿大、瑞典、奥地利等，均在 50% 以上。有许多国家对小水电建设也非常重视，目前已建了几千座小型水电站。

根据 2003 年中国江河水能资源复查成果，全国江河水能资源技术可开发容量为 5.42 亿 kW，年发电量为 24700 亿 kWh；经济可开发装机容量为 4 亿 kW，年发电量为 17500 亿 kWh，按经济可开发年发电量重复使用 100 年计算，江河水能资源占我国常规能源剩余可采储量的 40% 左右，仅次于煤炭。我国水力能资源分布很不均匀，大部分集中在西南地区，其次在中南地区。随着国家西部开发战略的实施，水力发电站建设步伐明显加快。2020 年，中国水利发电新增装机容量为 1323 万 kW，累计装机容量为 3.7 亿 kW，同比增长 3.8%。图 5-13 所示为 2014 ~ 2020 年中国水利发电总装机和新增装机容量。

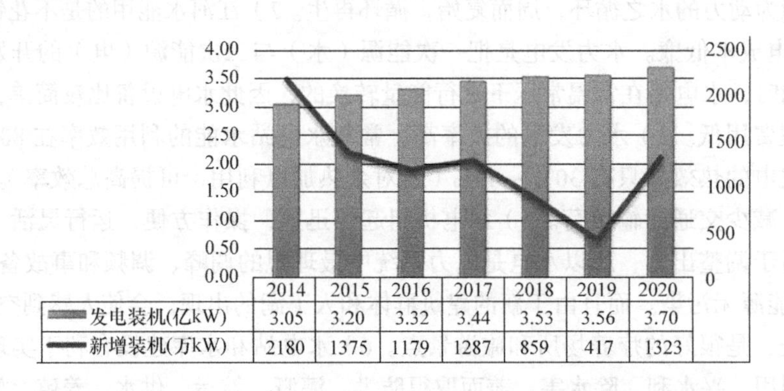

图 5-13　2014 ~ 2020 年中国水利发电总装机和新增装机容量

资料来源：国家能源局。

三峡大坝是当今世界最大的水利发电工程。位于中国湖北省宜昌市三斗坪镇境内，距下游葛洲坝水利枢纽工程 38km。三峡大坝工程包括主体建筑物及导流工程两部分，全长约 3335m，坝顶高程 185m，正常蓄水位 175m。于 1994 年 12 月 14 日正式动工修建，2006 年 5 月 20 日全线修建成功。安装 32 台单机容量为 70 万 kW 的水电机组。最后一台水电机组于 2012 年 7 月 4 日投产。图 5-14 所示为三峡水电站。

我国小水电资源十分丰富，理论蕴藏量约 1.5 亿 kW。小水电除与大水电有相同的优点之外，它还具有淹没土地少，对环境正面影响大、负面影响小，建材、劳力就地选用，建设期短、造价较低，输电损失小等特点，很适合我国国情。到 2019 年底，全国共建农村水电站 45445 座，总装机容量达到了 8144.2 万 kW。

图 5-14 三峡水电站

实践表明，积极开展小水电建设，带来了多方面效益，其中包括推动地方工业发展，促进了农业机械化、电气化的进程，改善了偏远地区、山区农牧民的物质条件与文化生活，解决了部分农村能源问题，从而减少了砍伐树木、破坏植被、水土流失现象。在小水电建设方面，各地积累了许多宝贵经验，积极发展小水电，定会加速农村奔小康的进程。

国务院发表的《2030 年前碳达峰行动方案》指出：因地制宜开发水电。积极推进水电基地建设，推动金沙江上游、澜沧江上游、雅砻江中游、黄河上游等已纳入规划、符合生态保护要求的水电项目开工建设，推进雅鲁藏布江下游水电开发，推动小水电绿色发展。推动西南地区水电与风电、太阳能发电协同互补。统筹水电开发和生态保护，探索建立江河水能资源开发生态保护补偿机制。“十四五”“十五五”期间分别新增水电装机容量 4000 万 kW 左右，西南地区以水电为主的可再生能源体系基本建立。

5.7 氢能

氢能指的是氢和氧进行化学反应释放出的化学能，是一种清洁的二次能源。氢能的特点是：1）所有气体中，氢气的导热性最好，比大多数气体的导热系数高出 10 倍，因此在能源工业中氢是极好的传热载体。2）氢是自然界存在最普遍的元素，除空气中含有氢气外，它主要以化合物的形态贮存于水中，而水是地球上最广泛的物质。据推算，如把海水中的氢全部提取出来，它所产生的总热量比地球上所有化石燃料放出的热量还大 9000 倍。3）除核燃料外，氢的发热值是所有化石燃料、化工燃料和生物燃料中最高的。4）氢燃烧性能好，点燃快，与空气混合时有广泛的可燃范围，而且燃点高，燃烧速度快。5）氢无毒，与其他燃料相比氢燃烧时最清洁，除生成水和少量氮化氢外。不会产生诸如一氧化碳、二氧化碳、碳氢化合物、铅化物和粉尘颗粒等对环境有害的污染物质，少量的氮化氢经过适当处理也不会污染环境，而且燃烧生成的水还可继续制氢，反复循环使用。6）氢能利用形式多，既可以通过燃烧产生热能，在热力发动机中产生机械功，又可以作为能源材料用于燃料电池，或转换成固态氢用作结构材料。用氢代替煤和石油，不需对现有的技术装备作重大的改造，现有的内燃机稍加改装即可使用。7）在所有元素中，氢重量最轻。在标准状态下，它的密度为0.0899g/L；在 −252.7℃时，可成为液体，若将压力增大到数百个大气压，液氢就可变为固体氢。因此，氢能适应各种应用环境的不同要求贮运。

但是，氢是一种二次能源，它的制取需要消耗大量的能量，而且目前制氢效率很低，由于氢容易气化、着火、爆炸，运输、贮存不方便，在使用中存在安全隐患。

氢被誉为 21 世纪的“终极能源”。未来随着氢能应用场景不断丰富，世界氢能产业将进入快速发展阶段。因此世界各国对氢能开发非常重视。20 世纪 60 年代，氢燃料电池就已经成功地应用于航天领域。往返于太空和地球之间的“阿波罗”飞船就安装了这种体积小、容量大的装置。我国也用液氢作为长征 2 号、长征 3 号的燃料。

氢能发电具有一系列优越性。大型电站，无论是水电、火电或核电，都是把发出的电送往电网，由电网输送给用户。但是各种用电户的负荷不同，电网有时是高峰，有时是低谷。为了调节峰荷，电网中常需要启动快和比较灵活的发电站，氢能发电就最适合扮演这个角色。利用氢气和氧气燃烧，组成氢氧发电机组。这种机组是火箭型内燃发动机配以发电机，它不需要复杂的蒸汽锅炉系统，因此结构简单，维修方便，启动迅速，要开即开，欲停即停。在电网低负荷时，还可吸收多余的电来进行电解水，生产氢和氧，以备高峰时发电用。这种调节作用对于电网运行是有利的。另外，氢和氧还可直接改变常规火力发电机组的运行状况，提高电站的发电能力。例如氢氧燃烧组成磁流体发电，利用液氢冷却发电装置，进而提高机组功率等。

以氢气代替汽油作汽车发动机的燃料，已经过日本、美国、德国等许多汽车公司的试验，技术是可行的，问题主要是廉价氢的来源。氢是一种高效燃料，每公斤氢燃烧所产生的能量为 33.6kWh（1kWh=3600kJ），几乎等于汽油燃烧的 2.8 倍。氢气燃烧不仅热值高，而且火焰传播速度快，点火能量低（容易点着），所以氢能汽车比汽油汽车总的燃料利用效率高 20%。

随着制氢技术的发展和化石能源的短缺，氢能利用迟早将进入家庭，首先是发达的大城市，它可以像输送城市煤气一样，通过氢气管道送往千家万户。每个用户则采用金属氢化物贮罐将氢气贮存，然后分别接通厨房灶具、浴室、氢气冰箱、空调机等，并且在车库内与汽车充氢设备连接。人们的生活靠一条氢能管道，可以代替煤气、暖气甚至电力管线，连汽车的加油站也省掉了。这样清洁方便的氢能系统，将给人们创造舒适的生活环境，减轻许多繁杂事务。

以氢作为工业原材料、能源为基础的一个经济体系被称为“氢经济”。如果要实现碳中和目标，工业和交通等一些难以减排的部门需要开发新的生产工艺和技术来实现减排。氢是很好的还原剂以及大部分化工和石化产品的组分，氢同时也可以作为不排放 CO_2 的零碳能源使用。

钢铁冶炼可以采用氢还原工艺，目前的设计是在直接还原铁生产工艺中使用。2020 年我国在宁夏的一个 60 万 t 钢铁冶炼系统开始投入生产，国际上还有十几套这样的设备在安装进程中。

合成氨（NH_3）是最容易实现利用氢作为原料的化工产品。其现有生产过程中就需要制氢之后和氮进行反应得到合成氨。利用氢可以减少合成氨生产工艺的流程，并大幅度减少导致大气雾霾的相关气体的排放。甲醇（CH_3OH）和合成氨类似，现有生产过程就是用氢进行反应。可以省去前期制氢过程。中科院研究组正在甘肃进行利用捕获的 CO_2 加氢得到甲醇。甲苯（C_7H_8）的生产也相对比较容易，既有工艺就可以实现。乙烯（C_2H_4）利用氢还在研究进程中，也是一个可以直接用氢和碳进行反应得到产品的过程。

目前在国内，氢能的储运是一大难题，不仅无法实现大规模储运，储运安全问题也没有得到有效解决。国内储运氢能主要采用气态高压氢储运方式，除此之外也有少量液氢储运、吸附储氢等方式。

从总体看，气态高压氢储运方式比较成熟，可以自由调节充放氢的速度，但储氢密度低，对容器的耐压性有极高的要求。目前，气态高压氢储运主要应用于车用氢领域，虽然这种方式已经比较成熟，但关键零部件仍依赖进口，储氢密度有待提升。

低温液态储氢的密度较高，液态氢的纯度也比较好。但因为氢在液化过程中要消耗大量能量，要求储氢容器具有较好的绝热性，在一定程度上增加了设备材料成本。

未来，氨气可能成为氢气大规模运输的重要载体。目前，很多国家都在积极布局氨燃料产业，正在加速氨燃料船舶研发。在发电领域实行氨煤混烧，最终实现氨气发电。

在氢能的大规模开发与利用方面还存在氢能利用的经济性挑战。根据国网能源研究院发布的数据，在电解水制氢的成本结构中，电价占比超过 70%，在很大程度上影响着电解水制氢的成本。在国内市场上，目前，电解水制氢的成本为 30 ~ 40 元 /kg，比煤制氢的成本 15.85 元 /kg 高很多。

利用可再生能源、核电等低碳能源制备的氢气被称为“绿氢”，用零碳电力电解水制氢。现有技术电解 $1m^3$ 氢需要 5kWh 电力，未来可以下降到 2.8kWh，同时电解水设备成本明显下降。图 5-15 所示为“绿氢”的生产流程。

在光伏发电成本下降到 0.15 元 /kWh 以下时，用电解水制氢来制造上述化工品的成本可以和既有生产供给进行竞争。预计到 2025 年在太阳能富集地区光伏发电成本就可以降至这一水平，给工业产业带来革命性的变革。

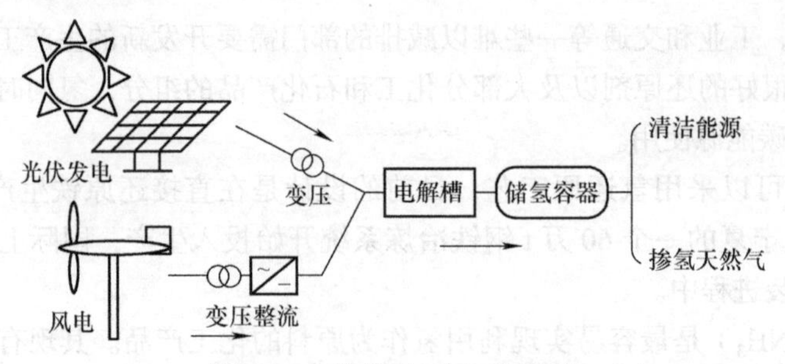

图 5-15 “绿氢”的生产流程

在技术层面，应该积极推进化石能源制氢 +CCUS 等“蓝氢”技术、可再生能源发电制氢规模化等“绿氢”技术的研发与推广，同时提前部署其他氢能制备技术，推动生物质能、氨能等其他零碳非电能源技术发展，促使氢能、氨能、生物质能等与工业、交通、建筑等行业实现深度融合。

综上所述，在碳中和背景下，低碳能源行业将迎来诸多发展机遇，包括成熟技术的推广应用、新技术开发与应用、最新研究成果的产业化应用等。在低碳能源发展方面，我国固然要抢占先机，但也要明确发展方向，做好战略规划，把握发展节奏，稳扎稳打，有序推进。图 5-16 所示为 2015 年和 2019 年中国非化石能源装机情况。

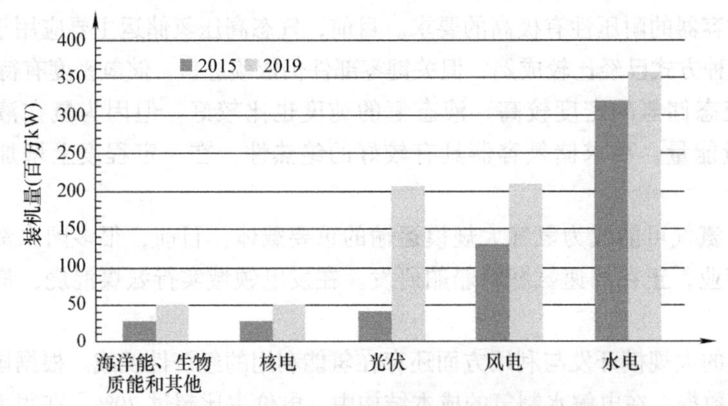

图 5-16 2015 年和 2019 年中国非化石能源装机情况

数据来源：国家能源局。

Chapter 6 第 6 章 低碳能源的转换

低碳能源的利用，除了少数场合以外，大多数情况是用于发电。本章将介绍低碳能源转换为电能的第一次转换的应用技术。第一次转换是将低碳能源的能量转换为旋转的机械能，以便带动发电机发电。

6.1 低碳能源的转换过程

低碳能源含有可贵的能量，但是，它们往往不能直接应用。在人类生产、生活的诸多领域用的是电能。如何更好地将低碳能源转换为电能是实现碳达峰、碳中和的核心课题之一。低碳能源能量的转换过程见表 6-1。

表 6-1　低碳能源能量的转换过程

<table>
<tr><th>低碳能源</th><th>机理</th><th>一次转换设备</th><th>二次转换设备</th><th>转换结果</th></tr>
<tr><td>风能</td><td rowspan="4">碰撞</td><td>风力机</td><td rowspan="7">发电机</td><td rowspan="10">电能</td></tr>
<tr><td>江河水能</td><td rowspan="2">水轮机（反击式、冲击式）</td></tr>
<tr><td>海洋能</td></tr>
<tr><td>地热能</td><td rowspan="3">汽轮机</td></tr>
<tr><td>核能</td><td>裂变</td></tr>
<tr><td>生物质能</td><td rowspan="3">燃烧</td></tr>
<tr><td>天然气</td><td>燃气轮机</td></tr>
<tr><td>氢能</td><td colspan="2">燃料电池</td></tr>
<tr><td rowspan="2">太阳能</td><td>光 - 电效应</td><td colspan="2">太阳能电池</td></tr>
<tr><td>光 - 热 - 电效应</td><td>汽轮机</td><td>发电机</td></tr>
</table>

由表 6-1 可见，在第一次转换中应用的设备有风力机、水轮机、汽轮机、燃气轮机等。

6.2 风力机

风力机是用于捕获风能的旋转机械。它由风轮和变桨距系统组成。风力机的核心部件是风轮，风轮包括叶片和轮毂两部分。目前，风轮的通用形式是水平轴、螺旋桨式三叶片结构。

6.2.1 叶片

叶片是风轮上的执行元件。图 6-1 所示为螺旋桨式叶片的结构。

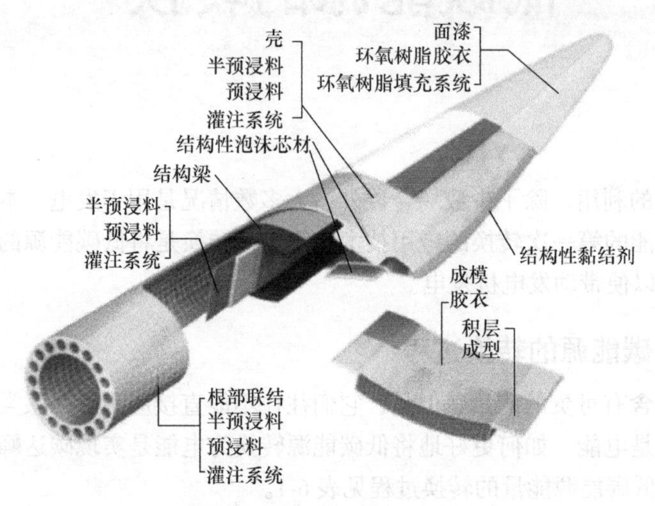

图 6-1 螺旋桨式叶片的结构

构成叶片的主要材料是玻璃纤维增强复合塑料。玻璃纤维增强复合塑料系指以树脂为基体以纤维或其制品作增强材料复合成的材料。

树脂是具有不同高分子量的一类有机物质，它具有固态、半固态、假固态、液态等不同形态。活性树脂是由多种成分混合而成，包括活性树脂和固化剂以及添加剂。通常有一个软化或熔融温度范围，当受外力作用时有流动倾向，断裂时呈贝壳状。

增强材料是由不同材料的纤维，依照不同用途加工成的各种产品。由单种材料纤维构成的称为同质增强产品；含有多种材料纤维的称为异质增强产品，一个独立层内或一层中的某个范围内可能是同一种材料。增强材料有玻璃纤维、碳纤维、芳纶纤维长丝和其他有机或无机材料纤维及其制品，如粗纱、毡、各类织物及纤维复合物。纤维表面一般应有保护纤维和改善胶接且与层压树脂匹配的涂层，以保证纤维和树脂间的胶层有足够的防潮和防老化性能。

目前，制造叶片的主要材料有玻璃纤维增强复合塑料或碳纤维增强复合塑料。玻璃纤维增强复合塑料是以环氧树脂、不饱和树脂等塑料为基体，掺入玻璃纤维而做成的增强材料。玻璃纤维增强复合塑料具有强度高、重量轻、耐老化、可加工性较好等特性，在目前的风轮叶片制造中得到广泛应用。玻璃纤维增强复合塑料可用于制造叶片的表面和内部结构，叶片的填充部分多为泡沫塑料。玻璃纤维增强复合塑料的表面还可以通过上浆和涂覆改进质量。随着叶片长度的不断增加，叶片刚度成为重要的设计指标。研究表明，碳纤维增强复合塑料叶片刚度是玻璃纤维增强复合塑料叶片的 2 ~ 3 倍。目前，由于碳纤维增强复合塑料的价格因素影响了其在风轮叶片方面的应用，但随着国内外有关研究的进展，碳纤维增强复合塑料在大型叶片设计和制造方面有很好的应用前景。

基体材料为聚酯树脂或环氧树脂。环氧树脂比聚酯树脂强度高，材料疲劳特性好，且收缩变形小。聚酯材料较便宜，它在固化时收缩大，在叶片的连接处可能存在潜在的危险，即由于收缩变形在金属材料与玻璃纤维增强复合塑料之间可能产生裂纹。

水平轴风轮叶片一般近似是梯形的，由于它的曲面外形复杂，仅外表面结构就需要很高的制造费用。使用复合材料可以改变这种状况，只是在模具制造工艺上要求高些。叶片的模具由叶片上、下表面的反切面样板成型，在模具中由手工成型复合材料叶片。图 6-2 所示为叶片成型模具和开模。

a) 模具

b) 开模

图 6-2　叶片成型模具和开模

由铺成层状的增强材料与活性树脂复合而成的产品称为层压板。以层压板（蒙皮）与轻质芯材胶接在一起的一种层状复合结构称为夹层结构。按其芯材形式的不同通常有蜂窝、波纹和泡沫等夹层结构。用活性树脂浸渍过的纤维增强材料称为预浸料，预浸料不必再加树脂即可用于加工。夹层板或加强腹板的芯材一般用硬质泡沫塑料，如聚氯乙烯（PVC）、聚苯乙烯（PS）等。木材主要用于叶片内部的夹心结构，而钢材主要用于叶片结构的连接件，很少用于叶片的主体结构。

图 6-3 所示为运输中的叶片。由于风力机的额定功率越来越大，叶片也越来越长，给生产和运输造成困难。因此，有的风力机采用分段式叶片，不仅降低了生产难度，也解决了运输问题。

图 6-3　运输中的叶片

用垂直于叶片长度方向的平面去截叶片得到的截面形状称为翼型。翼型沿叶片的分布如图 6-4 所示。

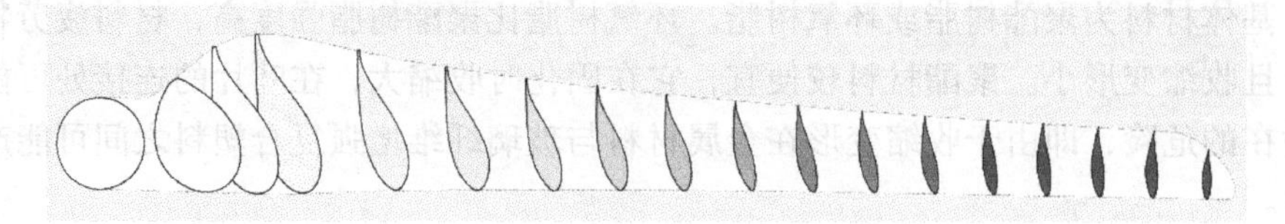

图 6-4　翼型沿叶片的分布

连接叶片前缘（A）与后缘（B）的直线长度为几何弦长（c，简称弦长）。叶片根部翼型弦长称为根弦，叶片尖部翼型弦长称为尖弦；根弦与尖弦夹角的绝对值称为扭角，如图 6-5 所示。

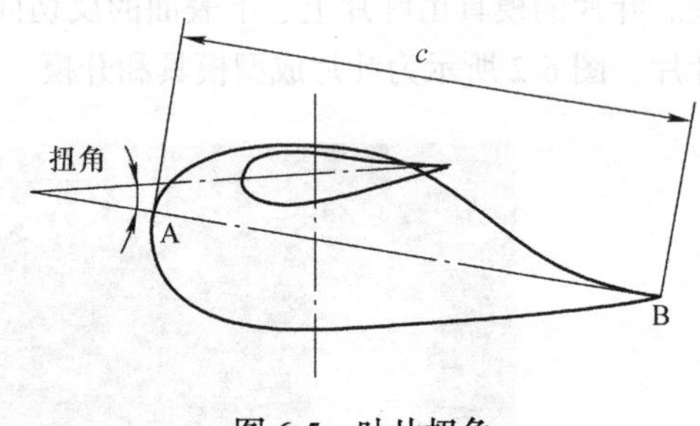

图 6-5　叶片扭角

早期的风轮叶片多沿用航空翼型（如 NACA 翼型），随着风电技术的发展和广泛应用，一些研究机构从 20 世纪 80 年代中期开始研究风力机专用的新翼型，并发展了一些翼型系列。其中有代表性的包括：美国的 NREL 翼型系列、丹麦的 RISϕ 翼型系列、荷兰的 DU 翼型系列及瑞典的 FFA-W 翼型系列等。

6.2.2　轮毂

轮毂是将叶片和叶片组固定到转轴上的装置，它将风轮的力和力矩传递到主传动机构中去。用于三叶片风轮的固定式轮毂有球形和三圆柱形两种结构，如图 6-6 所示。这类轮毂多采用铸造成型，铸造材料是铸钢或球墨铸铁，轮毂照片及组合件如图 6-7 所示。

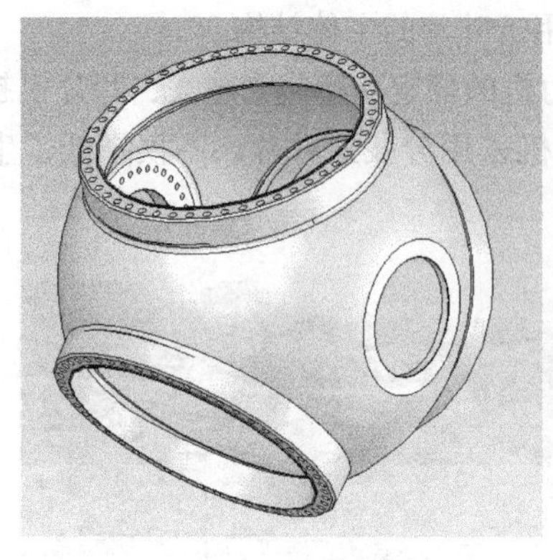

a）球形轮毂

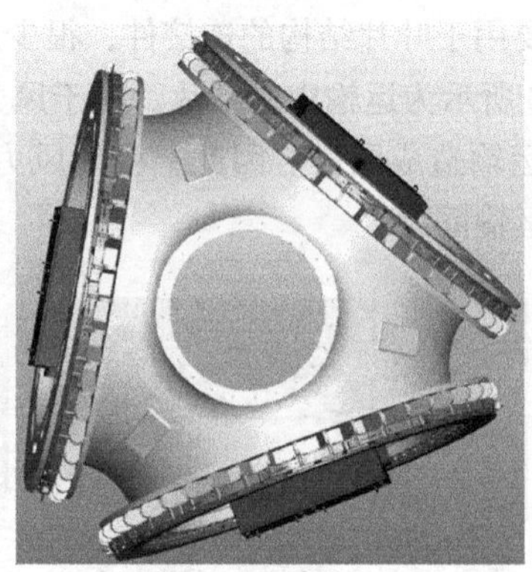

b）三圆柱形轮毂

图 6-6　固定式轮毂

图 6-7a 所示为轮毂实物照片；图 6-7b 所示为轮毂与罩体的组合件。其中的导流罩呈流线形结构，有利于减小风对机舱的作用力。

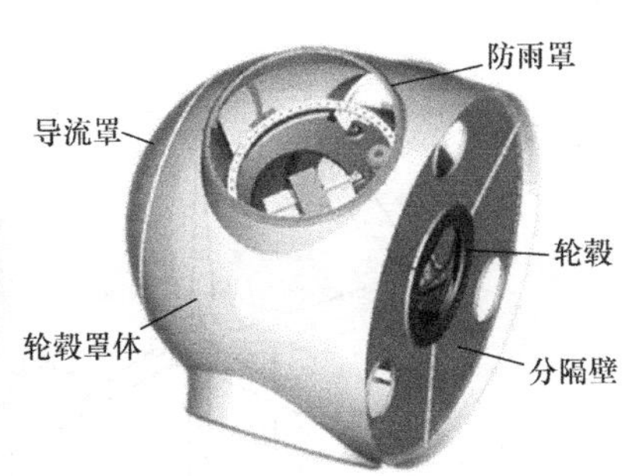

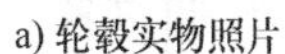

a) 轮毂实物照片　　b) 轮毂与罩体的组合件

图 6-7　轮毂照片及组合件

6.2.3　风轮

风轮是风力机的核心部件，由叶片和轮毂组成。图 6-8 所示为吊装中的风轮。

图 6-8　吊装中的风轮

1. 风轮的主要物理量

风轮叶尖旋转圆的直径称为风轮直径，风轮直径的大小与风轮的功率直接相关。风轮捕获风能的能力与它的面积成正比，要提高风电机组的功率，就要提高风轮直径。据报道，西门子歌美飒公司官方信息显示，已经推出的 SG14-222 DD 型 14MW 风电机组，碳和玻璃纤维叶片长 108m，是由单一的模具铸造而成，风轮直径为 222m，扫掠面积达到 38706.4m^2。国际标准足球场面积为 7140m^2，可见，最大风轮的扫掠面积约为标准足球场的 5.42 倍。

风轮旋转中心到基础平面的垂直距离称为轮毂高度，通常轮毂高度越高，风轮捕获风能越多；叶片轴线与旋转轴垂直的平面的夹角叫风轮锥角；风轮旋转轴与水平面的夹角叫风轮仰角。锥角和仰角的作用是防止叶尖与塔架碰撞。风轮的几何定义如图 6-9 所示。

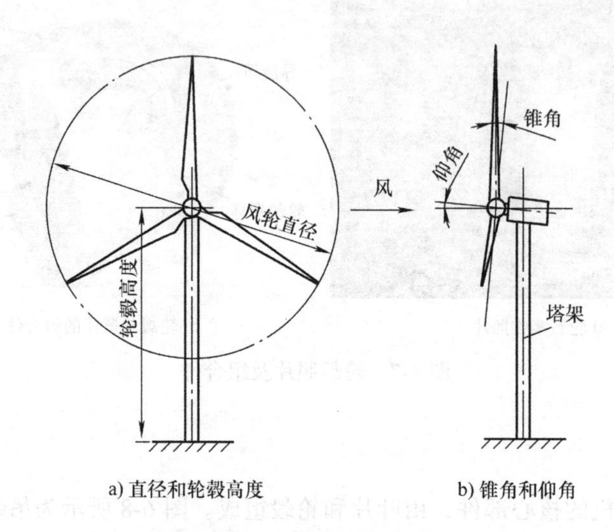

图 6-9　风轮的几何定义

如图 6-10 所示，在叶片某一半径（r）处做一条螺旋线，使该螺旋线与风轮同轴并和该半径处的翼型几何弦相切，螺旋线的螺距叫桨距（H）。翼型几何弦与风轮扫掠平面的夹角称为桨距角（β）。

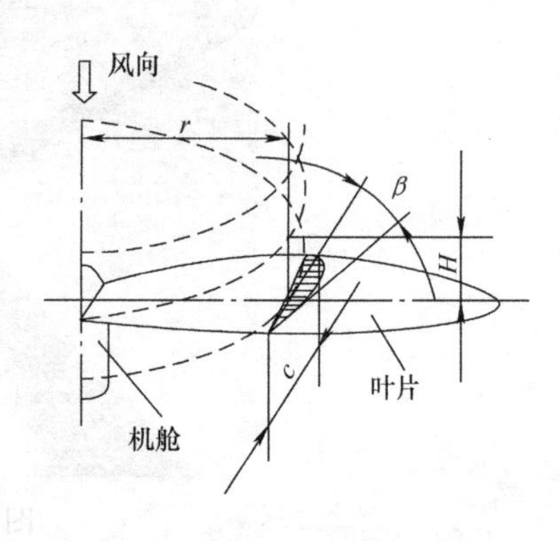

图 6-10　桨距

显然，当叶片存在扭角时，在叶片的不同位置上桨距角并不相同。通常将叶尖或某一特定位置的桨距角作为代表，称为叶片桨距角（或称安装角）。通常，叶片桨距角在 0° 附近时，叶片所受驱动力最大；而叶片桨距角在 90° 附近时，叶片所受阻力最大，风轮将处于制动、空转或停止状态。改变叶片的桨距角称为变桨距（或简称变距）。

风轮在风的作用下绕其轴旋转的速度称为风轮转速；在输出额定功率时，风轮的转速称为额定转速。风轮的输出功率与其扫掠面积对应的自由流束所具有的风功率之比，称为风能利用系数。额定转速和风能利用系数是风轮重要的物理参数。

可以证明，风能利用系数的最大值为 0.593，这个值称为贝茨极限。贝茨极限是水平轴风力机的一条基本概念，实际的风力机的风能利用系数是达不到此值的，因此说它是无法超越的理论极限。

假定风轮正面来风的总能量为 1，根据贝茨极限，在最佳情况下，风能的分配规律如图 6-11 所示。此时被风轮捕获的能量为 16/27（≈ 0.593）。还有大约 2/27 的能量通过风轮流向下游。剩余的 9/27 的风能绕过风轮未被利用。

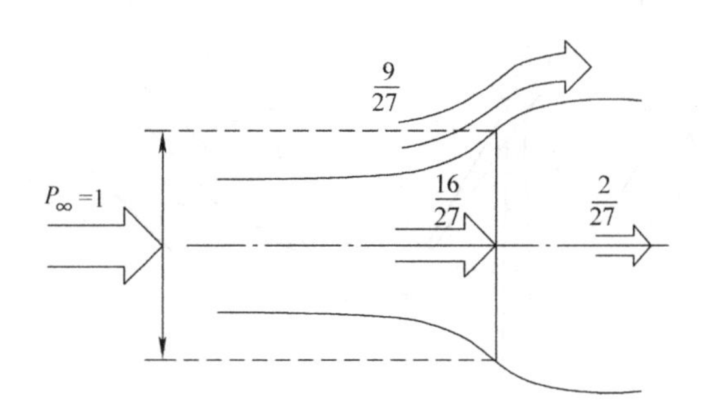

图 6-11　理想状态下的能量分配

2. 风轮上的能量转换

在风轮叶片上，由两个相邻的截面截取的一段称为叶素。图 6-12 所示的一段叶片就类似于想象中的叶素。

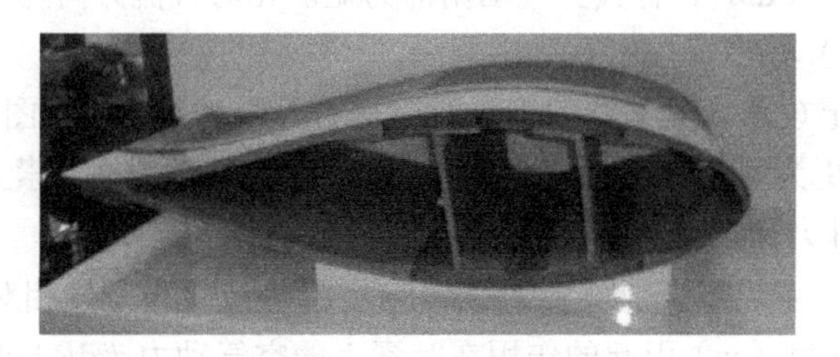

图 6-12　一段叶片

位于气流中的非对称截面的叶素以及前缘对着气流向上斜放的平板都会受到一个垂直于气流运动方向的力，这个力称为升力。如图 6-13 所示，由于叶片上、下表面的长度不同，上表面的长度比下表面的长度长。为了保持空气流过叶片时的连续性，流经上表面的空气流速就比流经下表面的流速高。伯努利方程表明，在空气的流场中，气流速度快的区域压力小，气流速度慢的区域压力大。上表面气流的压力就会低于下表面气流的压力。这样就在上、下表面之间产生压力差，这个压力差就是升力。现代的风力机多是利用升力进行工作的。实际上，只要特定形状的叶素与空气存在相对运动就会产生升力，这也是飞机的飞行原理。

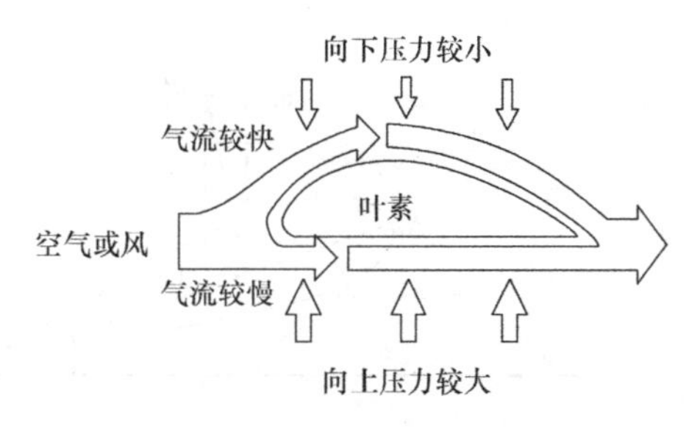

图 6-13　升力的产生

在风轮旋转过程中，叶素将扫掠出一个圆环，如图 6-14 所示。

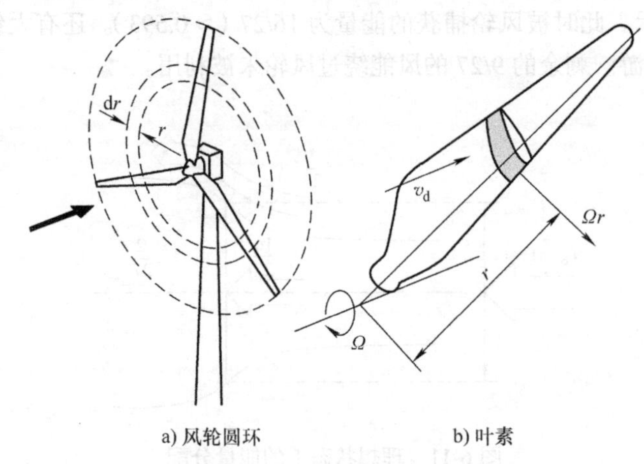

a) 风轮圆环　　b) 叶素

图 6-14　叶素扫掠出的圆环

当叶素与大气存在相对运动时，气流在叶素产生了升力（dL）和阻力（dD），阻力与相对速度方向平行，升力与相对速度方向垂直。此外合力（dR）对于叶素翼型前缘 A 将有一个力矩（dM），称其为气动俯仰力矩。相对气流方向与叶素翼型几何弦的夹角称为攻角（α），如图 6-15 所示。

对于某一特定攻角，叶素翼型上总对应地有一特殊点 C（见图 6-15），空气动力 dR 对这个点的力矩为零，将该点称为压力中心点。空气动力在叶素上产生的力可由单独作用于该点的升力和阻力来表示。

在图 6-15 中，w 表示合成气流速度，它是风速与静止空气相对叶素的速度的矢量和。合成气流速度（w）引起的作用在叶素上的空气动力（dR）可以分解为法向力（dF_n）和切向力（dF_t），如图 6-16 所示。

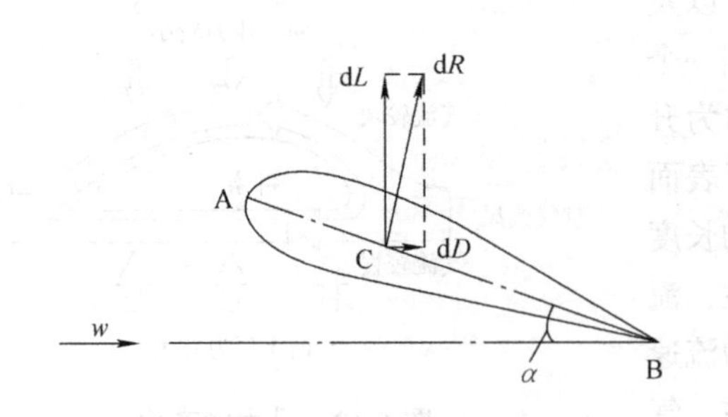

图 6-15　作用于叶素上的空气动力

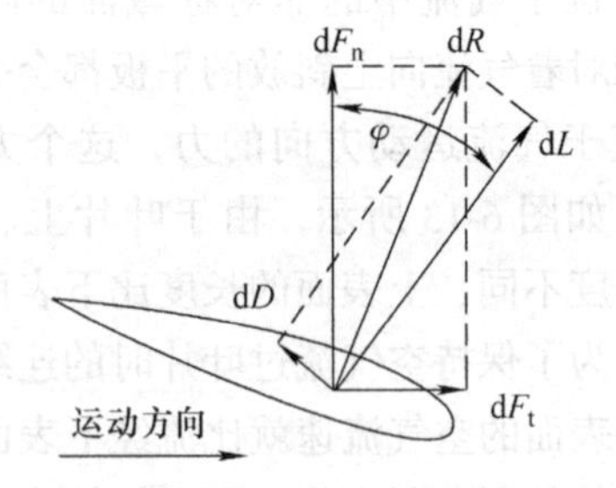

图 6-16　叶素上的作用力

法向力（dF_n）为轴推向力，它与叶素运动方向垂直；切向力（dF_t）与叶素运动方向相同，是叶素的驱动力。此力与叶素所在的半径（r）之积，就是叶素所受的力矩。

一支叶片上有一系列大小不同的叶素，把它们所受的力矩加起来，就是这支叶片上所受的力矩。一个风轮上有若干支叶片，把各个叶片所受的力矩加起来，就是风轮上所受的总力矩。总力矩、转速和时间的乘积，就是风轮获得的旋转机械能。这就是风的动能（也属于机械能）到旋转机械能转换。

6.2.4 变桨距

从以上的介绍可见，风轮捕获风能的能力与桨距角（β）有关。变桨距就是使叶片绕其安装轴旋转，改变叶片的桨距角，从而改变风力机的气动特性。图 6-17 所示为叶片的不同位置。

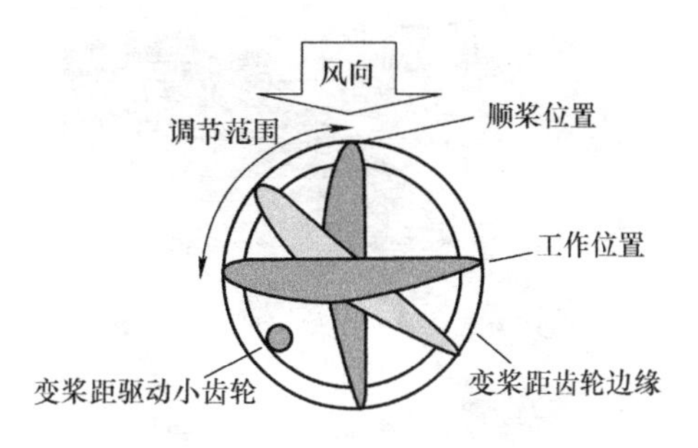

图 6-17 叶片的不同位置

当风力机功率在额定功率以下时，控制器将桨距角置于 0° 附近，不作变化，发电机的功率根据叶片的气动性能随风速的变化而变化。当功率超过额定功率时，变桨距机构开始工作，调整桨距角，使叶片攻角不变，将发电机的输出功率限制在额定值附近，如图 6-18 所示。在图 6-18 中，dR 为作用在叶片上的气动合力，该力可以分解成 dF_t、dF_n 两部分；dF_t 与风速垂直，称为驱动力，使叶片转动；dF_n 与风速平行，称为轴向推力，通过塔架作用到地面上。

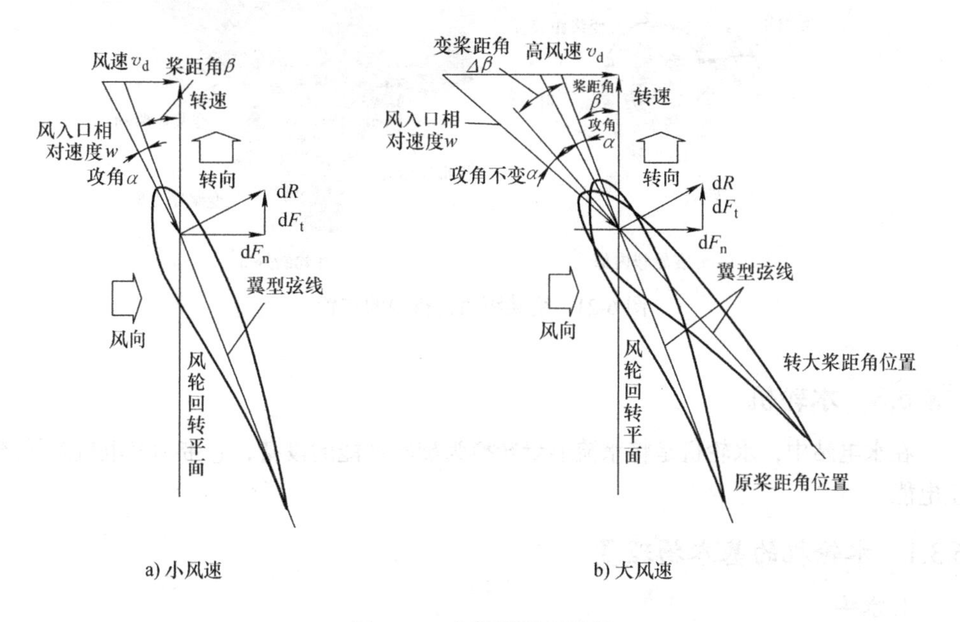

图 6-18 变桨距调节原理

变桨距系统有液压和气动两类。图 6-19 所示为一种液压变桨距执行机构。该机构以液压伺服阀作为功率放大环节，以液体压力驱动叶片。由桨距控制器、数码转换器、液压控制单元、液压缸、位移传感器等组成。

变桨距执行机构布置在轮毂内，以曲柄滑块的运动方式分别给三个叶片提供变距驱动力，如图 6-20 所示。

图 6-19　液压变桨距执行机构

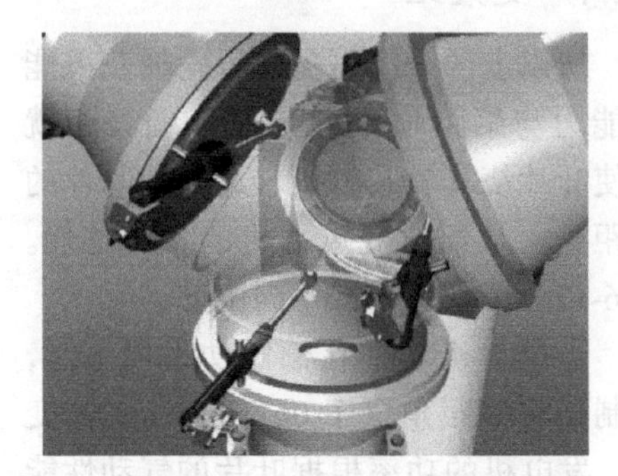

图 6-20　变桨距执行机构

变桨距执行机构有的放置在轮毂内部，也有的放置在轮毂外部，如图 6-21 所示。

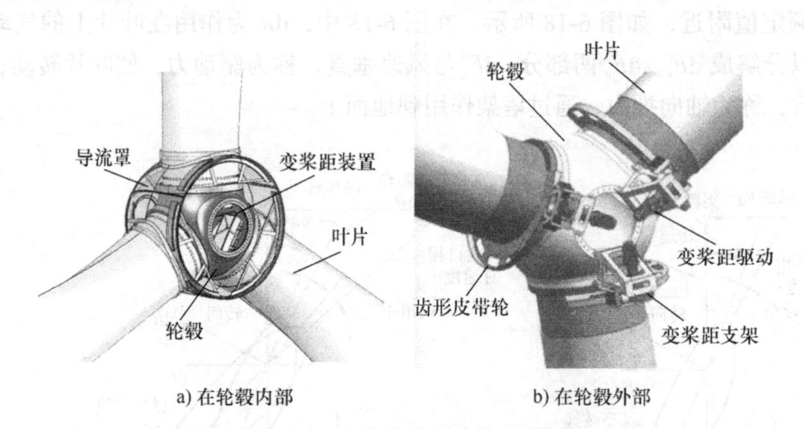

a) 在轮毂内部　　b) 在轮毂外部

图 6-21　变桨距执行机构的布置

6.3　水轮机

在水电站中，水轮机是将水流能量转换为旋转动能的设备，它带动发电机旋转产生电能。

6.3.1　水轮机的基本物理量

1. 水头

水头是指水流集中起来的落差，即水电站上、下游水位之间的高度差，现用 H_0

表示，单位是 m（见图 6-22）。作用在水电站水轮机的工作水头 H（或称静水头）还要从总水头 H_0 中扣除水流进入水闸、拦污栅、管道、弯头和闸阀等所造成的水头损失 h_1，以及从水轮机出来，与下游接驳的水位降 h_2，即 $H = H_0 - h_1 - h_2$。

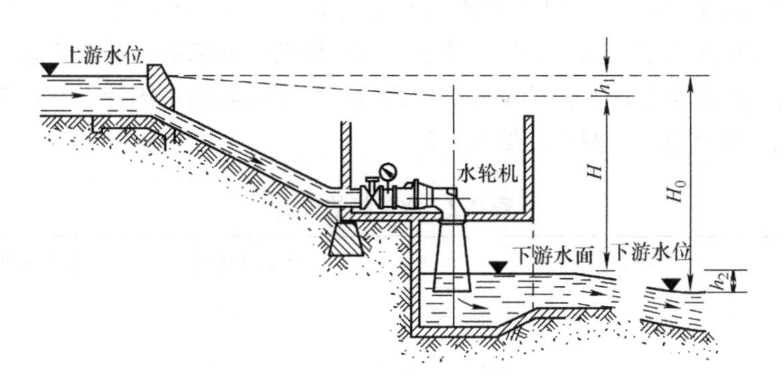

图 6-22　水电站水头示意图

总水头（H_0）也称毛水头；工作水头 H 表示单位重量的水体为水轮机提供的能量值。水电站的上游水位为水库水位（或前池水位）；图 6-22 所示的下游水位为反击式水轮机的尾水位，而对于冲击式水轮机，其下游水位应取喷嘴中心高程（见 6.3.4 冲击式水轮机小节）。

2. 流量

流量是指单位时间通过水轮机水体的容积，单位是 m^3/s，常用 Q 表示。一般取枯水季节河道流量的 1 ~ 2 倍作为水电站的设计流量。

3. 水电站的功率

水电站功率（也称出力）的理论值，等于每秒钟通过水轮机水的重量与水轮的工作水头的乘积。水电站的实际功率是理论功率与发电机组效率之积。小水电站的机组效率为 60% ~ 80%；而大型水电站的机组效率为 80% ~ 90%。现代大型水轮机组的最高效率可达 90% ~ 95%。

“水电站装机容量”是指水电站中全部发电机组的铭牌容量的总和，也就是水电站的最大发电功率。

水电站年发电量的单位是 kWh，它等于电站内各发电机组年发电量的总和；每台发电机组的年发电量值，是它的实际发电功率（出力）与一年内运行小时数的乘积。

4. 比转速

比转速可理解为水轮机在 1m 工作水头下运转（并处于最优工况），恰好发出 1kW 功率的转轮转速。它是一个与水轮机直径（大小）无关的参数；反映出水轮机的转速、水头和输出功率之间的关系；同一类型的水轮机，当满足相似条件时，其比转速为常数，因此可用它来代表同系列水轮机的特征。不同类型的水轮机比转速值各不相同，随着水轮机适应的水头愈高，它的比转速值愈小；不同类型的水轮机比转速值与其转速（n）和输出功率（N）呈正向关系。

6.3.2 水轮机的分类

按水流能量转换特征，可将水轮机分为反击式和冲击式两类。反击式水轮机转轮所获得的动能是由水流的压力能（为主）和动能转换而来的；冲击式水轮机转轮所获得的旋转机械能全部由水流的动能转变而成。根据转轮内水流特点和水轮机结构特点，水轮机又可分为多种型式，见表 6-2。

表 6-2 水轮机的分类

型式			比转速范围	适用水头范围 /m
反击式	贯流式	贯流定桨式	500 ~ 1000	< 25
		贯流转桨式	500 ~ 1000	< 25
	轴流式	轴流定桨式	250 ~ 700	3 ~ 50
		轴流转桨式	200 ~ 850	3 ~ 80
	斜流式		100 ~ 350	40 ~ 120
	混流式		50 ~ 350	30 ~ 700
冲击式	切击式（水斗式）		10 ~ 35（单喷嘴）	100 ~ 1700
	斜击式		30 ~ 70	20 ~ 300
	双击式		35 ~ 150	5 ~ 100

压力水管将水库、压力前池或调压室的水输至水轮机的引水室，而后流经水轮机的转轮做功。转轮安装在水轮机的主轴上。主轴安装方式（在空间的方位）有卧轴、立轴和斜轴 3 种。

6.3.3 反击式水轮机

反击式水轮机可以分为轴流式、贯流式、混流式和斜流式 4 种类型，分述如下。

1. 轴流式水轮机

轴流式水轮机是来自压力水管的水流，经过引水室（蜗壳）后，在转轮区域内轴向流进又轴向流出的反击式水轮机。

轴流式水轮机（见图 6-23）的主要部件包括蜗壳、座环（见图 6-24）、顶盖、导水机构（包括导叶）、转轮室、转轮、支承底环、尾水管、主轴、导轴承等。

轴流式水轮机的蜗壳是水轮机入口引水部件，形似蜗牛壳体。一般为混凝土浇筑型，水头较高时，亦用钢制蜗壳。混凝土蜗壳是直接在厂房水下部分大体积混凝土中浇筑成的蜗型空腔，断面形状一般为“T”形或“Γ”形，钢制蜗壳的断面为圆形。转轮室分为中环和下环两个部分。

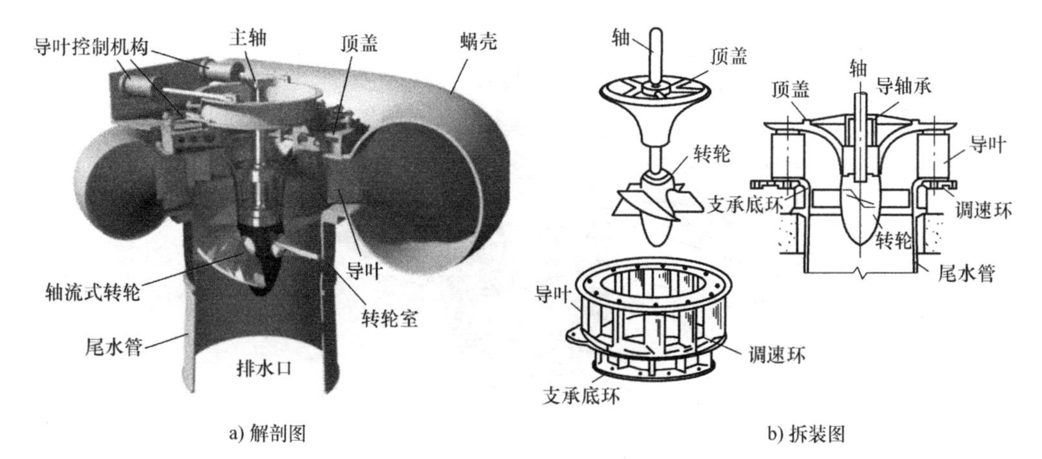

a) 解剖图　　b) 拆装图

图 6-23　轴流式水轮机

轴流式水轮机的转轮包括转轮体（亦称轮毂）、叶片和泄水锥。转轮体有圆柱形和球形两种。转轮叶片的数目一般为 4 ~ 6 个，小型低水头水轮机也有采用 3 个叶片的。叶片轴线与水轮机轴线垂直。水流在导叶与转轮之间由径向流动变为轴向流动，而在转轮区内，水流保持轴向流动。转轮可以分为定桨式和转桨式两种。

图 6-24　座环

定桨式转轮叶片按一定角度固定于转轮体上，不能转动，欲调角度须拆卸重装。轴流定桨式水轮机的转轮结构简单，运行中当水头和功率变化时，只能调节导叶（导水机构的一部分），不能调节叶片，效率变化较大，平均效率较低，它适合于功率不大、水头变化小的电站，适用水头一般为 3 ~ 50m。

转桨式则在转轮体内设有一套使叶片转动的操作和传动机构（见图 6-25），它的叶片相对于转轮体可以转动，在运行中根据不同的负荷和水头，叶片与导叶相互配合，形成一定的协联关系，实现导叶与叶片的双重调节。可获得较高的水力效率和稳定的运行特性，扩大了高效率的运行范围，所以它适用于水头变化较大，特别是功率变化较大的电站，适用水头为 3 ~ 80m。

总的看来，轴流式水轮机过水能力大，适合于大流量、低水头水电站。

2. 贯流式水轮机

贯流式水轮机是开发低水头、大流量水力资源的机型，主轴常为卧式布置，形状像管子，水流在流道内基本上沿着水平轴向运动。它主要适用于 1 ~ 25m 的水头，转轮形状与轴流式相似，也有定桨和转桨之分，由于水流运动不拐弯，因此较大地提高了机组的过水能力和水力效率。

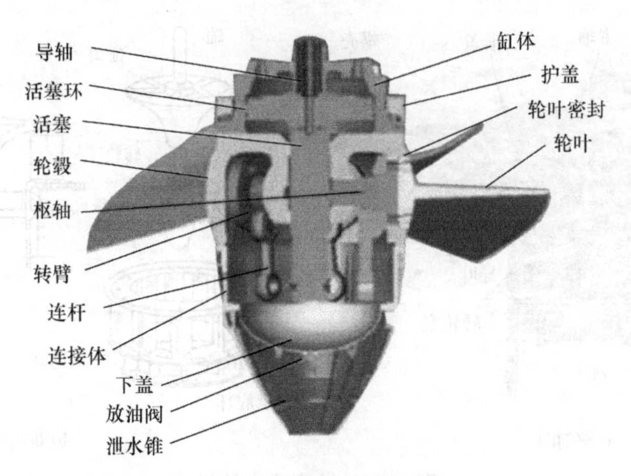

图 6-25　转轮体内部结构

贯流式水轮机的特点是：1）从进水到出水方向轴向贯通形状简单，过流通道的水力损失减小，施工方便，另外它效率较高，其尾水管恢复功能可占总水头的 40% 以上。2）贯流式机组有较高的过滤能力和比转速，所以在水头与功率相同的条件下，贯流式的直径要比转桨式的直径小 10% 左右。3）贯流式水轮机适合作可逆式水泵水轮机运行，由于进出水流道没有急转弯，使水泵工况和水轮机工况均能获得较好的水力性能。如应用于潮汐电站上可具有双向发电、双向抽水和双向泄水等六种功能，很适合综合开发利用低水头水力资源，另外在一般平原地区的排灌站上可作为可逆式水泵水轮机运行，应用范围比较广泛。4）贯流式水电站一般比立轴的轴流式水电站建设周期短、投资小、收效快、淹没移民少，电站靠近城镇，有利于发挥地区兴建电站的积极性。

根据其结构特点和布置形式，贯流式水轮机可分为全贯流式、半贯流式（又分为轴伸式、竖井式和灯泡式）两种，其适用范围各不相同。

（1）全贯流式水轮机

全贯流式机组则把发电机转子装在旋转的水轮机转轮轮缘上，发电机定子固定在流道外面周围的支承上。全贯流式机组转动惯量大，能保证机组的稳定运行，避免频率波动，对水头变化较为频繁的潮汐电站更为有利。同时其流道和机组布置形式适合于可逆式机组，还可用于抽水蓄能，将径流式梯级电站的上下游水库作为抽水蓄能电站的上下库，利用原有水工建筑和机电设备就可将普通电站建成既能抽水蓄能，又能发电的混合式水电站，提高径流电站在电力系统中的补偿作用；也可将贯流式机组用于排灌站，收到排水发电的双重效益。

（2）轴伸贯流式水轮机（见图 6-26）

轴伸贯流式水轮发电机组采用卧式布置，也有倾斜安装的，水轮机部分主要由转轮室、转轮、导叶与控制机构、S 形尾水管组成，转轮主轴穿出尾水管连接到发电机。

由于低转速发电机体积庞大、价格贵，小型贯流式水轮发电机组多采用齿轮增速后带动高速发电机的形式。轴伸贯流式水轮发电机组的特点是，它具有一个水平或略微倾斜的轴和一个位于 S 形通道之外的发电机，小灯泡体内只需容纳轴承，增速器布置在水轮机和发电机的中间，尾水管流道有两个弯呈 S 形。因此，其效率没有竖井式和灯泡式的高。图 6-26 中箭头线表示水流走向，水流沿轴向进入，经过导叶进入转轮室，推动转轮旋转做功，流经转轮叶片后，通过 S 形尾水管排出。该水轮发电机造价与工程投资少，但效率较低，在低水头小水电站中应用较广，其中水平卧式用得最多。

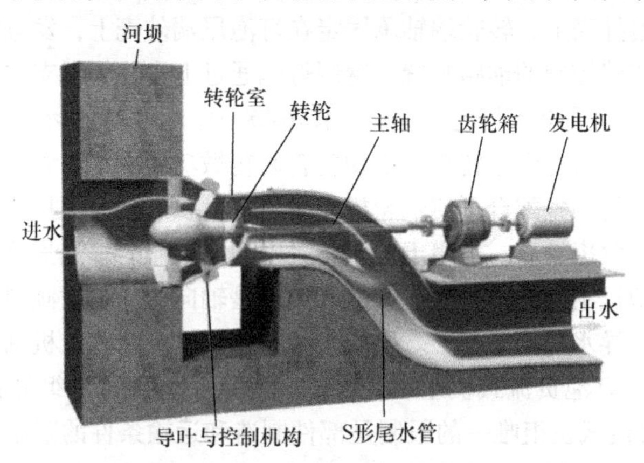

图 6-26　轴伸贯流式水轮机

（3）竖井贯流式水轮机（见图 6-27）

竖井贯流式水轮机是将发电机组安装在水轮机上游侧的一个混凝土竖井中，水轮机部分主要由导叶、转轮室、转轮、尾水管组成，转轮主轴伸入混凝土竖井中，通过齿轮箱等增速装置连接到发电机。也有把发电机布置在上面厂房，转轮主轴通过扇齿轮或皮带轮与发电机连接，使竖井尺寸更小一些。在图 6-27 中，显示剖去混凝土结构上部分的机组图，箭头线表示水流走向，水流进入后从混凝土竖井两旁通过，再汇集

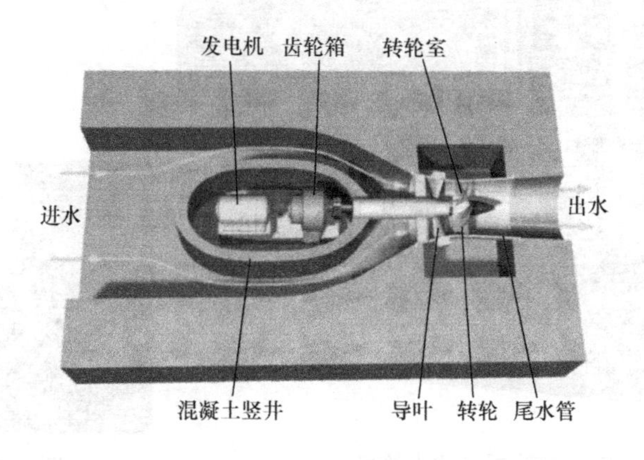

图 6-27　竖井贯流式水轮机

到导叶进入转轮室，水流推动转轮旋转做功后从尾水管排出。竖井贯流式水轮机组结构简单、造价低廉、运行和维护方便，但效率较低，在低水头小水电站中应用较广。

（4）灯泡贯流式水轮机（见图 6-28）

灯泡贯流式水轮机组的发电机密封安装在水轮机上游侧一个灯泡型的金属壳体中，发电机水平方向安装，发动机主轴直接连接水轮机转轮。灯泡贯流式水轮机组的水轮机部分由转轮室、导叶、转轮、尾水管组成；发电机轴直接连接到转轮，一同安装在钢制灯泡外壳上，发电机在灯泡壳内，转轮在灯泡尾端，发电机轴承通过轴承支持环固定在灯泡外壳上，转轮端轴承固定在灯泡尾端外壳上，发电机轴前端连接到电机滑环与转轮变桨控制的油路装置。钢制灯泡通过上支柱、下支柱固定在混凝土基础中，上支柱也是人员出入灯泡的通道。图 6-28 中，箭头线表示水流走向，水流进入后从灯泡周围均匀通过到达转轮，推动转轮旋转做功后由尾水管排出。通过导叶角度与转轮叶片角度的调整配合可使水轮机运行在最优状态。灯泡贯流式水轮机组结构紧凑、稳定性好、效率较高，适用于低水头大中型水电站。灯泡贯流式机组是当前广泛应用于大、中型机组的一种机型，其过水流道是轴向的或略微倾斜的。灯泡体位于水轮机转轮上游，导水机构是锥形。发电机转子直接耦合在水轮机轴上，水轮机轴由两个导轴承支持。灯泡贯流式机组以较低的转速运行，大型机组的转速大约是 70 ~ 125r/min。灯泡贯流式机组唯一的限制是部件制造和运输条件的限制。灯泡贯流式水轮机根据转轮叶片能否转动而分为贯流转桨式和贯流定桨式，灯泡贯流转桨式水轮机应用最广，其主要部件包括引水室、尾水管、转轮（见图 6-29）、导叶（导水机构）等。其工作原理与轴流转桨式水轮机相似，但流道简单、水力损失小、平均效率高、过流能力大，在相同水头与功率条件下转轮尺寸较小，厂房及机组段土建工程也相对较为简单，与轴流转桨式比较，经济性较好。

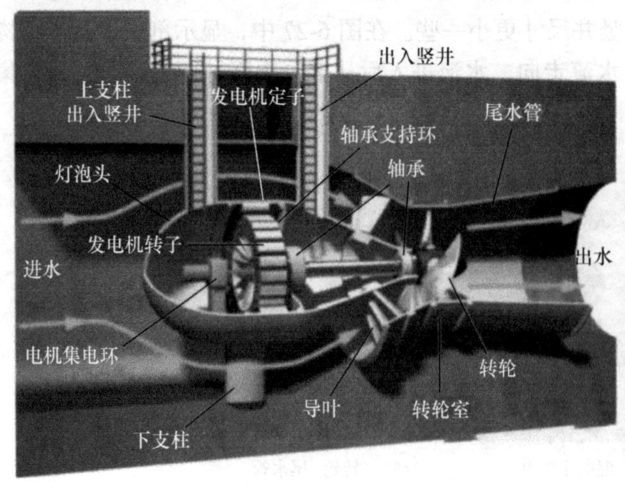

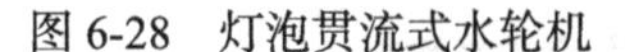
图 6-28 灯泡贯流式水轮机

图 6-29 转轮

3. 混流式水轮机

混流式水轮机（见图 6-30）是来自引水室的水流径向进入、轴向流出转轮的反击式水轮机。它结构紧凑，运行可靠，效率高，使用水头范围一般在 30 ~ 700m，大、中型常规式机组多用到 400m 左右。混流式水轮机是目前应用最广泛的水轮机之一。但它一般是用在中水头范围内（50 ~ 400m）。单机出力从几十千瓦到几十万千瓦。目前，这种水轮机最大出力已经超过 70 万 kW。我国单机容量 700MW 机组在三峡投入运行，向家坝采用 800MW 混流式机组。

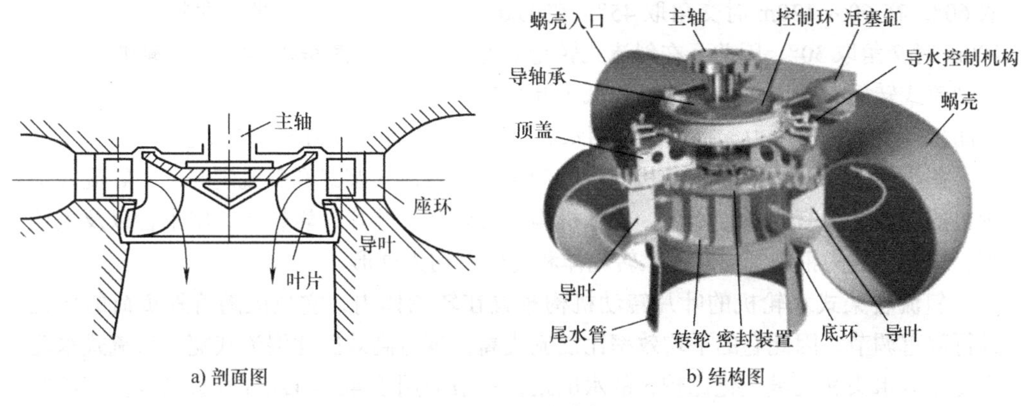

图 6-30　混流式水轮机

混流式水轮机的主要部件包括蜗壳、座环、导水控制机构、顶盖、转轮、主轴、尾水管等。蜗壳一般为金属材料制成，圆形断面。座环置于蜗壳和导叶之间，由上环、下环和若干立柱组成，与蜗壳直接连接；立柱呈翼形，不能转动，亦称为固定导叶。导水控制机构由活动导叶、调速环、拐臂、连杆等部件组成，转轮与主轴直接连接，是该类型水轮机的转动部件，转轮由上冠、下环、泄水锥和若干固定式叶片组成，其外形和各组成部分的配合尺寸根据其使用的水头不同而有所不同。尾水管是将转轮出口的水流引向下游的泄水部件，一般为弯肘形，小型水轮机常用直锥形尾水管。图 6-31 所示为溪洛渡 770MW 混流式水轮机座环，图 6-32 所示为 700MW 三峡混流式水轮机转轮。

图 6-31　溪洛渡 770MW 混流式水轮机座环

图 6-32　700MW 三峡混流式水轮机转轮

4. 斜流式水轮机

斜流式水轮机（见图 6-33）是来自引水室的水流进入和流出转轮叶片时，其流向均与水轮机主轴倾斜一定角度的反击式水轮机。斜流式水轮机转轮布置在与主轴同心的圆锥面上，叶片轴线与水轮机主轴中心线形成交角，随水头不同而异。一般水头在 40 ~ 80m 时交角取 60°，在 60 ~ 130m 时交角取 45°，在 120 ~ 200m 时交角取 30°。因此，在斜流式转轮上能比轴流式转轮布置更多的叶片，降低了叶片单位面积上所承受的压力，提高了适用水头，叶片的数目一般为 8 ~ 12 个。

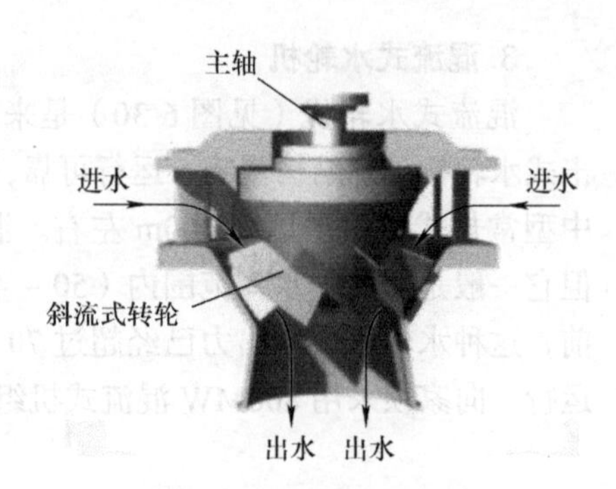

图 6-33　斜流式水轮机

斜流式水轮机按其转轮叶片能否转动又分为斜流转桨式和斜流定桨式。斜流式水轮机的主要部件有蜗壳、座环、导水机构、转轮室、叶片、转轮体、尾水管以及主轴等。蜗壳一般为钢制圆形断面。转轮体和转轮室均为球形。

斜流转桨式水轮机的叶片转动机构布置在转轮体内，它也能随着外负荷的变化进行双重调节，因此它的平均效率比混流式高，运行高效区比混流式宽。斜流式水轮机能适应水头和流量变化比较大的水电站，一般应用于 40 ~ 120m 水头范围。广泛应用在水头变化幅度大，流量变化剧烈的电站，特别适合作为抽水蓄能电站的可逆式机组。但由于它的制造工艺比较复杂，技术要求较高，在一定程度上限制了它的推广和应用。

反击式水轮机的入口水流大体上与主轴平行，这一点与水平轴风力机类似。因此，从工作原理上来说，也主要是由流体的升力驱动。

6.3.4　冲击式水轮机

冲击式水轮机是利用高压喷射水流的动能做功的水轮机，高水头水库的水通过压力管道引到水轮机，高压水经过水轮机喷管成为高速射出的水流，冲向水轮机的转轮，使水轮机旋转做功。冲击式水轮机可以分为切击式（水斗式）、斜击式和双击式 3 种类型，现分述如下。

1. 切击式水轮机

切击式水轮机（见图 6-34）又称水斗式水轮机，它是从压力水管来的水流，经喷嘴形成射流，沿着转轮圆周的切线方向射击在斗叶上做功的冲击式水轮机。它的主要部件有压力水管、喷流机构、转轮和折向器等。

喷流机构包括喷嘴、针阀及其操作机构，用以调节流量和功率；转轮由轮盘和沿其圆周均匀布置的水斗式叶轮组成；折向器亦称偏流器，用以在负荷骤减时迅速隔断水流等。

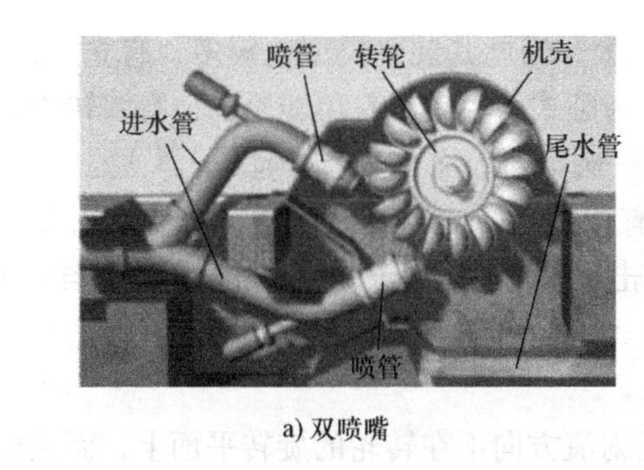

a) 双喷嘴

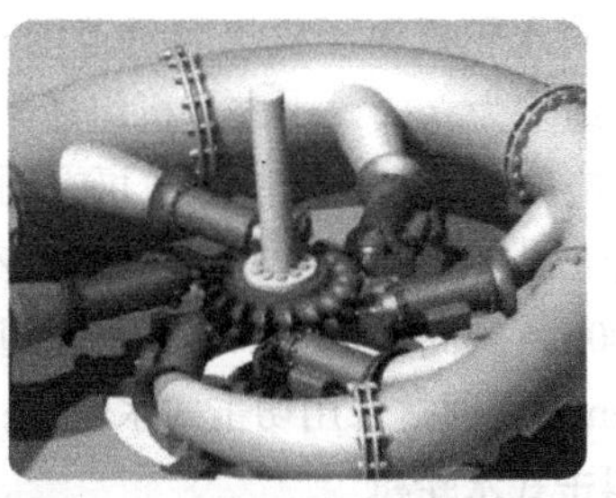

b) 6喷嘴

图 6-34　切击式水轮机

图 6-35 所示为切击式水轮机的转轮。转轮由轮盘与多个水斗组成，故切击式水轮机也称为水斗式水轮机。

图 6-36 所示为水斗截面，从一个水斗的截面可看出水斗由两个勺形体并列组成，水流喷射到两个勺形体内，推动转轮旋转。

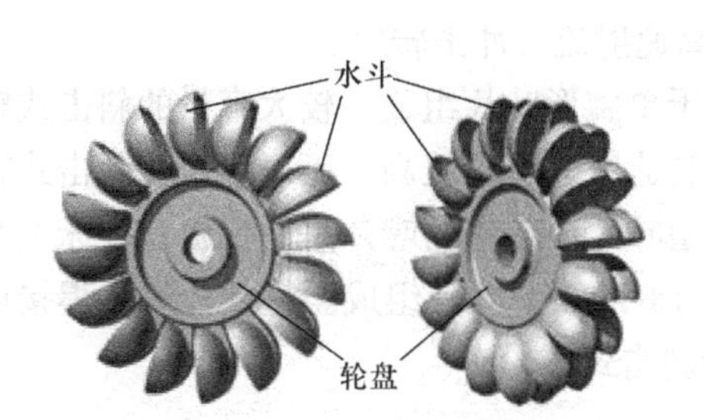

图 6-35　切击式水轮机的转轮

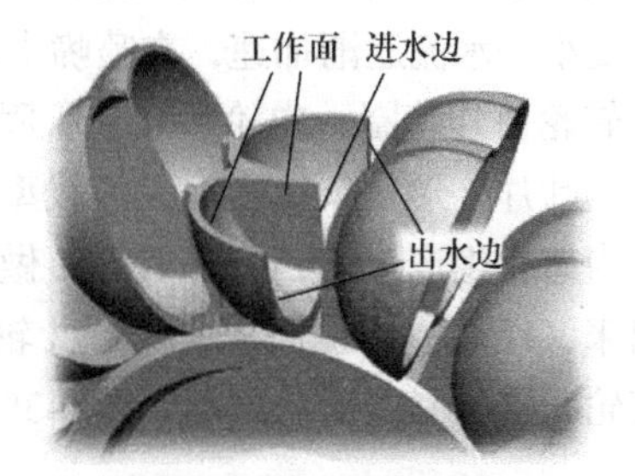

图 6-36　水斗截面

图 6-37 所示为水流喷射到水斗的流向，从喷嘴喷射出的高速水流射向水斗，被进水边分向两侧的工作面，由工作面反射出水斗。高速喷射水流经水斗反射后把动能传给水斗，推动水斗前进。

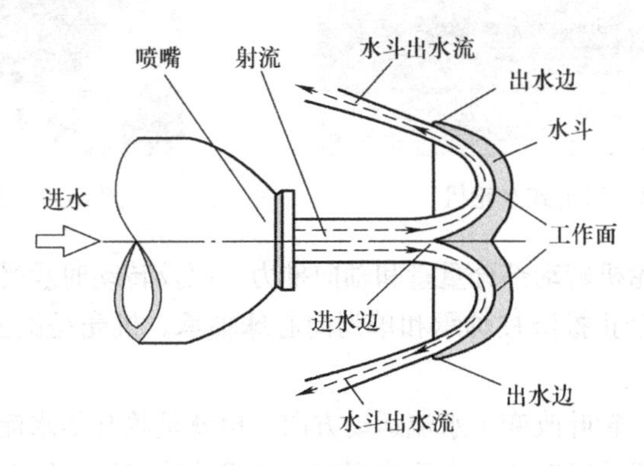

图 6-37　水流喷射到水斗的流向

切击式水轮机由于机组容量范围较大，因此其装置类型也较多，有立式、卧式，大容量机组多为立式，小容量机组通常为卧式；主轴上有单转轮，也有双转轮的；同一转轮对应的喷嘴有单个的，也可在同一圆盘面上均布多个喷嘴。

在冲击式水轮机中，切击式最具有代表性，应用最为广泛，其使用水头一般为100～1700m，最高已达1776m。小型切击式水轮机多用于40～250m水头。当电站水头高于500m时，通常采用切击式水轮机；对于小流量、高水头的水电站，它尤为适用。

2. 斜击式水轮机

斜击式水轮机（见图6-38）喷嘴的射流方向不在转轮的旋转平面上，而是成一斜角，一般为22°～25°。水从转轮一侧射向叶片，再从另一侧离开叶片，其间要产生飞溅现象，导致效率降低。斜击式水轮机结构比较简单，其适用水头一般为20～300m，使用流量常比切击式大，多用于中小型水电站。

斜击式水轮机，由手动调速阀门（有的为喷针）、喷嘴、转轮、机壳、轴承及轴密封组成。

喷嘴装在压力水管手动调速阀门之后。喷嘴是一个圆锥管，随着圆锥管断面面积逐渐变小，水流逐渐加速，在喷嘴出口形成高速射流，冲击转轮。

转轮由外轮圈、内轮毂和其所固定的若干单碗形叶片组成。较大容量的斜击式转轮，其叶片外形复杂，断面是流线型，生产制造工艺要求较高。而对于微型斜击式转轮，为简化生产工艺，降低成本，做成半球型叶片。转轮的叶片是用钢板在冲床上冲压出来，经切边修整而成，一个叶轮一般由18～22个叶片组成。将叶片组装焊接而成转轮，整个制造工艺简单。图6-39所示为斜击式转轮。

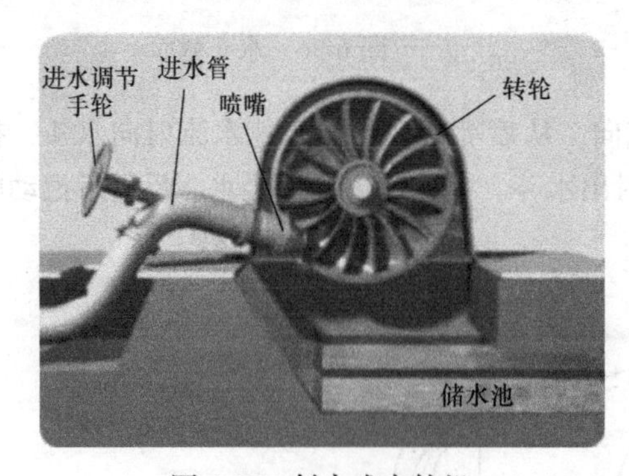

图6-38　斜击式水轮机

图6-39　斜击式转轮

轴承是支撑水轮机转动部分重量和轴向推力，以及转动时承受径向力的装置。微型水轮机一般有一个止推滚柱轴承和单列向心球轴承。机壳是微型水轮机组的支架，机壳固定在机墩上。

水流射到轮叶，轮叶改变了水流运动方向，也就是轮叶给水流作用力，根据作用反作用定律，水流即给以轮叶一个反作用力。造成轮叶绕轴心转动，从而带动发电机或其他加工机械，这就是水能转换为旋转机械能的过程。

斜击式水轮机与水斗式类似，不同点在于：喷嘴的安放位置与工作轮不在同一平面内，而与此平面成一角度，此角度称斜射角（α_1）。图 6-40 所示为斜射角。叶片呈勺状，射流由水斗一侧进入从另一侧流出，存在轴向力；另外，叶片外圆有外轮环，既增加叶片强度，又减少一部分风阻损失。

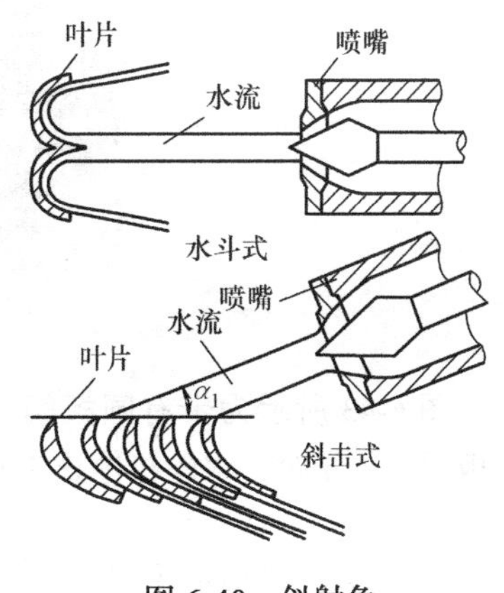

图 6-40　斜射角

斜击式水轮机占有独特的应用范围，适用于比速度 30 ~ 70 范围内。而在此范围内，混流式水轮机不适用，单喷嘴水斗式水轮机达不到该比速度，而双击式水轮机效率又太低。

3. 双击式水轮机

双击式水轮机（见图 6-41）从喷嘴射出的水流首先喷射在转轮上部叶片，对叶片进行第 1 次冲击；然后水流穿过转轮（见图 6-42）中心进入转轮下部，再对叶片进行第 2 次冲击。前者利用水流的 70% ~ 80% 动能；后者利用其能量的 20% ~ 30%。双击式的转轮是由两块圆盘夹了许多弧形叶片而组成的多缝空柱体，叶片横截面做成圆弧形或渐开线式，喷嘴的孔口做成矩形，其宽度略小于叶片的长度。双击式水轮机一般都采用卧轴装置型式。它主要由压力水管、喷流机构、转轮、尾水槽等组成。双击式水轮机结构较简单，但是效率不高，适用水头为 5 ~ 100m，主要用于小型水电站。

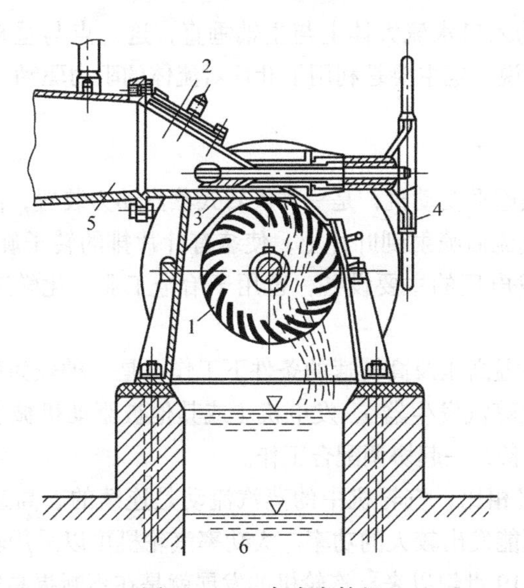

图 6-41　双击式水轮机

1—转轮　2—喷嘴　3—调节闸板　4—舵轮　5—压力水管　6—尾水槽

图 6-42　转轮

图 6-43 所示为带有闸板阀门的双击式水轮机，闸板阀门开启时，水轮机工作；闸板阀门关闭时，水轮机停止工作。

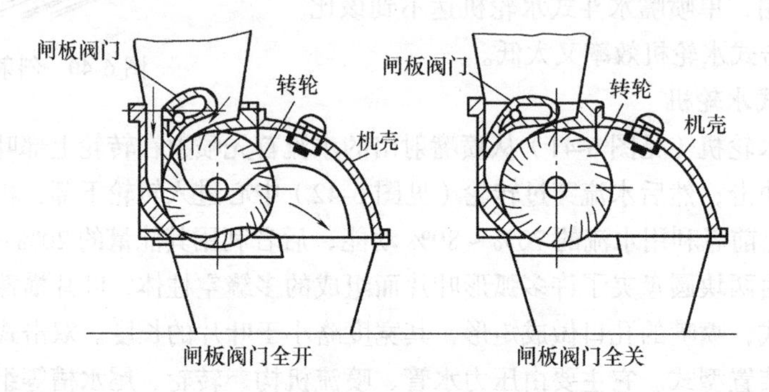

图 6-43　闸板阀门的开关作用

冲击式水轮机的入口水流大体上与主轴垂直，这一点与垂直轴风力机类似。因此，从工作原理上来说，也主要是利用了叶片对流体的阻力驱动。

6.4　汽轮机

汽轮机也称蒸汽透平发动机，是一种旋转式蒸汽动力装置，高温高压蒸汽穿过固定喷嘴成为加速的气流后喷射到叶片上，使装有叶片排的转子旋转，同时对外做功。汽轮机是现代火力发电厂的主要设备，也用于冶金工业、化学工业、舰船动力装置中。

汽轮机通常在高温高压及高转速的条件下工作，是一种较为精密的重型机械，一般须与锅炉（或其他蒸汽发生器）、发电机（或其他被驱动机械）以及凝汽器、加热器、泵等组成成套设备，一起协调配合工作。

与往复式蒸汽机相比，汽轮机中的蒸汽流动是连续的、高速的，单位面积中能通过的流量大，因而能发出较大的功率。大功率汽轮机可以采用较高的蒸汽压力和温度，故热效率较高。19 世纪以来，汽轮机的发展就是在不断提高安全可靠性、耐用性和保证运行方便的基础上，增大单机功率和提高装置的热经济性。

6.4.1　汽轮机的种类

汽轮机种类很多，根据结构、工作原理、热力性能、用途、气缸数目的不同有多种分类方法。

1. 按结构分类

有单级汽轮机和多级汽轮机；各级装在一个汽缸内的单缸汽轮机和各级分装在几个汽缸内的多缸汽轮机；各级装在一根轴上的单轴汽轮机和各级装在两根平行轴上的双轴汽轮机等。

2. 按工作原理分类

有蒸汽主要在各级喷嘴（或静叶片）中膨胀的冲动式汽轮机；蒸汽在静叶片和动叶片中都膨胀的反动式汽轮机；以及蒸汽在喷嘴中膨胀后的动能在几列动叶片上加以利用的速度级汽轮机。

3. 按热力特性分类

有凝汽式、供热式、背压式、抽汽式和饱和蒸汽汽轮机等类型。凝汽式汽轮机排出的蒸汽流入凝汽器，排汽压力低于大气压力，因此具有良好的热力性能，是最为常用的一种汽轮机；供热式汽轮机既提供动力驱动发电机或其他机械，又提供生产或生活用热，具有较高的热能利用率；背压式汽轮机的排汽压力大于大气压力的汽轮机；抽汽式汽轮机是能从中间级抽出蒸汽供热的汽轮机；饱和蒸汽轮机是主蒸汽为饱和或接近饱和状态蒸汽的汽轮机。

4. 按用途分类

可分为电站汽轮机、工业汽轮机、船用汽轮机等。

5. 按蒸汽初压分类

可分为低压、中压、高压、超高压、亚临界压力、超临界压力、超超临界压力汽轮机。

6.4.2　汽轮机的结构和工作原理

最早有记录的“汽轮机”是希罗的气转球（又称为风神轮）。亚历山大里亚的希罗（Hero，约公元 10 ~ 公元 70 年）是古罗马数学家和工程师。希罗的气转球则是最早应用喷气反作用原理的装置，如图 6-44 所示。气转球下部的密闭蒸锅盛水，其上用支管连接着一只空心球。球上有两支方向相反的切向喷口。用两个空心管子通过空心球旋转轴与锅连接在一起。在锅底加热使水沸腾变成水蒸气，然后由管子进入球中，最后水蒸气会由球体两旁的弯管道喷出并使球体转动。

图 6-44　气转球

最简单的单级冲动式汽轮机结构如图 6-45 所示。叶轮上配装一圈动叶片，与叶轮喷嘴配合在一起，构造成一个做功的简单机械。

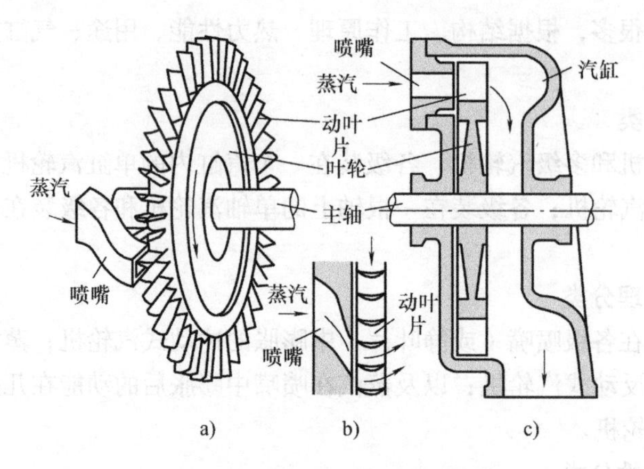

图 6-45 单级冲动式汽轮机结构

喷嘴又名静叶片，它是一个截面形状特殊且不断变化的通道，锅炉或其他蒸汽发生器中所产生的蒸汽，进入喷嘴后发生膨胀，消耗了蒸汽的压力能，即消耗了蒸汽的热能，蒸汽的压力与温度都下降了，而蒸汽的流速却增加了，获得了高速气流，喷嘴的作用就是将蒸汽的热能转换成动能。

动叶片又称工作叶片，在叶轮的外圆周上装满的一整圈叶片，常称为动叶栅。由喷嘴的高速汽流流过叶片时，其速度的大小及方向是一定的，汽流由于受到动叶片的阻碍（作用力），改变其原有速度的方向及大小，这时汽流必然给动叶片一个反作用力，推动叶片运动，将一部分动能转换成叶轮旋转的机械能。

由上述可知，在汽轮机连续工作过程中有两次能量转换，即热能→动能→机械能。

汽轮机本体由转动部分 (转子) 和静止部分 (静体或静子) 两部分组成。转动部分包括动叶片、叶轮 (反动式汽轮机为转鼓)、主轴、联轴器及紧固件等旋转部件；静止部分包括汽缸、蒸汽室、喷管、隔板、隔板套 (反动式汽轮机为静叶持环)、汽封、轴承、轴承座、机座、滑销系统以及有关紧固零件等。图 6-46 所示为汽轮机本体部分组成。

1. 汽缸

汽缸是汽轮机的外壳，其作用是将汽轮机的通流部分与大气隔开，形成封闭的汽室，保证蒸汽在汽轮机内部完成能量的转换过程，汽缸内安装着喷嘴室、隔板、隔板套等零部件；汽缸外连接着进汽、排汽、抽汽等管道。

汽缸多做成水平对分形式，即分为上、下汽缸，水平结合面用法兰螺栓连接。为了合理利用材料，还常以一个或两个垂直结合面而分为高压、中压、低压等几段。和水平结合面一样，垂直结合面亦通过法兰、螺栓连接，所不同的是垂直结合面通常在制造厂一次装配完毕就不再拆卸了，有的还在垂直结合面的内圆加以密封焊。

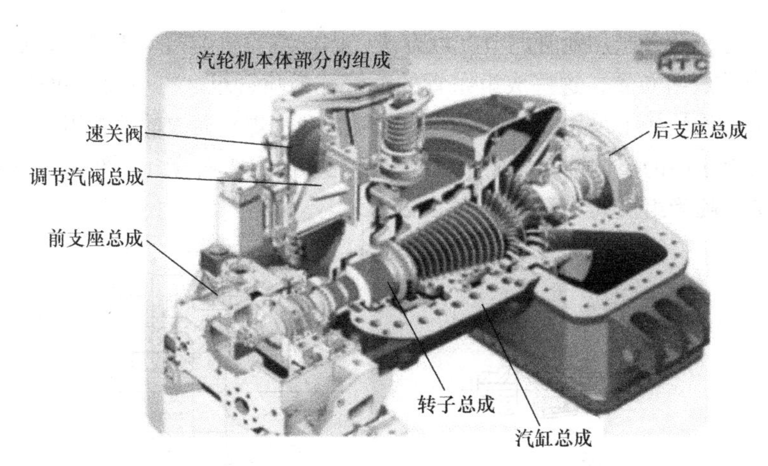

图 6-46　汽轮机本体部分组成

汽缸的高、中压段一般采用合金钢或碳钢铸造结构，低压段可根据容量和结构要求，采用铸造结构或由简单铸件、型钢及钢板焊接的焊接结构。

高、中压缸常用双层结构。把原单层缸承受的巨大蒸汽压力分摊给内、外两层缸，减少了每层缸的压差与温差；内缸主要承受高温及部分蒸汽压力作用，故可做得较薄，则所耗用的贵重耐热金属材料相对减少。而外缸因设计有蒸汽内部冷却，运行温度较低，故可用较便宜的合金钢制造，节约优质贵重合金材料；外缸的内、外压差比单层汽缸时降低了许多，因此减少了漏汽的可能，汽缸的密封性能够得到保障。图 6-47 所示为 200MW 汽轮机高压双层缸。

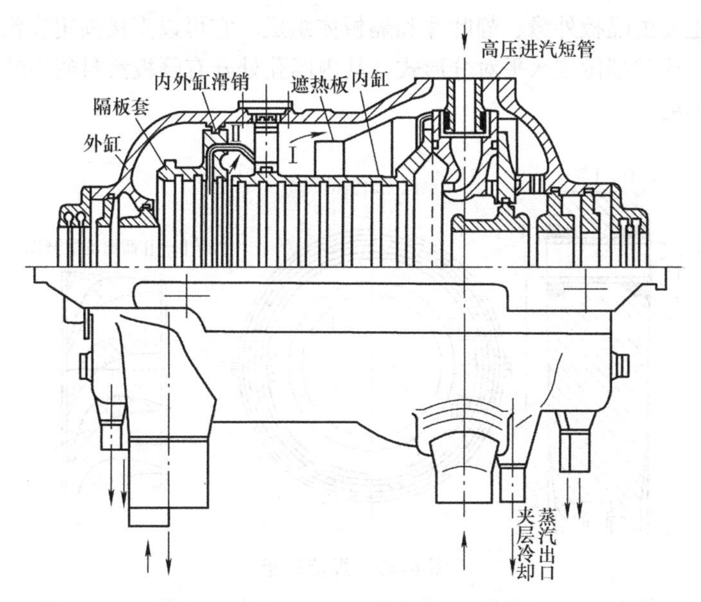

图 6-47　200MW 汽轮机高压双层缸

近代汽轮机较多采用喷管调节配汽方式，因此汽轮机的第一级喷管，通常都根据调节阀的个数成组布置，这些成组布置的喷管称为喷管组。它一般有两种结构形式：一种是中参数汽轮机上采用的由单个铣制的喷管叶片焊接而成的喷管组；另一种是高参数汽轮机上采用的整体铣制焊接而成或精密浇铸而成的喷管组。图 6-48 所示为单个铣制的调节级喷管组及其装配。

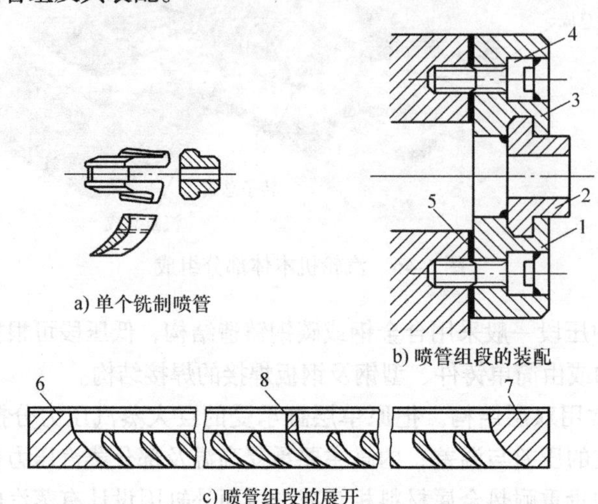

图 6-48　单个铣制的调节级喷管组及其装配

1—内环　2—喷管　3—外环　4—螺钉　5—垫片　6—首块　7—末块　8—隔筋

隔板的作用是固定静叶片（喷管叶片）并将汽缸内间隔成若干个汽室。冲动式汽轮机的隔板主要由隔板外缘、静叶片和隔板体组成。它可以直接固定在汽缸上或固定在隔板套上，通常都做成水平对分形式，其内圆孔处开有隔板汽封的安装槽。图 6-49 所示为焊接隔板。

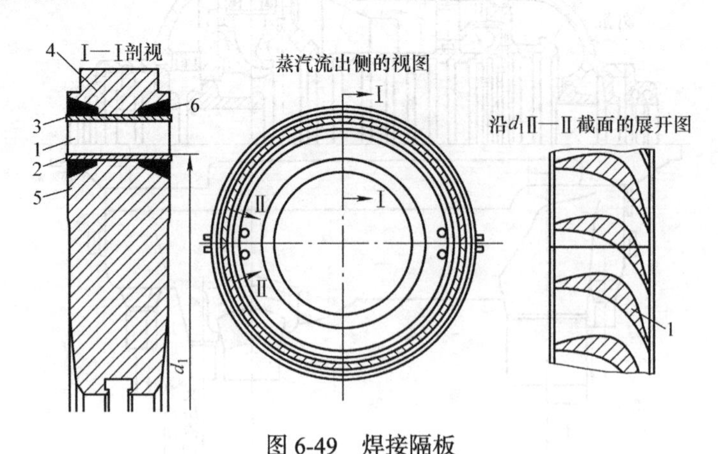

图 6-49　焊接隔板

1—静叶片　2—内围带　3—外围带　4—隔板外缘　5—隔板体　6—焊缝

2. 转子

汽轮机转子可分为轮式转子和鼓式转子两种基本类型。轮式转子装有安装动叶片的叶轮，通常冲动式汽轮机采用轮式转子。鼓式转子则没有叶轮（或有叶轮但其径向尺寸很小），动叶片直接装在转鼓上。反动式汽轮机为了减小转子上的轴向推力，采用鼓式转子。图 6-50 所示为汽轮机转子。

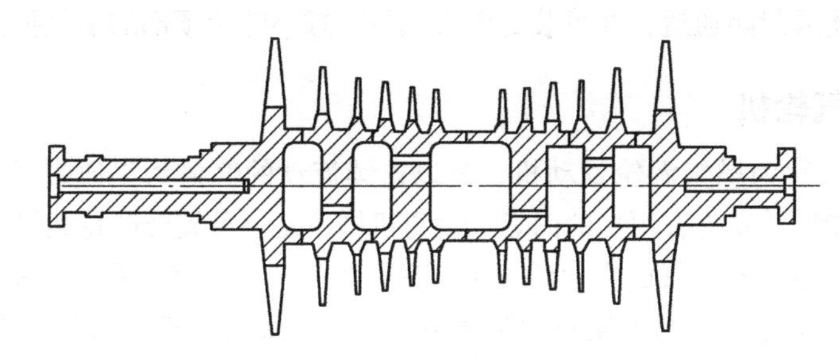

a) 轮式转子

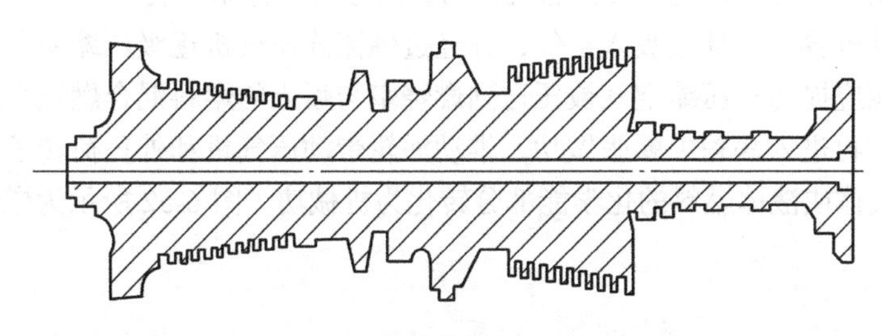

b) 鼓式转子

图 6-50　汽轮机转子

在高压转子调速器端用刚性联轴器与一根长轴连接，此节轴上装有主油泵和超速跳闸结构。

动叶片安装在转子叶轮（冲动式汽轮机）或转鼓上，接受喷管叶栅射出的高速汽流，把蒸汽的动能转换成机械能，使转子旋转。动叶片的工作条件很复杂，承受较高的静应力和动应力以外，还因其分别处于过热蒸汽区、两相过渡区（指从过热蒸汽区过渡到湿蒸汽区）和湿蒸汽区内工作而承受高温、高压、腐蚀和冲蚀作用。叶片的结构一般由叶型、叶根和叶顶三部分组成。图 6-51 所示为动叶片的结构。

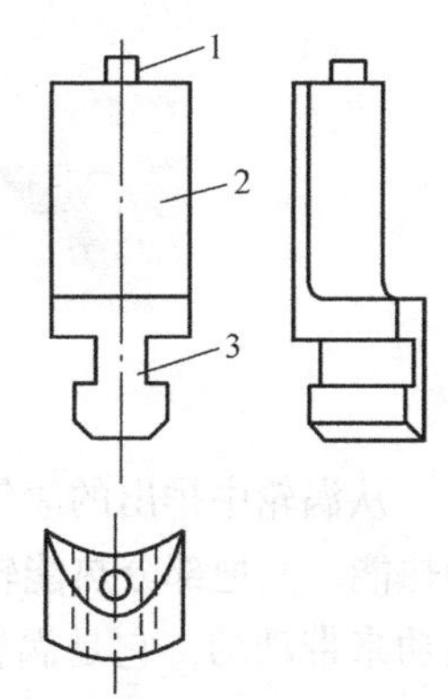

图 6-51　动叶片的结构
1—叶顶　2—叶型　3—叶根

叶型是叶片的工作部分，相邻叶片的叶型部分之间构成汽流通道，蒸汽流过时，将动能转换成旋转机械能。按叶型部分横截面的变化规律，叶片可以分为等截面直叶片、变截面直叶片、扭叶片、弯扭叶片。叶根是将叶片固定在叶轮或转鼓上的连接部分。它应保证在任何运行条件下的连接牢固，同时力求制造简单、装配方便。

汽轮机的短叶片和中长叶片通常在叶顶用围带连在一起，构成叶片组。长叶片则在叶身中部用拉筋连接成组，或者成为自由叶片。围带的作用是增加叶片刚性，改变叶片的自振频率，以避开共振，从而提高了叶片的振动安全性；减小汽流产生的弯应力；可使叶片构成封闭通道，并可装置围带汽封，减小叶片顶部的漏气损失。

6.5 燃气轮机

燃气轮机又称为燃气涡轮发动机，是以连续流动的气体为工质带动叶轮高速旋转，将燃料的能量转变为有用功的内燃式动力机械，是一种旋转叶轮式热力发动机。

燃气轮机在空气和燃气的主要流程中，只有压气机、燃烧室和燃气涡轮这三大部件组成的燃气轮机循环，燃气轮机的工质来自大气，最后又排至大气，是开式循环，通称为简单循环。大多数燃气轮机均采用简单循环方案。此外，还有工质被封闭循环使用的闭式循环。燃气轮机与其他热机相结合的称为复合循环装置。

压气机从外界大气环境吸入空气，并经过轴流式压气机逐级压缩使之增压，同时空气温度也相应提高；压缩空气被压送到燃烧室与喷入的燃料混合燃烧生成高温高压的气体；然后再进入涡轮中膨胀做功，推动涡轮带动压气机和外负荷转子一起高速旋转，实现了气体或液体燃料的化学能部分转化为机械功。图 6-52 所示为燃气轮机的工作原理。

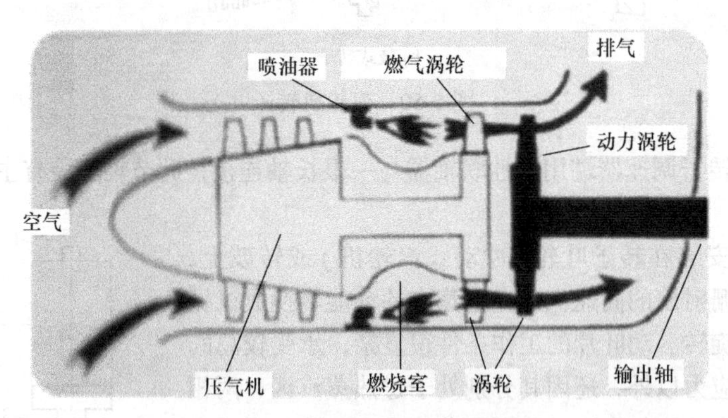

图 6-52　燃气轮机的工作原理

从涡轮中排出的废气排至大气自然放热。这样，燃气轮机就把燃料的化学能转化为热能，又把部分热能转变成机械能。通常在燃气轮机中，压气机是由燃气涡轮膨胀做功来带动的，它是涡轮的负载。在简单循环中，涡轮发出的机械功有 1/2 到 2/3 左右用来带动压气机，其余的 1/3 左右的机械功用来驱动发电机。在燃气轮机起动的时候，首先需要外界动力，一般是起动机带动压气机，直到燃气涡轮发出的机械功大于压气机消耗的机械功时，外界起动机脱扣，燃气轮机才能自身独立工作。

燃气轮机的绝热压缩、等压加热、绝热膨胀和等压放热四个过程分别在压气室、燃烧室、燃气涡轮和回热器或大气中完成。大型燃气轮机的压气机为多级轴流式，中小型的为离心式。燃气涡轮一般为轴流式，在小型机组中有用向心式的。燃气涡轮带动压气和发电机。燃气轮机组单机容量小的约为 10 ~ 20kW，最大的已达 140MW。热效率为 30% ~ 34% ，最高达 38%。除发电、航空领域外，燃气轮机在油气开采输送、交通、冶金、化工、舰船等领域也得到广泛应用。

燃气轮机的优点：与活塞式内燃机和蒸汽动力装置相比较，燃气轮机的主要优点是小而轻。单位功率的质量，重型燃气轮机一般为 2 ~ 5kg/kW，而航机一般低于 0.2kg/kW ；燃气轮机直接输出旋转运动，不要将直线往复运动转换成旋转运动；不需要暖机也没有冷起动问题，在冷气候地区不需要加防冻液；支持多种燃料：如汽油、柴油、煤油和花生油，几乎任何可燃性液体甚至混合液体都适用。

燃气轮机的缺点：适合高速稳定运转情境，怠速或者加速时效率相对要低很多，并且怠速时油耗费用极高；运转时发动机内温度持续很高，对材料抗高温和耐久性要求高，导致价格昂贵；噪声大，独特的尖锐噪声许多人仍难以忍受；瞬时响应不好。氮氧化物的排放与温度成指数相关，因此高温的轮机就有极高排放，这可算是排放标准趋严的态势下最致命的问题。

燃烧室和涡轮不仅工作温度高，还承受燃气轮机在起动和停机时，因温度剧烈变化引起的热冲击，工作条件恶劣，故它们是决定燃气轮机寿命的关键部件。为确保有足够的寿命，这两大部件中工作条件最差的零件如火焰筒和叶片等，须用镍基和钴基合金等高温材料制造，同时还须用空气冷却来降低工作温度。

燃气轮机有重型和轻型两类。重型的零件较为厚重，大修周期长，寿命可达 10 万 h 以上。轻型的结构紧凑而轻，所用材料一般较好，其中以航机的结构为最紧凑、最轻，但寿命较短。不同的应用部门，对燃气轮机的要求和使用状况也不相同。功率在 10MW 以上的燃气轮机多数用于发电，而 30 ~ 40MW 以上的几乎全部用于发电。图 6-53 所示为重型燃气轮机。

图 6-53　重型燃气轮机

燃气轮机发电机组能在无外界电源的情况下迅速起动，机动性好，在电网中用它带动尖峰负荷和作为紧急备用，能较好地保障电网的安全运行，所以应用广泛。在汽车（或拖车）电站和列车电站等移动电站中，燃气轮机因其轻小，应用也很广泛。此外，还有不少利用燃气轮机的便携电源，功率最小的在 10kW 以下。

燃气初温和压气机的压缩比，是影响燃气轮机效率的两个主要因素。提高燃气初温，并相应提高压缩比，可使燃气轮机效率显著提高。燃气轮机的未来发展趋势是提高效率，采用高温陶瓷材料，利用核能和发展燃煤技术。提高效率的关键是提高燃气初温，即改进涡轮叶片的冷却技术，研制能耐更高温度的高温材料。其次是提高压缩比，研制级数更少而压缩比更高的压气机。再次是提高各个部件的效率。高温陶瓷材料能在1360℃以上的高温下工作，用它来做涡轮叶片和燃烧室的火焰筒等高温零件时，就能在不用空气冷却的情况下大大提高燃气初温，从而较大地提高燃气轮机效率。适于燃气轮机的高温陶瓷材料有氮化硅和碳化硅等。按闭式循环工作的装置能利用核能，它用高温气冷反应堆作为加热器，反应堆的冷却剂(氦或氮等)同时作为压气机和涡轮的工质。

对于一台燃气轮机来说，除了主要部件外还必须有完善的调节保安系统，此外还需要配备良好的附属系统和设备，包括起动装置、燃料系统、润滑系统、空气滤清器、进气和排气消声器等。

Chapter 7

第7章 低碳能源发电用的发电机

利用低碳能源发电时，第一次转换将低碳能源的能量转换为旋转的机械能，第二次转换再由发电机将机械能转换成电能。本章将对低碳能源发电用的发电机进行介绍，包括发电机的分类、结构特点及其基本工作原理等。

7.1 概述

1831年，英国物理学家迈克尔·法拉第（Michael Faraday，1791-1867）发现，一个通电线圈的磁力虽然不能在另一个线圈中引起电流，但是当通电线圈的电流刚接通或中断的时候，另一个线圈中的电流计指针有微小偏转。法拉第经过反复实验，都证实了当磁作用力发生变化时，另一个线圈中就有电流产生。因此他进行了另外一项实验，并发现若移动一块磁铁通过导线线圈，则线圈中将有电流产生；在移动线圈通过静止的磁铁上方时也发生同样的现象。这个效应称为电磁感应，产生的电流称为感应电流。这一实验开通了在电池之外大量产生电流的新道路。一般认为法拉第的电磁感应定律是他的一项最伟大的贡献。根据这个实验，1831年10月28日法拉第设计了一个可以让导线不断切割磁铁磁场的装置，这个装置就是法拉第圆盘式发电机（见图7-1）。这个发电机的结构很简单，由一个铜盘和磁铁及导线和电刷组成，铜盘安在磁极的两极之间，用手柄不断地使铜盘转动，在铜盘的两侧各安一个滑动接触电刷，从电刷上引出导线和电流计相连。这时电流计指针就会随铜盘的旋转而运动。圆盘转得越快，电流就越大。世界上第一台能产生连续电流的发电机就这样诞生了。这是法拉第的第二项重大的电发明。

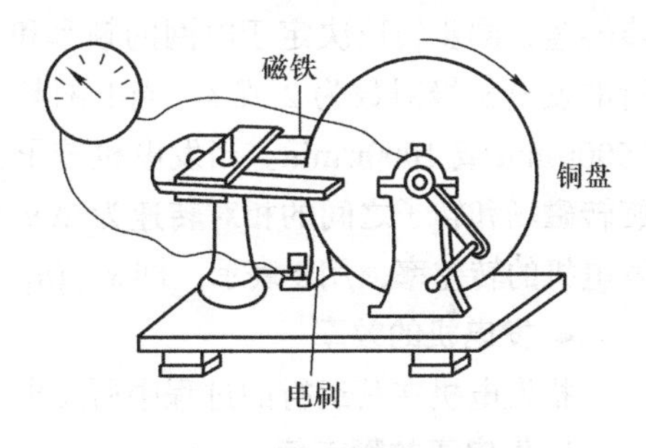

图7-1　圆盘式发电机

7.1.1　发电机的分类

用于低碳能源发电的发电机的主要类型如图7-2所示。

目前，低碳能源发电用的发电机广泛采用同步发电机或笼型感应发电机。双馈发电机多用于风力发电。

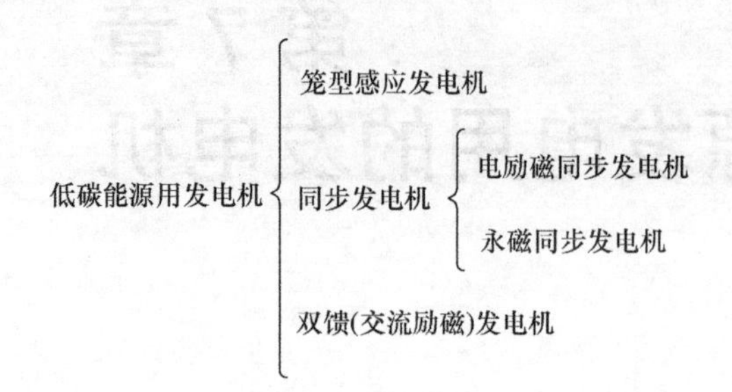

图 7-2 用于低碳能源发电的发电机的主要类型

7.1.2 发电机的基本参数

1. 发电机的输出功率

发电机的输出功率分为视在功率、有功功率和无功功率。视在功率是指输出电压有效值和电流有效值的乘积，单位为 VA；有功功率是指单位时间输出的交流电的电能，单位为 W、kW、MW。无功功率是表述视在功率超过有功功率程度的辅助量，单位为乏（var）或千乏（kvar）。通常所说的功率是指发电机在运行的过程中所发出的有功功率。

2. 发电机的转速

指发电机在其运行过程中转子的旋转速度，转速用n表示，单位为 r/min。

3. 转差率

当定子绕组接入频率恒定的对称三相交流电网上时，定子三相绕组中便有对称的三相电流通过，它们联合产生一个定子旋转磁场。定子旋转磁场的转速（n_1）称为同步转速，同步转速决定于电网的频率和发电机绕组的极对数（p）。一般与电网并联运行的发电机极对数为 2 或 3，当电网频率（f_1）为 50Hz 时，发电机同步转速（n_1）为 1500r/min 或 1000r/min。当发电机转子在原动机的带动下以转速 n 旋转时，发电机中旋转磁场和转子之间的相对转速为 $\Delta n = n_1 - n$，相对转速与同步转速的比值称为异步发电机的转差率，用 s 表示，即 $s = (n_1 - n)/n_1 \times 100\%$。

4. 发电机的效率

指发电机在其运行的过程中所发出的有功功率 P_{el} 与输入的机械功率 P_m 之比。

5. 发电机的额定值

指发电机满负荷运行时的参数。如额定功率、额定电压、额定电流、额定功率因数和额定效率等。

7.2 感应发电机

感应发电机属于异步发电机，具有结构简单、价格低廉、可靠性高、并网容易等优点。

7.2.1　基本结构

感应发电机可分为笼型和绕线转子型两种，这里介绍笼型感应发电机。图 7-3 所示为笼型感应发电机剖面图，其基本结构如图 7-4 所示。

图 7-3　笼型感应发电机剖面图

- 笼型感应发电机
  - 定子
    - 定子铁心：用0.5mm硅钢片冲制叠压而成，是主磁路的一部分，槽中嵌放定子绕组
    - 定子绕组：用扁铜绝缘线或圆铜漆包线绕制而成，感生电动势，通过电流产生定子旋转磁场，向电网输出电功率
    - 机　　座：用铸钢或厚钢板焊接后加工而成，用于固定定子铁心及防护水和沙尘等异物进入发电机内部
    - 端　　盖：用铸钢或厚钢板焊接加工而成，用于安装轴承、支撑转子和发电机防护
  - 转子
    - 转子铁心：用0.5mm钢板冲制叠压而成，是主磁路的一部分，槽中嵌放转子线圈
    - 转子绕组：由铸铝或铜质导条和端环构成笼型短路绕组，用于感生转子电动势，通过转子电流，产生电磁转矩
    - 转　　轴：支撑转子旋转，输出机械转矩
  - 气隙：储存磁场能量，转换和传递电磁功率，保证转子正常旋转

图 7-4　笼型感应发电机的基本结构

笼型感应发电机由定子和转子两部分组成，定、转子之间有气隙。定子铁心的作用是作为发电机中磁路的一部分和放置定子绕组。为了嵌放定子绕组，在定子铁心内圆冲出许多形状相同的槽。定子绕组是发电机的电路部分，其主要作用是感应电动势，通过电流以实现机电转换。定子绕组的槽内布置分为单层和双层两种。容量较大

的感应发电机一般都采用双层短距绕组。定子绕组在槽内部分与铁心之间必须可靠绝缘。大型感应发电机的转子铁心套在转子支架上。在转子铁心上开有槽，用以放置转子绕组。感应发电机的转子绕组不必由外接电源供电，因此可以自行闭合而构成短路绕组。最简单的转子绕组结构是：每个转子槽中嵌入金属（铝或铜）导条。在铁心两端用铝或铜端环将导条短接，如图 7-5 所示。

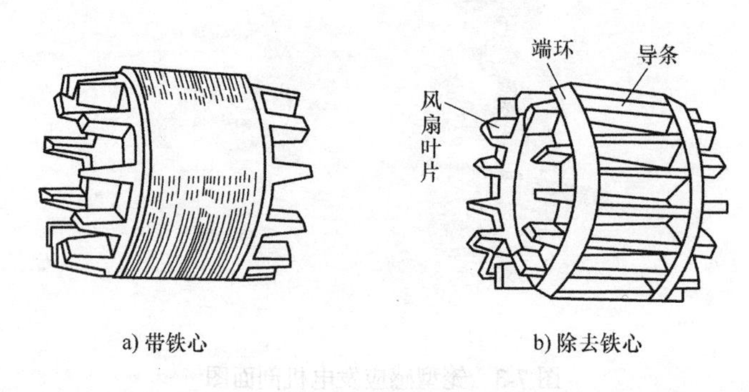

图 7-5　笼型转子

感应发电机的定子和转子之间必须有一定的气隙，气隙的大小对感应发电机的性能有很大的影响。为了降低发电机的空载电流和提高发电机的功率因数，在工艺允许的情况下，气隙应尽可能地小。

发电机的冷却风扇与转子同轴，安装在非驱动端侧，发电机的基座有定位孔，外盖上有吊装孔，定子接线盒起到保护接线作用。

7.2.2　工作原理

定子上有三相绕组，它们在空间上彼此相差 120° 电角度，每相绕组的匝数相等。转子槽内有导体，导体两端用短路环连接起来，形成一个闭合的绕组。当定子绕组接入频率恒定的对称三相交流电网上时，定子三相绕组中便有对称的三相电流通过，它们联合产生一个定子旋转磁场，用 S、N 极表示。设定子旋转磁场以转速 n_1（称同步转速）沿反时针方向旋转，如图 7-6 所示。

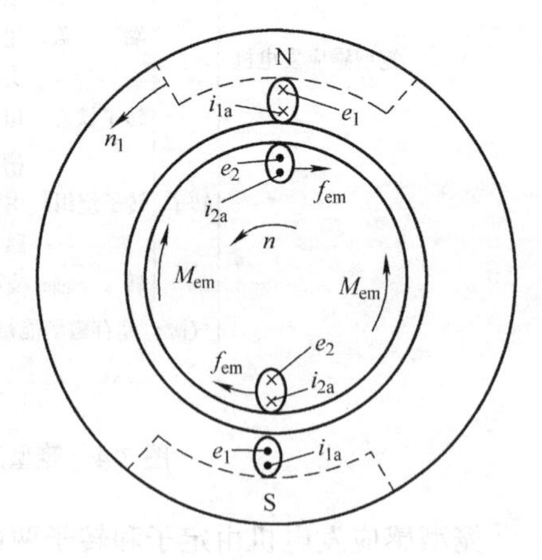

图 7-6　笼型感应发电机的工作原理

如果转子在原动机的带动下，以高于同步转速 n_1 的转速向相同方向恒速旋转，则转子导体切割磁力线而感生电动势。电动势的方向可以用右手定则确定。如图 7-6 中的叉和点所示。在该电动势的作用下，转子导体内便有电流通过，电流的有功分量与电动势同相位。于是，转子导体电流与旋转磁场相互作用使转子导体受到电磁力（f_{em}）的作用，电磁力（f_{em}）的方向可以用左手定则确定，如图 7-6 所示。电磁力（f_{em}）所产生的电磁转矩（M_{em}）的方向与转子转向相反，M_{em} 对原动机是制动转矩，转子从原动机吸收机械功率。另一方面，由于定子上与转子电流的有功分量（i_{2a}）相平衡的电流（i_{1a}）与电动势 e_1 同方向，功率（e_1i_{1a}）是正值，也就是说，定子绕组向电网输出电功率，感应发电机运行于发电状态。

感应发电机可以工作在不同的状态。当转子的转速小于同步转速时（$n < n_1$），发电机工作在电动状态，发电机中的电磁转矩为拖动转矩，发电机从电网中吸收无功功率建立磁场，吸收有功功率将电能转化为机械能；当感应发电机的转子在原动机的拖动下，以高于同步转速旋转时（$n > n_1$），发电机运行在发电状态，发电机中的电磁转矩为制动转矩，阻碍发电机旋转，此时发电机需从外部吸收无功电流建立磁场（如由电容提供无功电流），而将从原动机中获得的机械能转化为电能提供给电网。此时发电机的转差率为负值，一般其绝对值在 2% ~ 5% 之间，并网运行的较大容量感应发电机的转子转速一般在（1 ~ 1.05）n_1 之间。

7.2.3 电流、转矩 - 转速特性

感应发电机的电流、转矩 - 转速特性曲线如图 7-7 所示，图 7-7 中，I_N 为额定电流，M_N 为额定转矩，ω_1 为同步角速度。

图 7-7 中描述的是发电机的电流和转矩根据转速不同的变化情况，其中转子的转速范围涵盖了逆同步转速（$s = 2$）到双倍同步转速（$s = -1$）之间的区间，图 7-7 中也标出了转子固定不动时的工况（$s = 1$）。并网后，发电机运行在曲线上的直线段，即发电机的稳定运行区域。发电机输出的电流大小及功率因数决定于转差率 s 和发电机的参数，对于已制成的发电机其参数不变，而转差率大小由发电机的负载决定。当原动机传给发电机的机械功率和机械转矩增大时，发电机的输出功率及转矩也随之增大，由图 7-7 可见，发电机的转速将增大，发电机从原来的平衡点 A_1 过渡到新的平衡点 A_2 继续稳定运行。但当发电机输出功率超过其最大转矩对应的功率时，随着输入功率的增大，发电机的制动转矩不但不增大反而减小，发电机转速迅速上升而出现飞车现象，十分危险。因此必须配备可靠的限速保护装置，以确保从原动机输入的机械功率被限制在一个最大值范围内，从而保证发电机输出的功率不超过其最大转矩所对应的功率。

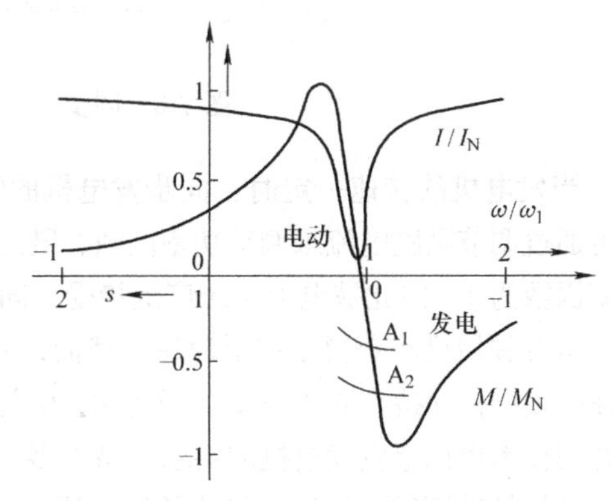

图 7-7　感应发电机的电流、转矩 - 转速特性曲线

当电网电压变化时，将会对并网运行的感应发电机产生一定的影响。因为发电机的电磁制动转矩与电压的二次方成正比，当电网电压下降过大时，发电机也会出现飞车；而当电网电压过高时，发电机的励磁电流将增大，功率因数下降，严重时将导致发电机过载运行。因此对于小容量的电网，或选用过载能力大的发电机，或配备可靠的过电压和欠电压保护装置。

7.3 同步发电机

同步发电机有电励磁和永磁两类。图 7-8 所示为同步发电机的基本结构。

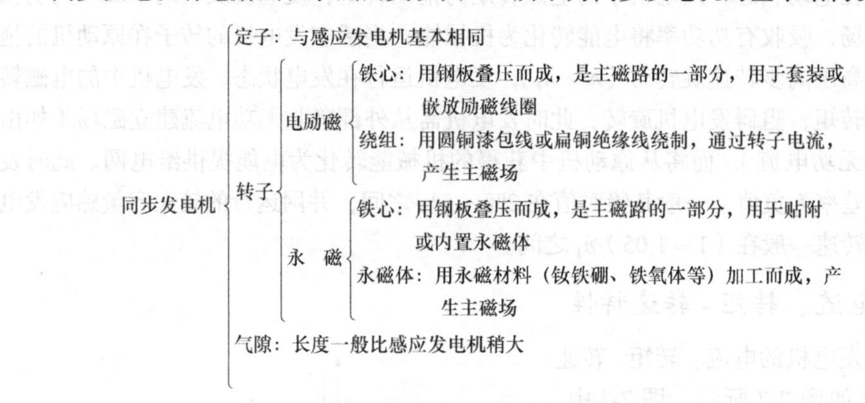

图 7-8　同步发电机的基本结构

当发电机的转速一定时，同步发电机的频率稳定，电能质量高。同步发电机运行时可通过调节励磁电流来调节功率因数，既能输出有功功率，也可提供无功功率，可使功率因数为 1，因此被电力系统广泛接受。同步发电机在水轮发电机、汽轮发电机、核能发电等领域已经获得了广泛应用。然而，同步发电机用于风力发电直接并网运行时，转速必须严格保持在同步速度，否则就会引起发电机的电磁振荡甚至失步，同步发电机的并网技术也比感应发电机的要求严格得多。然而，由于风速的随机性，使发电机轴上输入的机械转矩很不稳定，风轮的巨大惯性也使发电机的恒速恒频控制十分困难，不仅并网后经常发生无功振荡和失步等事故，就是并网本身都很难满足并网条件的要求，而常发生较大的冲击甚至并网失败。因此，大型风力机发电机组采用同步发电机时要加入严格的变速变桨距控制。

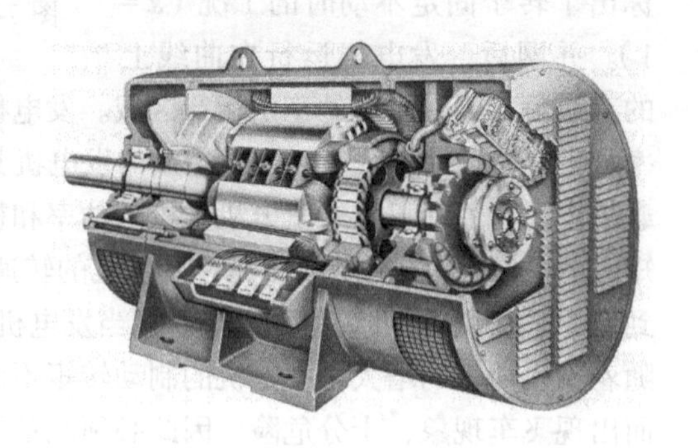

图 7-9　电励磁同步发电机的剖面图

7.3.1　电励磁同步发电机

电励磁同步发电机的剖面图如图 7-9 所示。

1. 基本结构

（1）定子

同步发电机的定子由定子铁心、定子绕组、机座以及固定这些部分的其他结构件组成。铁心一般采用厚度为 0.5mm 的电工硅钢片叠成，每叠厚度为 3 ~ 6cm。叠与叠之间留有宽 1cm 的通风槽。整个定子铁心靠拉紧螺杆和特殊的非磁性端压板压紧成整体，固定在机座上。

定子绕组是由嵌在定子铁心槽内的线圈按一定规律连接而成，一般均采用三相双层短距叠绕组。为避免电流太大，定子绕组选用较高的电压，一般取 6.3kV、10.5kV 和 13.8kV。

定子机座为钢板焊接结构，其作用除了支撑定子铁心外，还要组成所需的通风路径。

（2）转子

同步发电机的转子有隐极式和凸极式两种，其结构如图 7-10 所示。隐极式的同步发电机转子呈圆柱体状，其定、转子之间的气隙均匀，励磁绕组为分布绕组，分布在转子表面的槽内。凸极式转子具有明显的磁极，绕在磁极上的励磁绕组为集中绕组，定、转子间的气隙不均匀。凸极式的同步发电机结构简单、制造方便，一般用于低速发电场合；隐极式的同步发电机结构均匀对称，转子机械强度高，可用于高速发电。大型低碳能源用发电机组一般采用隐极式的同步发电机。

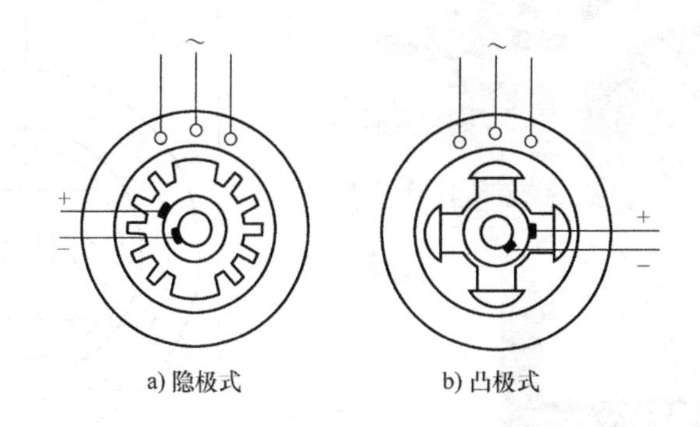

图 7-10　同步发电机的转子结构

隐极式的同步发电机转子由转子铁心、励磁绕组、护环、中心环、集电环和风扇等部分组成。

转子铁心即是发电机磁路的主要组成部分，又由于高速旋转而承受着很大的机械应力，所以一般都采用整块的高机械强度和良好的导磁性能的合金钢锻成，与转轴锻成一体。沿转子铁心表面铣出槽以安放励磁绕组。

励磁绕组由扁铜线绕成同心式线圈。各线匝之间垫有绝缘，线圈与铁心之间要有可靠的“对地绝缘”。励磁绕组是被槽楔压紧在槽里的。励磁绕组经集电环、电刷与直流电源相连，通以直流励磁电流来建立磁场。

护环是一个厚壁金属圆筒，用来保护励磁绕组的端部使其紧密地压在护环和转轴之间，不会因离心力而甩出。而中心环则用以支持护环并阻止励磁绕组段轴向移动。集电环装在转子轴上，通过引线接到励磁绕组，并借电刷装置接到励磁装置。

（3）端盖和轴承

端盖的作用是将发电机本体的两端封盖起来，并与机座、定子铁心和转子一起构成发电机内部完整的通风系统。端盖多用无磁性的轻型材料硅铝合金铸造而成。

用于直驱机组的同步发电机需做成多极的。电励磁多极同步发电机如图 7-11 所示。

2. 工作原理

电励磁同步发电机转子磁极（简称主极）上装有励磁绕组，由直流励磁，其磁通从转子 N 极出来，经过气隙、定子铁心、气隙，进入转子 S 极而构成回路，如图 7-12 中虚线所示。

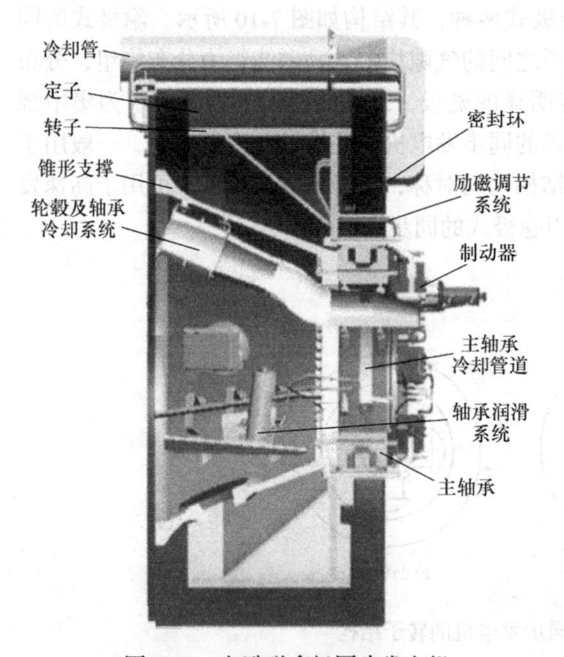

图 7-11　电励磁多极同步发电机

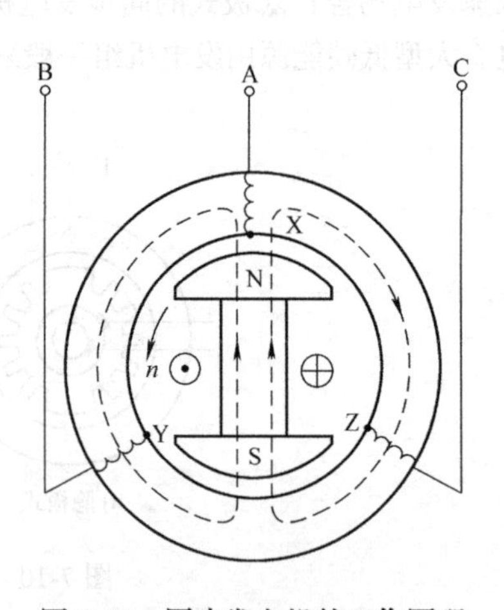

图 7-12　同步发电机的工作原理

如果用原动机拖动发电机沿逆时针方向恒速旋转，则磁极的磁力线将切割定子绕组的导体，在定子绕组中感应出交变电动势。设磁极磁场的气隙磁密沿圆周按正弦规律分布，则导体电动势也随时间按正弦规律变化。

由于三相绕组在空间上彼此相差 120° 电角度，在图 7-12 所示的转向下，磁力线将先切割 A 相绕组，再切割 B 相，然后切割 C 相。因此定子三相电动势大小相等，相位彼此互差 120°，其波形如图 7-13 所示。

电动势的频率可以这样决定：当转子为一个极对时，转子旋转一周，绕组中的感应电动势正好交变一次（即一周波）；当电极有 p 对极时，则转子旋转一周，感应电动势交变 p 次（即 p 个周波）。设转子每分钟转数为 n，则转子每秒钟旋转 $n/60$ 转，因此感应电动势每秒交变 $pn/60$ 次，即电动势的频率为 $f=pn/60$。

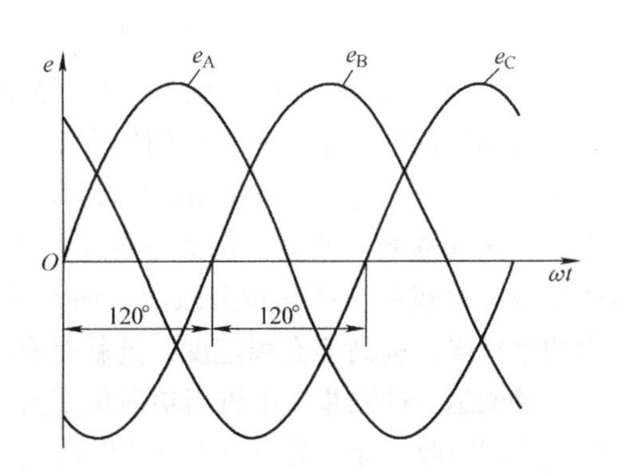

图 7-13　三相电动势波形

如果图 7-12 所示三相绕组的出线端接上三相负载，便有电能输出，也就是说发电机把机械能转换成电能。

在并网运行时，由定子绕组中的三相对称电流产生的定子旋转磁场的转速与转子转速相同，即与转子磁场相对静止。因此发电机的转速、频率和极对数之间有着严格不变的固定关系。

3. 功率调节和补偿

（1）有功功率的调节

在同步发电机中，原动机输入的机械能首先克服机械阻力，通过发电机内部的电磁作用转化为电磁功率，电磁功率扣除发电机绕组的铜损耗和铁损耗后即为输出的电功率，若不计铜损耗和铁损耗，可认为输出功率近似等于电磁功率。同步发电机内部的电磁作用可以看成是转子励磁磁场和定子电流产生的同步旋转磁场之间的相互作用。转子励磁磁场轴线与定、转子合成磁场轴线之间的夹角称为同步发电机的功率角（δ），电磁功率（P_{em}）与功率角（δ）之间的关系称为同步发电机的功角特性，如图 7-14 所示。

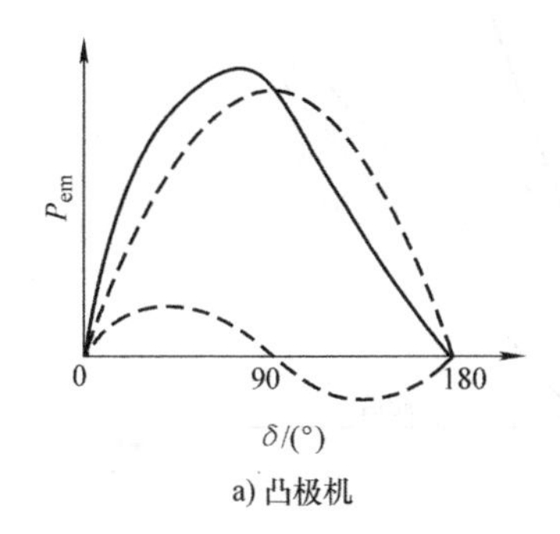

a) 凸极机

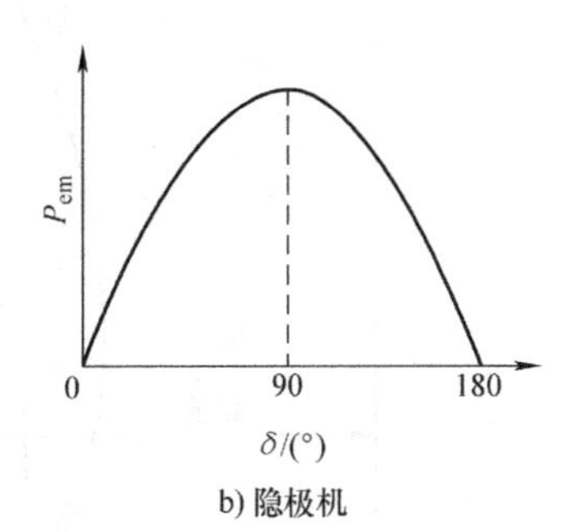

b) 隐极机

图 7-14　同步发电机的功角特性

当由原动机驱动的同步发电机并联在无穷大电网时，要增大发电机输出的电能，必须增大原动机输入的机械能。当发电机输出功率增大即电磁功率增大时，若励磁不作调节，从图 7-14 可见，发电机的功率角也增大，对于隐极机而言，功率角为 90°（凸极机功率角小于 90°）时，输出功率达最大，这个最大的功率称为失步功率，又称为极限功率。因为达到最大功率后，如果原动机输入的机械功率继续增大，功率角超过 90°，发电机输出的电功率反而下降，发电机转速持续上升而失去同步，机组无法建立新的平衡。例如一台运行在额定功率附近的发电机，突然增加动力可能导致发电机的功率超过极限功率而使发电机失步，这时可以增大励磁电流，以增大功率极限，提高静态稳定度，这就是有功功率的调节。

并网运行的同步发电机当功率角变为负值时，发电机将运行在电动机状态，发电机从电网吸收电能。为避免发电机电动运行，当风速降到临界值以下时，应及时将发电机与电网脱开。

（2）无功功率的补偿

电网所带的负载大部分为感性的异步电动机和变压器，这些负载需要从电网吸收有功功率和无功功率，如果整个电网提供的无功功率不够，电网的电压将会下降；同时同步发电机带感性负载时，由于定子电流建立的磁场对发电机中的励磁磁场有去磁作用，发电机的输出电压也会下降，因此，为了维持发电机的端电压稳定和补偿电网的无功功率，需增大同步发电机的转子励磁电流。同步发电机的无功功率补偿可用其定子电流（I）和励磁电流（I_f）之间的关系曲线来解释。在输出功率 P_{el} 一定的条件下，同步发电机的定子电流 I 和励磁电流 I_f 之间的关系曲线也称为 V 形曲线，如图 7-15 所示。

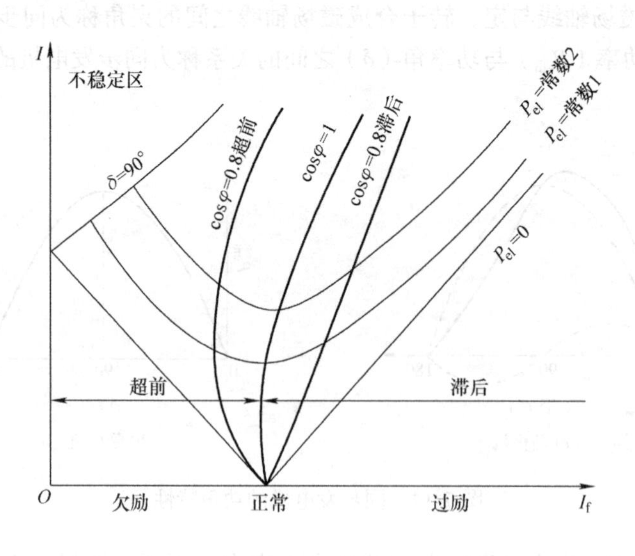

图 7-15　同步发电机 V 形曲线

从图 7-15 中可以看出：当发电机工作在功率因数为 1 时，发电机励磁电流为额定值，此时定子电流为最小；当发电机励磁大于额定励磁电流（过励）时，发电机的功率因数为滞后的，发电机向电网输出滞后的无功功率，改善电网的功率因数；而当发电机励磁小于额定励磁电流（欠励）时，发电机的功率因数为超前的，发电机从电网吸引滞后的无功功率，使电网的功率因数更低。另外，这时的发电机还存在一个不稳定区（对应功率角大于 90°），因此，同步发电机一般工作在过励状态下，以补偿电网的无功功率和确保机组稳定运行。

7.3.2　多极永磁发电机

永磁发电机的转子极对数可以做得很多，从而使其同步转速较低，一般仅为 10 ~ 25r/min。于是就可以与原动机直接相连了。

1. 分类

从转子与定子的位置关系来看，永磁发电机可以分为内转子和外转子两种。外转子永磁发电机的定子固定在发电机的中心，而外转子绕着定子旋转。永磁体沿圆周径向均匀安放在转子内侧，外转子直接暴露在空气之中，因此相对于内转子具有更好的通风散热条件，保持转子温度在永磁体允许工作温度之下。但体积较大，造成了运输和安装的困难。内转子和外转子永磁发电机的剖面结构如图 7-16 所示。

a) 外转子

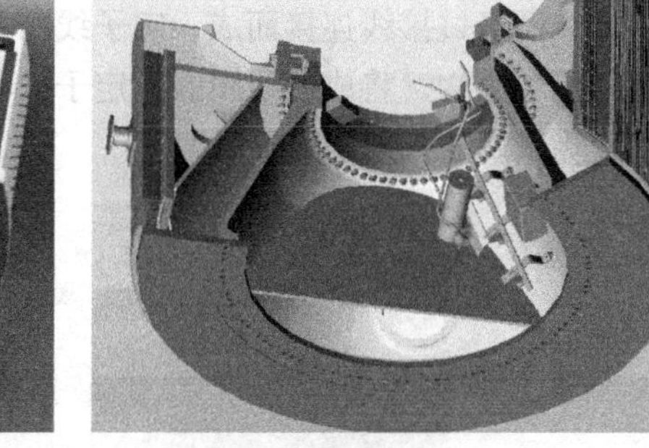

b) 内转子

图 7-16　外转子和内转子永磁发电机的剖面结构

2. 内转子永磁发电机的基本结构

内转子永磁发电机的主要部件有机壳、定子嵌线、转子支架、永磁磁极、轴承系统、锥形支撑、出线盒、冷却系统、密封防护等，如图 7-17 所示。

发电机的外表面称为机壳，永磁发电机连接机舱和轮毂，常采用圆筒式机壳结构。不仅便于连接，还可以充分利用自然风对发电机进行冷却。机壳由钢板焊接而成，其上装有吊攀，通过吊攀可以方便地将发电机吊运。机壳与定子铁心的连接采用小过盈及增加定位销止动结构。

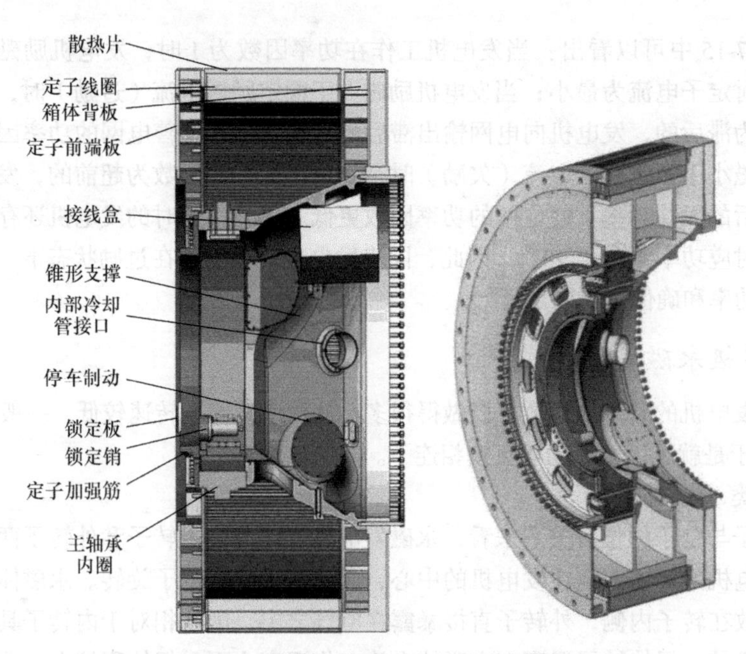

图 7-17　内转子永磁发电机的内部结构

定子嵌线（见图 7-18）由定子铁心和绕组组成。定子铁心由高导磁材料电工硅钢片叠压而成，其结构主要由定子冲片、齿压板、压圈及加强筋组成一个整体；发电机绕组由线圈经过接线连接而成，定子线圈采用高导电率云母绕包铜扁线绕制。定子铁心为外压装结构，将成型线圈嵌入定子铁心后用槽楔紧固。定子槽中安放有测温元件，用于测量发电机定子绕组温度。

图 7-18　永磁发电机定子嵌线

永磁发电机转子如图 7-19 所示。主要由转子支架和永磁磁极组成，转子支架由圆筒、盘及支撑板焊接而成，圆筒上安装永磁磁极，还是磁路的一部分。永磁磁极由永磁体盒和永磁体组成，永磁体用永磁材料加工而成，用于产生主磁场。永磁发电机所用的永磁材料一般有铁氧体和钕铁硼两类，其中采用钕铁硼制造的发电机体积较小，重量较轻，因此应用广泛。

图 7-19　永磁发电机转子

锥形支撑（见图 7-20）是安装轴承的部件，承受转子和轮毂重量以及原动机载荷，并将载荷传递给机座。接线盒、润滑系统等部件装在锥形支撑上。

图 7-20　锥形支撑

永磁发电机与轮毂共用一个轴承，轴承的内圈与发电机锥形支撑相连，不转动；外圈两侧分别与转子和轮毂相连，轮毂、转子与轴承外圈一起转动。

永磁发电机转子磁钢不发热，主要热量来自定子绕组损耗，机座外部有散热筋，可以利用自然风进行散热。发电机损耗产生的热量大部分由外表面散热，其余由发电机闭式内部循环换热回路带走。发电机气隙强制风冷系统采用板式换热器，如图 7-21 所示。

为防止雨水与灰尘进入发电机内部，发电机转子上装有挡风板，发电机定子端盖上装有挡雨罩，另外在转子上装有内迷宫环，与端盖上的外迷宫环构成迷宫结构，作用是增加风阻，阻挡雨水及灰尘进入发电机内部。

3. 外转子永磁发电机的内部结构

图 7-22 所示为采用水冷的外转子永磁发电机的内部机构，发电机机壳为转动部件，永磁磁极安装在机壳内表面。转子通过轴承安装在锥形支撑上，锥形支撑上装有定子支架，发电机绕组和铁心安装在定子支架上。

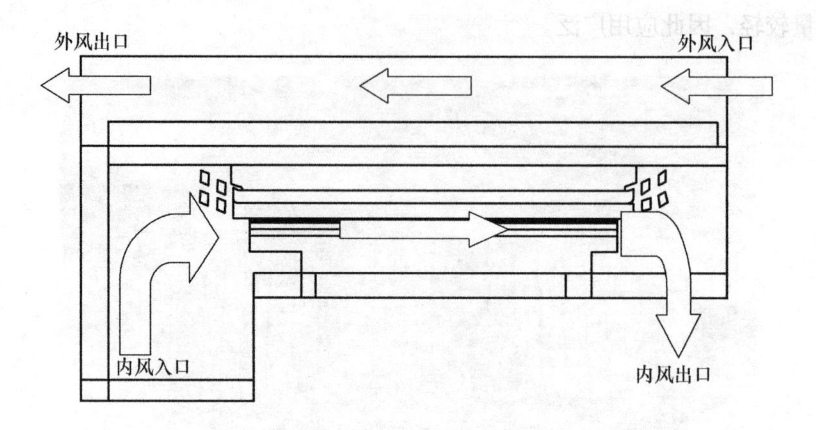

a) 冷却风路

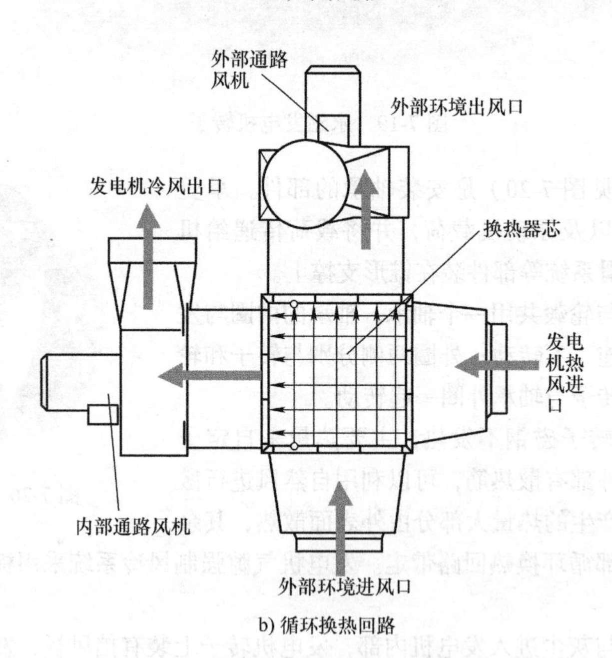

b) 循环换热回路

图 7-21 内转子永磁发电机的冷却

外转子永磁发电机由于发热部件在发电机内部，难以充分利用自然风进行冷却，故采用空水冷却方式，在定子支架与铁心中间装有铜管，冷却水流经铜管带走发电机热量，热水在发电机外部经过空水冷却器进行热交换，用自然风对水进行冷却。空水冷却水管的安装如图 7-23 所示。

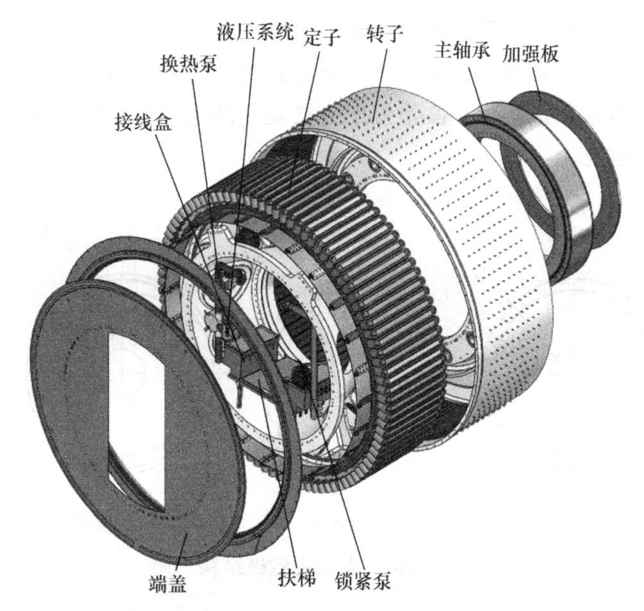

图 7-22　外转子永磁发电机的内部结构

图 7-23　空水冷却水管的安装

4. 磁极结构

大型永磁发电机多用表面式磁极结构，将永磁体贴敷在转子铁心表面，构成磁极，永磁体的磁化方向为径向。

（1）内转子磁极结构

内转子磁极结构有凸出式和插入式两种形式，如图 7-24 所示。当应用于较高转速时，为了保证永磁体在磁力和离心力的作用下足够牢固和不发生位移，需要采取必要的紧固措施，图 7-24c 所示为加装了非磁性套筒的表面式磁极结构。表面式磁极结构制造工艺简单，在永磁低碳能源用发电机中被广泛应用。图 7-25 所示为某多极永磁同步发电机磁极结构。磁极的固定应用不导磁螺钉，也可用厌氧胶黏结。由于钕、铁元素易于氧化，常采用镀膜保护。最好的方法是用环氧树脂封灌。环氧树脂应与发电机的温控要求相适应。

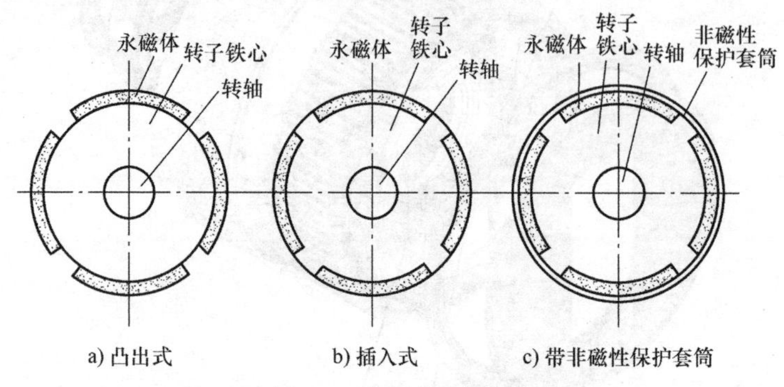

图 7-24　表面式磁极结构

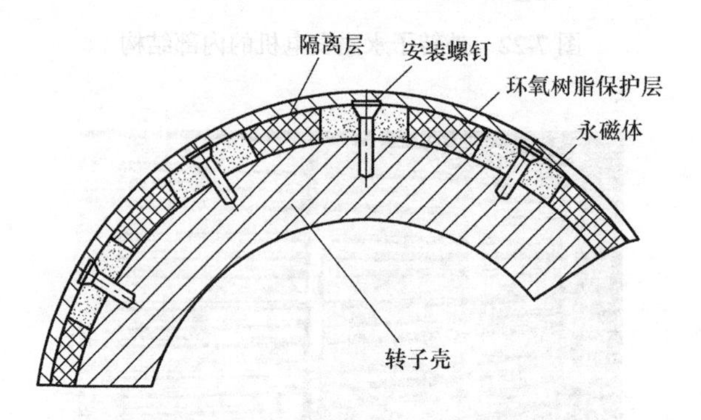

图 7-25　某多极永磁同步发电机磁极结构

（2）外转子磁极结构

图 7-26 所示为外转子永磁发电机剖面。永磁体沿圆周安装在转子铁心内侧，受离心力的影响，使其牢固地结合在转子铁心上。

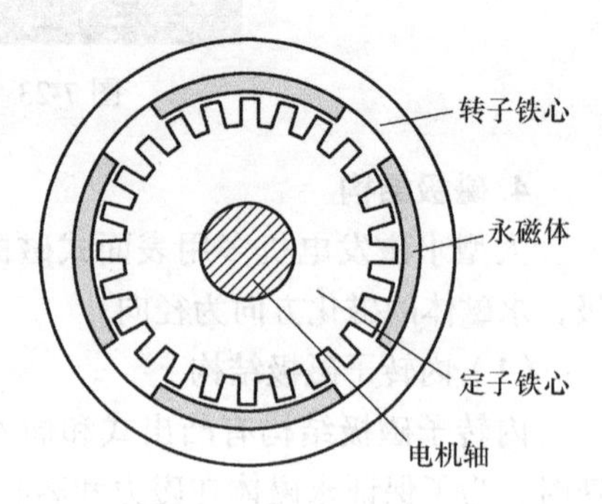

图 7-26　外转子永磁发电机剖面

永磁发电机的优点是转子上没有励磁绕组，因此无励磁绕组的铜损耗，发电机的效率高；转子上无集电环，运行更为可靠；缺点是难以用调解磁场的方法控制输出电压和功率因数。在直驱型低碳能源用发电机组中，永磁发电机的磁极对数往往很多，质量也较大。所以这样会导致单位功率质量比下降。

7.4 双馈发电机

7.4.1 基本结构

在一定工况下，双馈发电机的定子、转子都可以向电网输送能量，故称为“双馈”发电机。由于双馈发电机是由转子提供交流励磁，所以也称为交流励磁发电机。图 7-27 所示为双馈发电机的外形和剖面结构。双馈发电机的基本电路如图 7-28 所示。各零部件的构造和功能如图 7-29 所示。

a) 外形

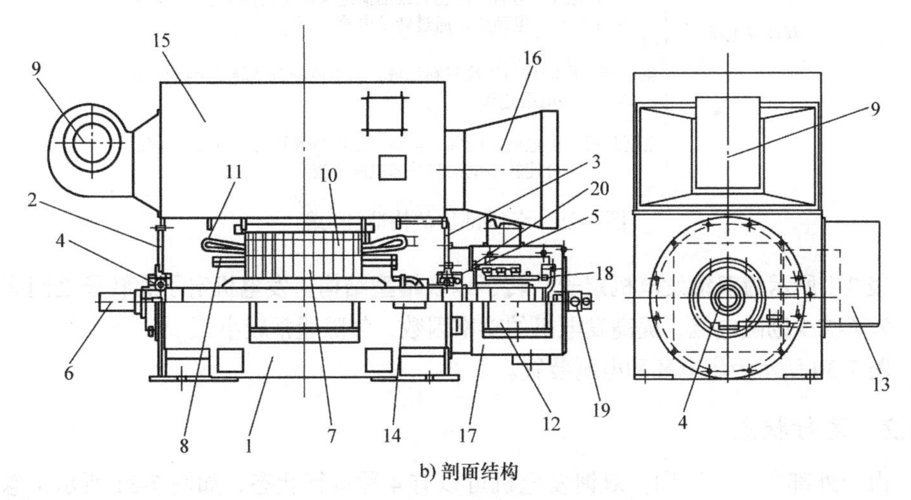

b) 剖面结构

图 7-27　双馈发电机的外形和剖面结构

1—机座　2—前端盖　3—后端盖　4—接地电刷　5—轴承　6—转轴　7—转子铁心　8—转子线圈　9—冷却风机　10—定子铁心　11—定子线圈　12—转子接线柱和转子防雷击装置　13—定子接线盒　14—辅助接线盒　15—空 - 空冷却器　16—冷却器出口　17—转子接线盒　18—集电环　19—编码器　20—刷架系统

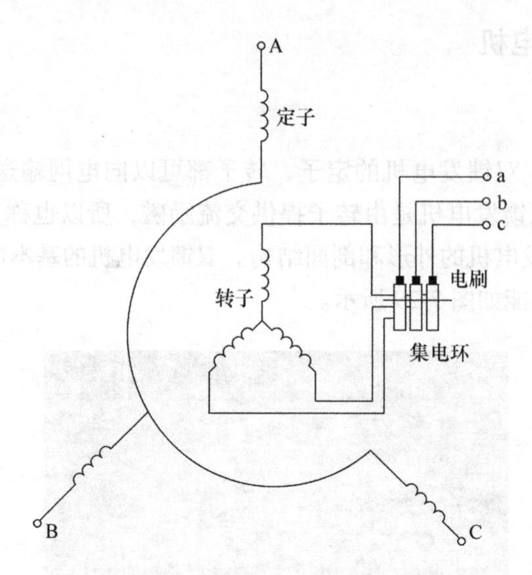

图 7-28　双馈发电机的基本电路

双馈发电机
- 定子：与笼型感应发电机相同
- 转子
  - 铁心：用钢板叠压而成，是主磁路的一部分，用于嵌放转子线圈
  - 绕组：用圆铜漆包线或扁铜绝缘线绕制，用来感生转子电动势，通过转子电流
- 集电环：由铜环与绝缘材料构成，与电刷配合使转子绕组与外部电路连接
- 电刷装置：由电刷、刷握、刷架、汇流排等构成，与集电环配合使转子绕组与外部电路连接

图 7-29　各零部件的构造和功能

表 7-1 所示为双馈发电机定子、转子以及槽型结构。发电机定子和转子之间有气隙，为了减少励磁电流、提高发电机的功率因数，气隙通常较小。

图 7-30 所示为集电环和电刷装置。

7.4.2　运行状态

由于外部条件的不同，双馈发电机可以有 4 种运行状态，如图 7-31 所示（忽略铜耗）。

在图 7-31 中，P_m 为轴上的机械功率，P_1 为定子电功率，P_2 为转差电功率。由图 7-31 所示，双馈发电机的 4 种运行状态为：

表 7-1　双馈发电机定子、转子以及槽型结构

零件	实物	槽型
定子	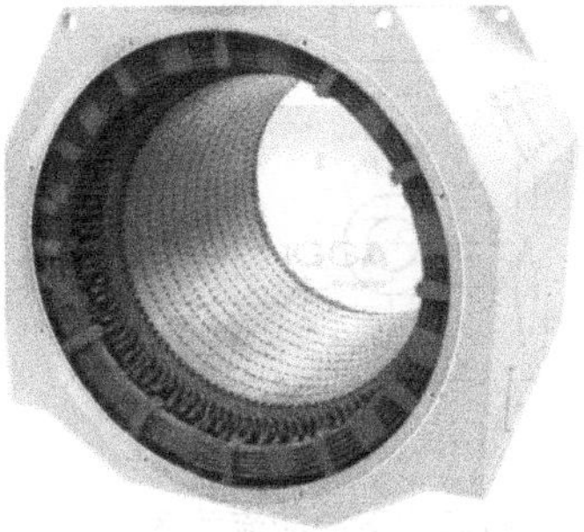	
转子		

图 7-30　集电环和电刷装置

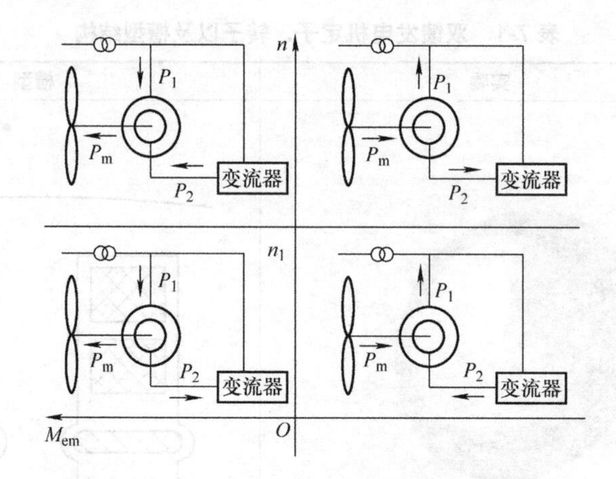

图 7-31 双馈发电机不同运行状态下的能流关系

（1）转子运行于亚同步速的电动状态（$0< s <1$）

在这种电动运行状态下，电磁转矩为拖动性转矩，机械功率由发电机输出给机械负载，转差功率回馈给转子外接电源，如图 7-31 左下所示。

（2）转子运行于亚同步速的定子回馈制动状态（$0< s <1$）

电磁功率由定子回馈给电网，机械功率由原动机输入发电机，电磁转矩为制动性转矩，如图 7-31 右下所示。

（3）转子运行于超同步速的电动状态（$s < 0$）

电磁功率由定子输给发电机，机械功率由发电机输给负载，转差功率由电网输给负载，电磁转矩为拖动性转矩，如图 7-31 左上所示。

（4）转子运行于超同步速的定子回馈制动状态（$s < 0$）

电磁功率由定子回馈给电网，机械功率由原动机输入发电机，转差功率回馈给电网，电磁转矩为制动性转矩，如图 7-31 右上所示。

7.4.3 功率流程

根据上述分析，可得出图 7-32 所示的双馈发电机的有功功率流程图。

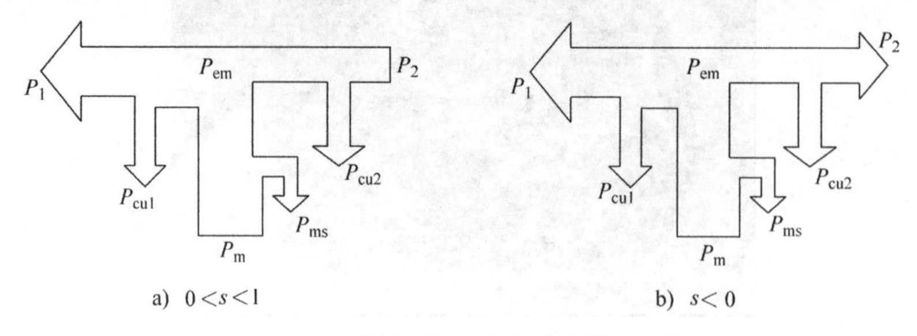

图 7-32 双馈发电机的有功功率流程图

图 7-32a 表示当 0< s <1 时发电机转速小于临界转速时的有功功率流程图；图 7-32b 表示当 s < 0 时的发电机有功功率流程图，即发电机转速大于临界转速时的有功功率流程图。P_{em} 表示电磁功率，P_{ms} 表示机械损耗和铁耗。

7.4.4　空 - 水冷却发电机

从冷却方式上看，双馈发电机有空 - 空冷却和空 - 水冷却两种。空 - 空冷却双馈发电机如图 7-27 所示。图 7-33 所示为空 - 水冷却双馈发电机。循环流动的冷媒流经发电机内部，通过风冷却器时得到冷却。

a) 外形图

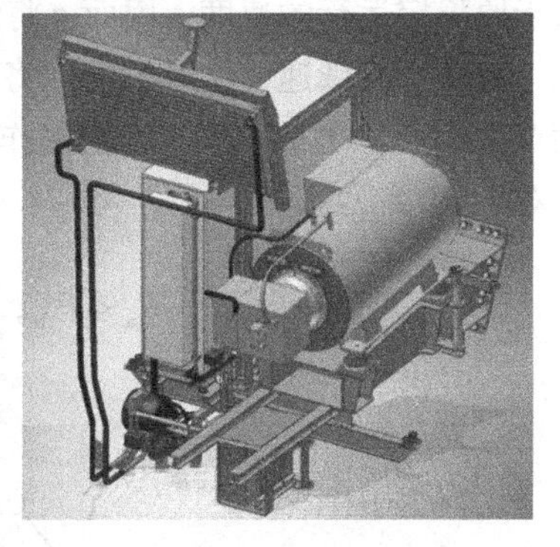

b) 原理图

图 7-33　空 - 水冷却双馈发电机

7.4.5　双馈发电机的调节特性

（1）转速调节特性

双馈发电机除了励磁电流的幅值可调外，励磁电流的频率和相位也可调，所以在控制上更加灵活，可以通过改变励磁电流的频率来改变发电机的转速，以达到调速的目的，从而实现变速恒频运行。

（2）有功、无功功率调节特性

双馈发电机正常运行时，如果有功、无功功率发生改变，必然导致发电机内部各物理量的过渡过程，通过对双馈发电机有功、无功调节时内部物理过程的分析，可了解其物理本质。

1）有功调节：双馈发电机定子的有功功率中，有定子电压大小和转差率确定的异步功率分量，在发电机正常运行时是不变的，是不可控分量。而在双馈发电机正常运行时，同步功率分量是可控分量，由于同步功率分量既与定、转子电压大小有关，同时也与定、转子电压的相位差 α 有关，因此控制转子励磁电压的大小和相位，就能实现其有功的调节。稳态时，控制 α 的实质是控制转子磁场的位置，动态过程中，由于 α 的可控，可使转子磁场的位置可控，通过对 α 的控制，即使发电机的转速发生变化，转子磁场位置也可保持不变，因此可按需要控制其有功大小。

当励磁电压频率、大小和相位都不变时，增大原动机的有功输出，双馈发电机有功调节的过渡过程如图 7-34 所示，设变化前双馈发电机稳定运行在 a（有功运行点）、a′（无功运行点）点，a、a′ 点对应定子输出有功、无功功率为 P_{1a}、Q_{1a}，此时电磁转矩与原动机的拖动转矩相平衡。如果忽略损耗，原动机的输出功率也等于 P_{1a}，现增大原动机的输出功率到 P_{1b}，则拖动转矩大于电磁转矩，转子加速，虽然此时励磁电压的相位没有变，但因转子速度增加，α 也将增大，从而使得交流励磁发电机的同步功率分量增大。当 $\alpha = \alpha_b$ 时，电磁转矩与原动机的拖动转矩再度平衡，由于此时转子速度大于原稳定运行的速度，因而 α 将继续增大。但当 $\alpha > \alpha_b$ 时，电磁转矩将大于拖动转矩，转子又将减速，这时发电机将围绕 b 点进行振荡，但因在振荡过程，转速的改变而产生的异步附加功率具有阻尼作用，最后发电机将在新的平衡点 b、b′ 点稳定运行。对于 b、b′ 点有

$$P_{1a} < P_{1b}\,,\ \alpha_a < \alpha_b,\ Q_{1a} > Q_{1b}$$

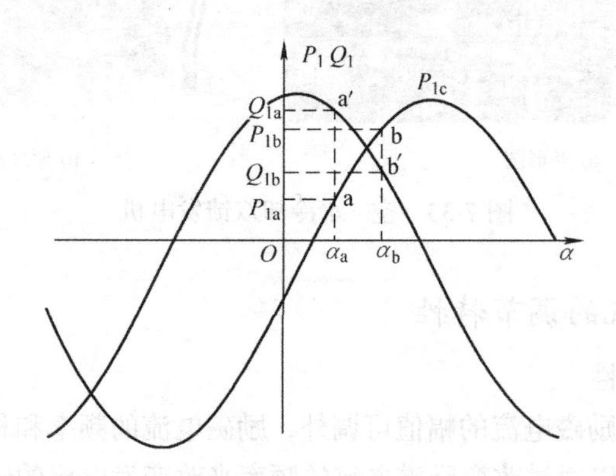

图 7-34　双馈发电机有功调节的过渡过程

如果继续增大原动机的输出，则 α 将进一步增大，其定子有功也将增大，但如果原动机的输出功率大于 P_{1c}，则双馈发电机由于其同步功率分量将随 α 的增加而减小，从而使得其转子转速继续增大，最终导致发电机失去稳定。

以上分析表明，双馈发电机在励磁电压频率、大小及相位不变的前提下，调节有功，有功增大，无功减少，当有功超过其最大功率时发电机将失去稳定。但双馈发电机励磁电压大小、相位、频率都可控，当采用自控方式时，其励磁电压的频率可自动跟随发电机转速的变化，因而采用适当的控制策略，可以通过控制励磁电压的大小和相位来改变其 α 的大小，使其在调节过程中满足原动机出力和负载变化的需要，从而提高双馈发电机的动态响应速度和系统的稳定性。

2）无功调节：如果双馈发电机不改变励磁电压的相位，而只改变励磁电压的大

小，则双馈发电机无功调节的过渡过程如图 7-35 所示。设双馈发电机稳定运行在 a（有功运行点），a′（无功运行点）点，此时有功功率、无功功率、α 分别为 P_{1a}、Q_{1a}、α_a，如果增大励磁电压，则双馈发电机的有功运行点将从 a 点变为 c 点，由于 $P_{1c} > P_{1a}$，电磁转矩大于拖动转矩，转子减速，α 减小，并经过一定的过渡过程后稳定运行在 b 点，而无功运行点从 a′ 点运行到 b′ 点，此时

$$P_{1a} = P_{1b}\ ,\ \alpha_b < \alpha_a\ ,\ Q_{1a} < Q_{1b}$$

同样，如适当地控制励磁电压的大小、相位，可使双馈发电机满足系统对发电机无功需求，且双馈发电机的无功调节是纯粹的电磁过程。

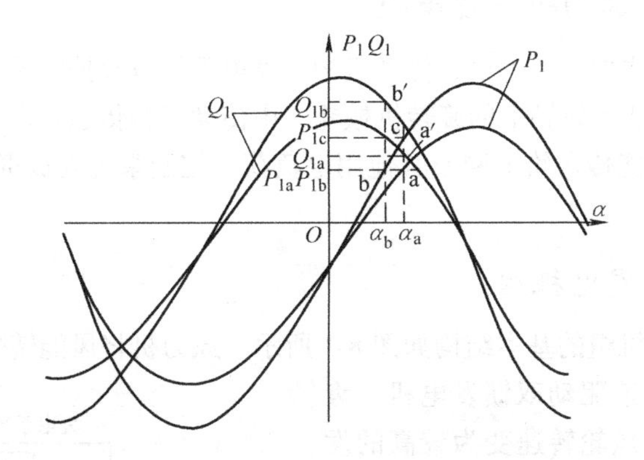

图 7-35　双馈发电机无功调节的过渡过程

总之，双馈发电机可通过励磁电流的频率、幅值和相位的调节，实现变速运行下的恒频及功率调节。当风力发电机的转速随风速及负载的变化而变化时，通过励磁电流频率的调节实现输出电能频率的稳定；改变励磁电流的幅值和相位，可以改变发电机定子电动势和电网电压之间的相位角，从而实现有功功率和无功功率的调节。

由于这种变速恒频方案是在转子电路中实现的，流过转子电路中的功率为转差功率，一般只为发电机额定功率的 1/4 ~ 1/3，因此变流器的容量可以较小，大大降低了变流器的成本和控制难度；定子直接连接在电网上，使得系统具有很强的抗干扰性和稳定性。缺点是发电机仍有电刷和集电环，工作可靠性受影响。

Chapter 8

第 8 章 低碳能源发电系统

在低碳能源发电过程中，可以发生化学、力学、光学、热学等多领域的能量转换，本章将对低碳能源典型的发电方式加以介绍。

8.1 风能 + 风力机 + 发电机

风力发电机组主要由风力机、传动机构、发电系统以及控制系统等组成，由风力机将风的动能转换成风轮轴上的旋转机械能，由传动机构传递给发电机，再由发电机将机械能转换成电能传送给电网或其他用电负荷。控制系统则负责整个机组的协调、安全及运行控制等。

8.1.1 双馈风力发电机组

双馈风力发电机组的基本结构如图 8-1 所示。风力机将风能转变为机械转动的能量，经过齿轮箱增速驱动双馈发电机。齿轮箱可以将较低的风轮转速变为较高的发电机转速。变流器的额定容量通常为风电机组额定功率的 25% 左右。转子超同步运行时，有功功率从转子回路送到电网，而转子次同步运行时，转子回路从电网吸收有功功率。双馈发电机组允许发电机在同步速上下 30% 转速范围内运行。

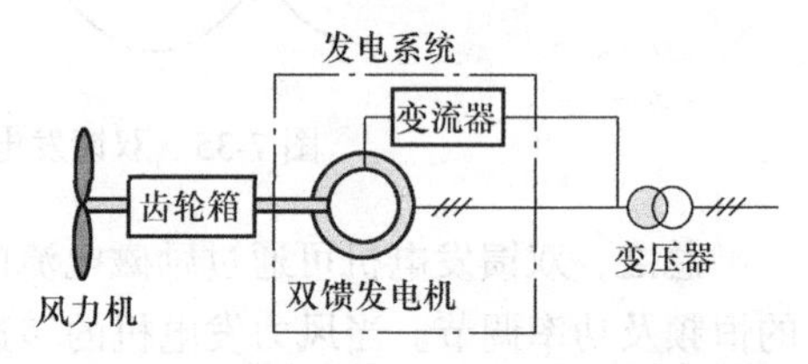

图 8-1 双馈风力发电机组的基本结构

基于双馈发电机的发电系统由双馈发电机、变流器柜、并网柜和变压器等组成。其中，双馈发电机和变流器柜是发电和并网的核心部件。双馈发电机的定子直接连接在电网上，转子绕组通过集电环经交 / 直 / 交变流器与电网相连，通过控制转子电流的频率、幅值、相位和相序实现变速恒频控制。为实现转子中能量的双向流动，常用的变流器是正弦波脉宽调制双向变流器，并采用微机控制。变流器柜中包括变流器、保护电路、滤波器和接触器等；并网柜（又称开关柜）中包括进线出线母排、定子断路器、辅助电源变压器、定子电流互感器、总电流互感器、变流器输入熔断器和继电器等。基于双馈发电机的发电系统如图 8-2 所示。

在图 8-2 中，du/dt 滤波器用于抑制机侧出现的电压尖峰和快速瞬变电压；LCL 滤波器用于抑制交流电压畸变和电流谐波，以减小变流器对电网的谐波污染，满足并网电能质量的要求。撬棒保护电路为使变流器在电网电压瞬变时具备低电压穿越功能。

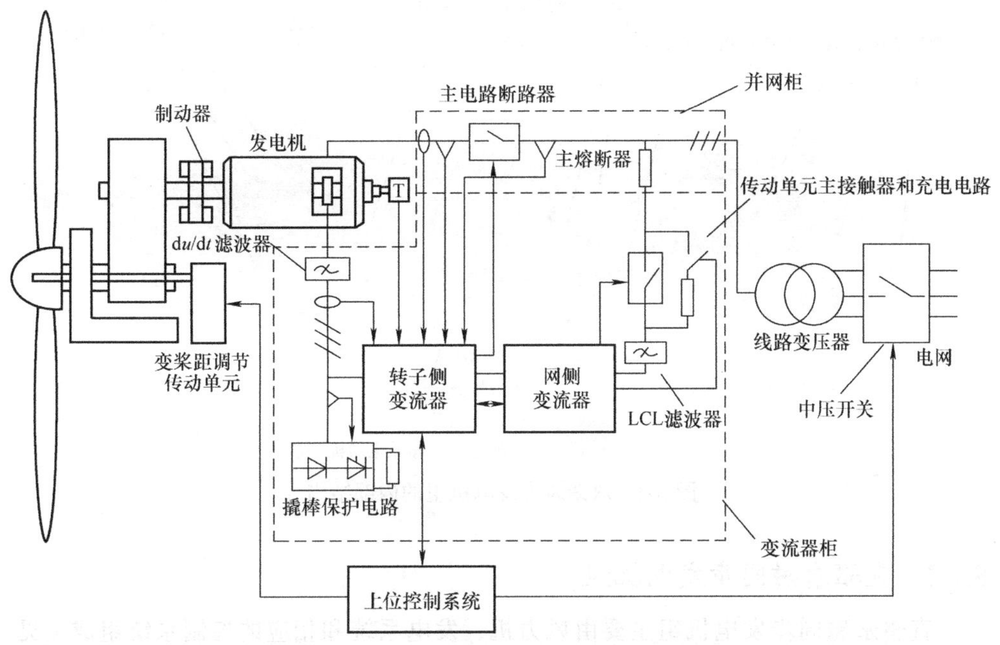

图 8-2　基于双馈发电机的发电系统

图 8-3 所示为双馈风力发电机组的内部结构。它由以下基本部分组成：1）变桨距系统：设在轮毂之中。对于电力变桨距系统来说，包括变桨距电动机、变桨距控制器、电池盒等；2）发电系统：包括发电机、变流器等；3）主传动系统：包括主轴及主轴承、齿轮箱、高速轴和联轴器等；4）偏航系统：由偏航电动机、减速器、偏航轴承、制动机构等组成。5）控制系统：包括传感器、电气设备、计算机控制系统和相应软件。

此外，还设有液压系统，为高速轴上设置的制动装置、偏航制动装置提供液压动力。液压系统包括液压站、输油管和执行机构。为了实现齿轮箱、发电机、变流器的温度控制，设有循环油冷却风扇和加热器。

双馈风力发电机组具有以下特点：1）体积与重量较小，对塔筒载荷的要求相对较低，变流器功率小，总体价格与施工成本较低。2）双馈异步技术成熟度较高，具有运输维护成本低、供应链成熟等优势。3）双馈发电机从转子电路中励磁，还能产生和控制无功功率，通过独立控制转子励磁电流进行有功功率和无功功率控制，属于电网友好型技术。4）齿轮箱增加了机械损耗与维护工作量，传动效率降低，而且转子上存在集电环碳刷装置，可靠性较差，维护工作量大，增加了故障风险。

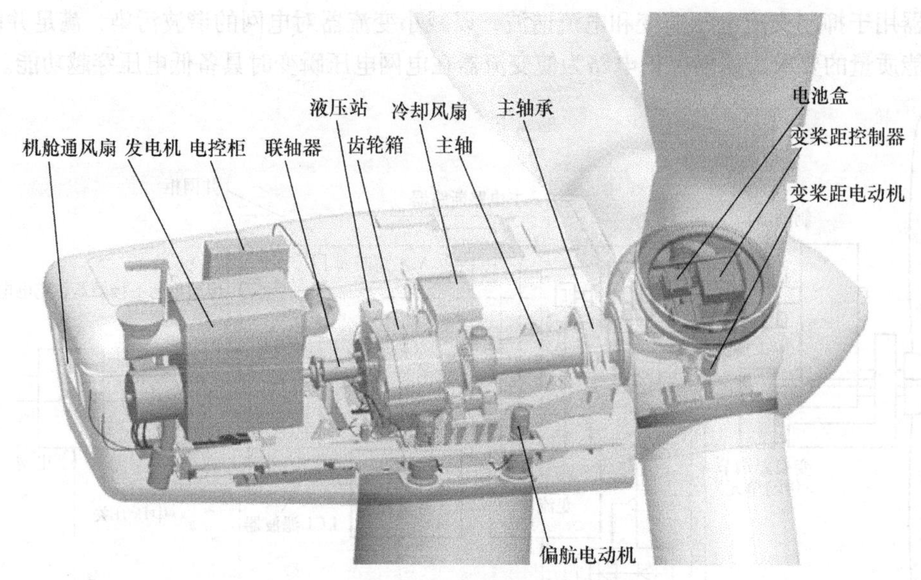

图 8-3　双馈风力发电机组的内部结构

8.1.2　直驱永磁同步发电机组

直驱永磁同步发电机组主要由风力机、发电系统和相应的控制系统组成（见图 8-4a）。发电系统由多极永磁发电机、变流器及辅助元件组成。发电机的定子绕组经变流器与电网相连，变流器中的整流器与定子电路相连接，将定子电路中频率不稳定的交流电整流成直流电，经平波电抗器滤波后再由逆变器变换成交流电馈送电网。通过正弦脉宽调制技术，可以获得正弦波电流，以减小发电机中的谐波转矩，同时实现功率因数的调节，变流器一般用微机控制。变速恒频控制是在定子电路实现的，因此变流器的容量与系统的额定容量相同。

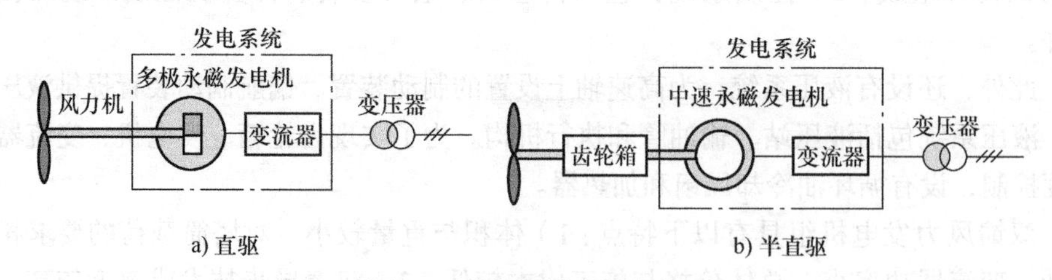

a) 直驱　　b) 半直驱

图 8-4　永磁同步发电机组

图 8-5 所示为直驱永磁同步发电系统。对风力发电机工作点的控制是通过控制逆变器送到电网的电流实现对直流环节电压的控制，从而控制风轮的转速。发电机发出电能的频率、电压、电功率都是随着风速的变化而变化的，这样有利于最大限度地利用风能资源，而恒频恒压并网的任务则由整流、逆变系统完成。

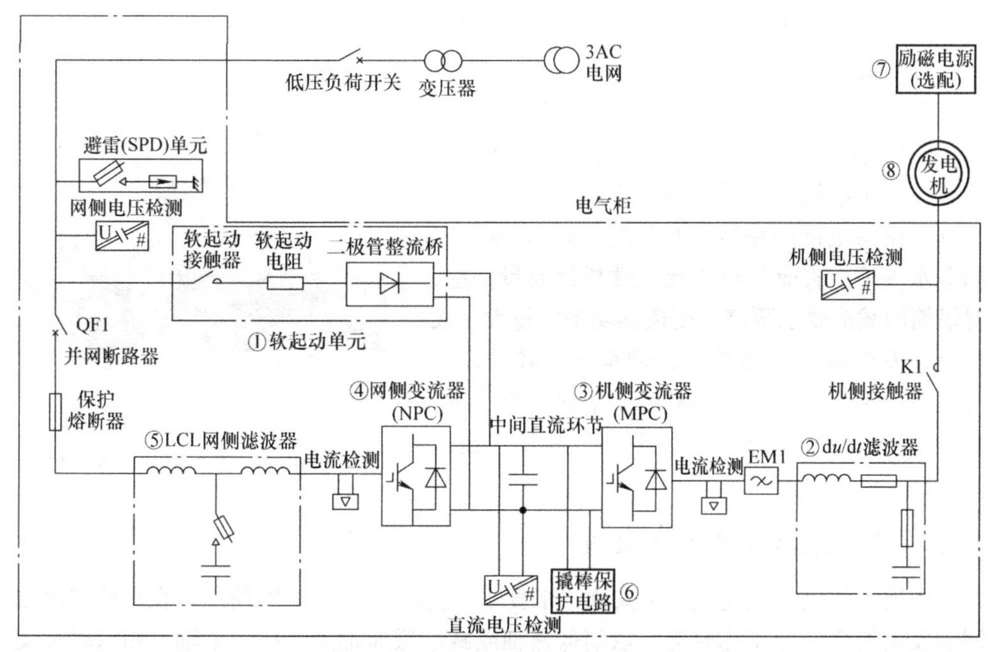

图 8-5　直驱永磁同步发电系统

发电机控制系统除了控制风电机组获取最大能量外，还要使发电机向电网提供高品质的电能。因此要求发电机控制系统尽可能产生较低的谐波电流，能够控制功率因数，使发电机输出电压适应电网电压的变化，向电网提供稳定的功率。

发电系统主要由以下功能模块组成：①软起动单元；② du/dt 滤波器；③机侧变流器；④网侧变流器；⑤ LCL 网侧滤波器；⑥撬棒保护电路；⑦励磁电源；⑧发电机等。

在并网断路器闭合瞬间，过高的电压变化率在直流母线电容上形成较大的冲击电流。因此，发电系统添加软起动电路，在网侧断路器闭合前通过软起动电路为直流母线上的支撑电容充电，保护支撑电容不受电网电压冲击。du/dt 滤波器用于抑制机侧出现的电压尖峰和快速瞬变电压。机侧变流器将发电机定子输出的三相交流电整流为直流电，实现发电机在不同的风速和转速条件下输出稳定的直流电压。网侧变流器将直流电转换成三相交流电送入电网，实现全功率风力发电机组的可靠并网运行。LCL 网侧滤波器用于抑制交流电压畸变和电流谐波，以减小变流器对电网的谐波污染，满足并网电能质量的要求。撬棒保护电路是为了使变流器具备低电压穿越功能，即在电网电压瞬变时仍然并网运行的场合，必须配置撬棒保护电路。撬棒由功率器件和一个卸荷负载电阻组成。功率器件是撬棒的控制部分，包括 IGBT 及其控制电路等。卸荷负载电阻的作用是消耗电网电压跌落时直流侧的多余能量。励磁电源（选配）是为电励磁同步发电机励磁线圈提供电源的装置。

图 8-6 所示为一种内转子直驱式风力发电机组。

直驱式风力发电机组具有以下优缺点：1）没有齿轮箱，简化了传动结构，减少了传动损耗，提高了机组的可靠性，提高了发电效率。2）机组能够在一定电压跌落的范围内不间断并网运行，有利于维持电网的稳定运行。3）总体来说，在同等水平下，直驱机组相比双馈机组要贵一些，对塔筒的载荷要求更高，变流器功率容量大、成本高，发电机尺寸重量大，轴承承载较大，对发电机的轴承要求高，另外冷却散热也有难度。4）在振动、冲击、高温等条件下，机组存在退磁隐患。

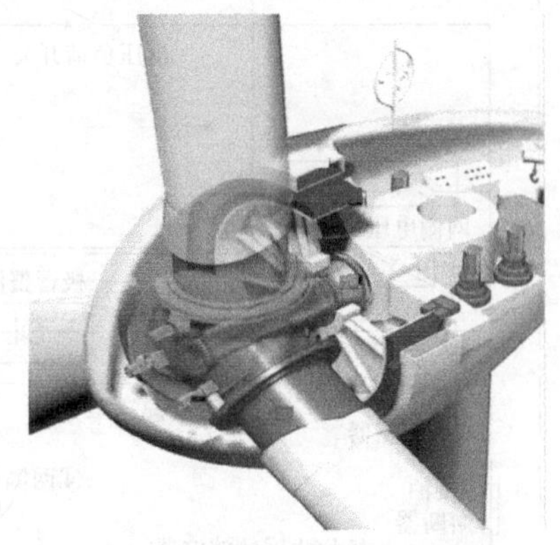

图 8-6 内转子直驱式风力发电机组

8.1.3 中速永磁风力发电机组

中速永磁风力发电机组（又称“半直驱”机组）如图 8-4b 所示。在风轮和永磁同步发电机之间加了齿轮箱，取消低速轴或减小低速轴的长度，主轴采用双轴承支撑，优化载荷承载路径，大大缓解了主轴传动链的载荷，这样通过齿轮箱可以让转子转速比永磁直驱式的高，可以有效减少永磁发电机转子磁极数，有利于降低机舱的体积和重量。机组采用一级或两级增速齿轮箱、多极同步发电机，全功率变流器并网，其调速范围比双馈机组和直驱机组的都要宽，可保证在额定风速之下全范围内对最佳尖速比的跟踪，电能质量高，对电网影响小、提高了机组对风能的利用率，也具备了优良的低电压穿越能力。

中速永磁风力发电机组结合了双馈、直驱机组的优势，但也继承了两者的缺点。

8.2 水能 + 水轮机 + 发电机

8.2.1 水轮发电机

水轮机上的转轮受力比较复杂。实际上，反击式水轮机转轮的工作原理与水平轴风力机很相近。可以参照图 6-16 在转轮圆周上假想取出一段微元（见图 8-7），合成水流速度（w）引起的作用在微元上的水流动力（$\mathrm{d}R$）可以分解为法向力（$\mathrm{d}F_n$）和切向力（$\mathrm{d}F_t$）。法向力（$\mathrm{d}F_n$）为轴推向力，它与微元运动方向垂直，作用在基座上；切向力（$\mathrm{d}F_t$）与微元运动方向相同，是微元的驱动力。此力与微元所在的半径（r）之积，就是微元所受的力矩。转轮上

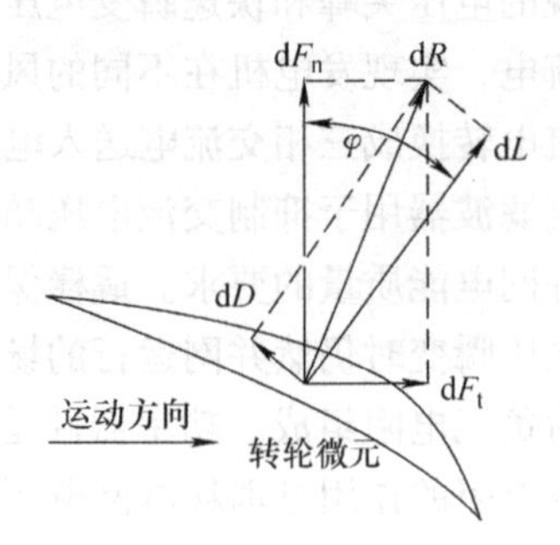

图 8-7 转轮微元上的作用力

所有微元所受的力矩之和，就是转轮上所受的总力矩。此力矩就可以带动发电机。

图 8-8 所示为水轮发电机组，它由轴流式水轮机与多极永磁发电机组成；图 8-9 所示为水轮发电机组在工作地点的安装。

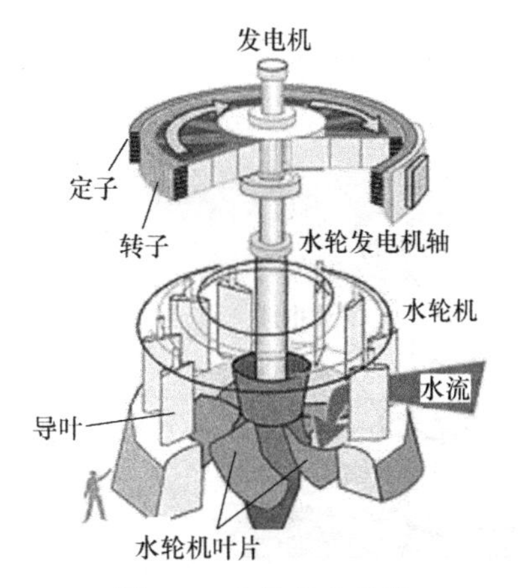

图 8-8　水轮发电机组

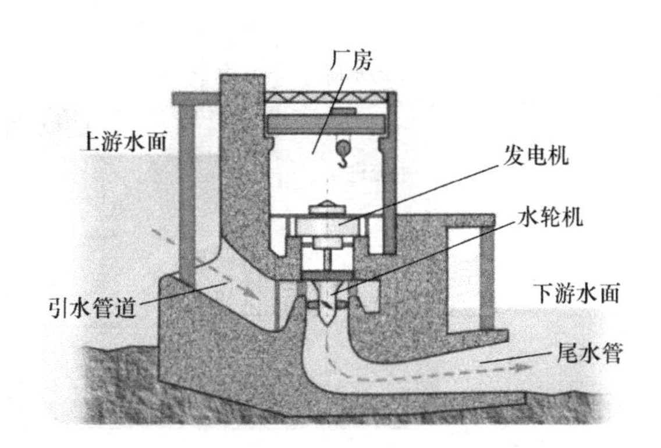

图 8-9　水轮发电机组在工作地点的安装

8.2.2　江河水能开发模式

水力能资源蕴藏量与河流的水面落差、引用水量成正比。然而，除了特殊的地形条件如瀑布、急滩以外，一般情况下，河流的落差是逐渐形成的，因而，采用人工措施集中落差就成了水力能开发的必要方法。按集中落差的方式可以将水力能开发分为坝式、引水式及混合式 3 种基本方式。另外还有沿着河川各流段的梯级开发和用余电提水储存再发电的抽水蓄能电站。

1. 坝式开发

拦河筑坝形成水库，坝上游水位壅高。在坝的上、下游形成一定的水位差，用这种方式集中水头的水电站，称为坝式水电站。

显然，对于坝式开发而言，坝越高，集中的水头越大，但坝高常受库区淹没损失、坝址地形、地质条件、施工技术、工程投资以及水量利用程度等多方面因素的限制。目前，世界上坝式水电站最大水头已达 300 多米。

坝式开发的最大优点是有水库调节径流，水量利用程度高，综合利用价值高。但工程量和淹没损失都比较大，施工期较长，工程造价较高。一般适于修建在坡降较平缓，流量较大的河段，且要有适合建坝的地形、地质条件。

根据水电站厂房的位置，坝式水电站又分为河床式与坝后式（见图 8-10）两种。河床式水电站的厂房直接建在河床或渠道上，与坝（或闸）布置在一条线上或成一个角度，厂房作为坝体（或闸体）的一部分，与坝体一样承受水压力，这种型式多用于平原地区低水头的水电站。在有落差的引水渠道或灌溉渠道上，也常采用这种型式。

坝后式水电站的厂房位于坝的下游，厂房建筑与坝分开，厂房不起挡水作用，不承受水压力，这种型式适于水头较高的水电站。

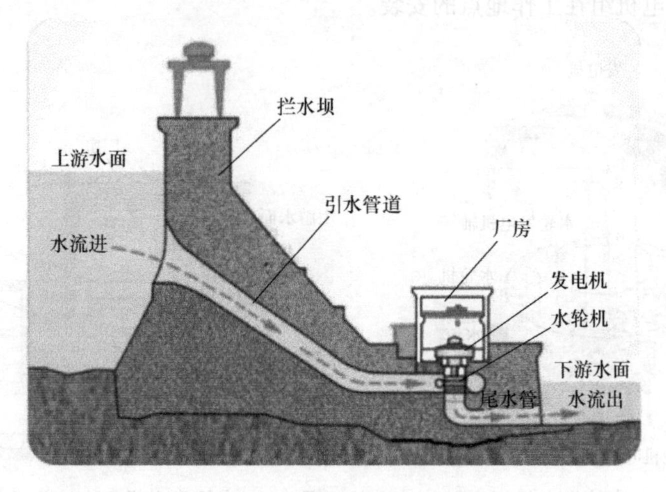

图 8-10 厂房位置坝后式

2. 引水式开发

在河道上布置一低坝取水，水流经纵向坡降比原河道坡降小的人工引水道，水道末端的水位就高出了河道下游水位，从而获得了集中落差，这种开发方式为引水式开发。用这种方式集中水头的电站，称为引水式水电站。引水道可以是无压明渠，即有自由表面（水面与大自然空气接触）；也可以是有压隧洞，即无自由表面（水面不与大自然空气接触），如图 8-11 所示。

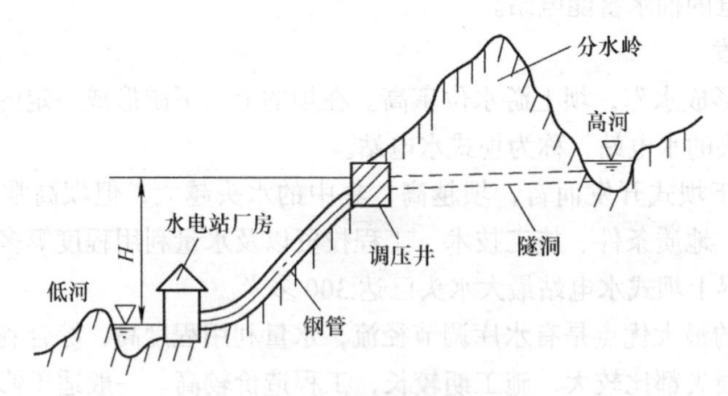

图 8-11 用有压隧洞跨河引水

显然，只有原河道的坡降比较陡，或者有天然瀑布，或者存在着很突出的弯道，修建引水式水电站才是有利的。引水式水电站的进水口往往建有低坝，低坝的作用主要不是集中水头，也不能形成水库调节流量，而是拦截水流便于取水。

如果引水道中的水流是无压的，这种电站就是无压引水式水电站；反之，如果引水道中的水流是有压的，则为有压引水式水电站。在实际工程中，无压引水式水电站多见于小型水电站，只有当上游水位变幅较小时，才适合采用无压引水；当上游水位变幅较大时，无压引水就让位于有压引水，建有压引水式水电站。

引水式开发水电站水头较高，这是坝式开发无法与之相比的。一般来说，这种开发方式没有淹没问题，工程量、工程单位造价都比较低。但因没有水库调蓄径流，水量利用程度低，综合利用价值也比较低。一般适合于修建在流量小、坡降较大的河流中上游，是山区小型水电站常采用的开发方式。在有瀑布、河道大弯曲段，以及相邻河流高差大、距离又较近的条件下，采用引水式开发更为有利。图 8-11 是高差较大并且相距较近的两条河流间引水开发的情形。

3. 混合式开发

这种开发方式一部分落差靠拦河筑坝集中，一部分落差由有压引水道形成。混合式开发有水库可以调节径流，有引水道可以集中较高的水头，集中了坝式、引水式两种开发方式的特点。当上游河段地形、地质、施工等条件适于筑坝，下游河道坡降比较陡或有其他有利地形，适于采用引水式开发时，选用混合式开发较为有利。

8.2.3　水电站的构成

水电站由水工建筑物、流体机械、电气系统及水工金属构件等组成。

1. 水工建筑物

水工建筑物有：1）挡水建筑物：形成堤坝，壅高水位，成为有调节能力的水库。按筑坝材料主要分为混凝土坝和土石材料坝两大类。2）引水建筑物：将水引至水电站厂房的建筑物，包括进水口、引水道（或隧洞）、压力前池（或调压室）、压力管道等。3）泄水建筑物：渲泄汛期洪水，控制运行水位，冲砂、排冰、放空水库，将上游的水不通过电站直接向下游泄放。有溢流坝、溢洪道、泄水闸、泄水隧洞、坝身泄水孔等。4）水电站厂房：按结构及布置特点分为地面式厂房、地下式厂房、坝内式厂房和溢流式厂房等。

2. 流体机械

流体机械的主体是水轮机，它的作用是将水流能量转换为旋转机械能，再通过发电机将机械能转换为电能。流体机械的附属设备包括调速器和油压装置，以及为满足主机正常运行、安装、检修所需要的辅助设备，如进水阀、起重设备、技术供水系统、检修排水系统、渗漏排水系统、透平油系统、绝缘油系统、压缩空气系统、水力测量系统、机修设备等。

3. 电气系统

电气系统包括电气一次、电气二次和通信。1）电气一次：具有发电、变电、分配和输出电能的作用。在电站与电力系统的连接方式已确定的基础上，以电气主接线为主体，与厂用电接线以及过电压保护、接地、照明等系统构成一个整体。主要电气设备包括发电机、主变压器、断路器、换流设备、厂用变压器、并联电抗器、消弧线圈、接地变压器、隔离开关、互感器、避雷器、母线、电缆等。2）电气二次：对全厂机电设备进行测量、监视、控制和保护，保证电站能安全可靠而又经济地发送合乎质量要求的电能，并在机电设备出现异常和事故时发出信号或自动切除故障，以缩小事故范围。该系统主要包括自动控制、继电保护、二次接线、信号、电气测量等。3）通信：保证水电站安全运行、生产管理和经济调度的一个重要手段。在任何情况下都要求畅通无阻。

4. 水工金属构件

一般包括压力钢管、拦污栅、清污设备、闸门及启闭设备等。这些金属构件的作用在于拦污、清污、挡水、引水、排沙、调节流量、检修设备时隔断水体等方面。水工金属构件是水工建筑物的组成部分。

8.2.4 潮汐发电

潮汐发电是水力发电的一种。在有条件的海湾或感潮口建筑堤坝、闸门和厂房，围成水库，在涨潮时将海水储存在水库内，以势能的形式保存，然后，在落潮时放出海水，利用高、低潮位之间的落差，推动水轮机旋转，带动发电机发电。海水水库与河水水库差别在于蓄积的海水落差不大，但流量较大，并且呈间歇性，从而潮汐发电的水轮机结构要适合低水头、大流量的特点。图 8-12 所示为潮汐发电系统。

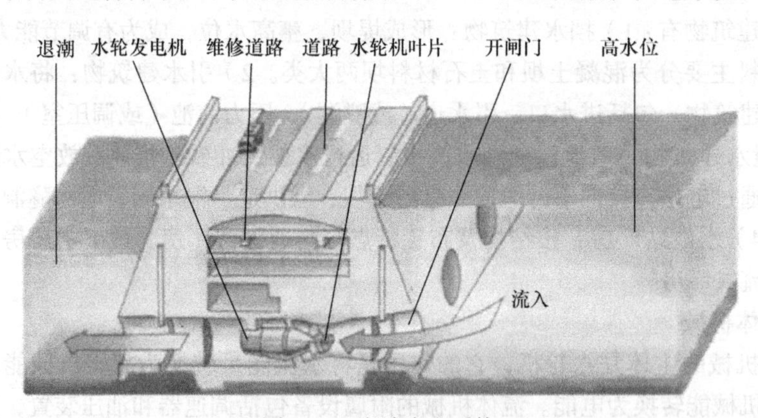

图 8-12 潮汐发电系统

利用潮汐发电必须具备两个物理条件：一是潮汐的幅度必须大，至少要有几米；二是海岸地形必须能储蓄大量海水，并可进行土建工程。即区域蕴有足够大的潮汐能是十分重要的。

潮汐电站的建造方案有很多，这里只介绍经常应用的 4 种。

1. 单库单向式

这种潮汐电站仅建造一个水库调节进出水量，来满足发电的要求。电站运行时，水流只在落潮时单方向通过水轮发电机组发电。其具体运作方式：在涨潮时打开水库闸门，到平潮时关闭闸门，落潮时打开水轮机阀门，使水通过水轮发电机组发电。在整个潮汐周期内，电站的运行按下列 4 个工况进行。1）充水工况：电站停止发电，开启闸门，潮水经闸门和水轮机进入水库，至水库内外水位齐平为止；2）等候工况：关闭闸门，水轮机停止过水，保持水库水位不变，外海侧则因落潮而水位下降，直到水库内外水位差达到水轮机组的起动水头；3）发电工况：开动水轮发电机组进行发电，水库的水位逐渐下降，直到水库内外水位差小于机组发电所需要的最小水头为止；4）等候工况：机组停止运行，水轮机停止过水，保持水库水位不变，外海侧水位因涨潮而逐渐上升，直到水库内外水位齐平，转入下一个周期。

单库单向式发电只需建造一道堤坝，并且水轮发电机组仅需满足单方向通水发电的要求即可，因而发电设备的结构和建筑物结构都比较简单，投资较少。但是，因为这种电站只能在落潮时单方向发电，所以每日发电时间较短，发电量较少。在每天有 2 次潮汐涨、落的地方，平均每天仅可发电 9 ~ 11h，使潮汐能得不到充分的利用，一般电站效率（潮汐能利用率）仅为 22%。

2. 单库双向式

单库双向式潮汐能发电站与单库单向式潮汐能发电站相似之处，也只用一个水库，不同之处是不管是在涨潮时或是在落潮时均能发电。涨潮时外海水位要高于水库水位，落潮时水库水位要高于外海水位，通过控制，在使内外水位差大于水轮发电机组发电所需要的最小水头时，才能发电。若保证涨潮、落潮均能发电，一是采用双向水轮发电机组，以适应涨潮、落潮时相反的水流方向；二是建造适于水流变向的流通结构。图 8-13 所示为单库双向式潮汐发电系统。

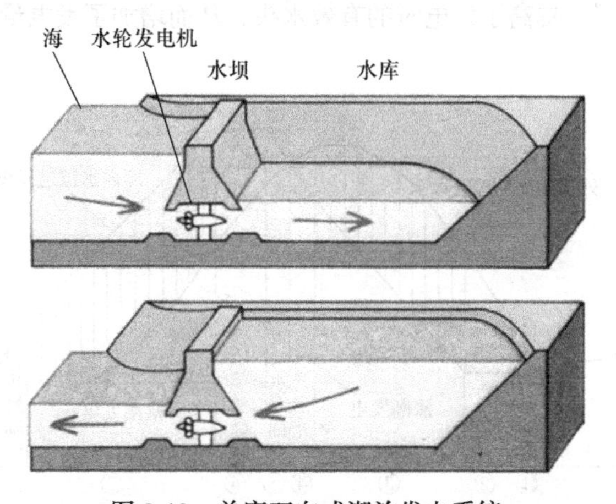

图 8-13　单库双向式潮汐发电系统

由于单库双向式潮汐能发电站在涨潮、落潮过程中均能发电，因此，每日发电时间延至 14 ~ 16h，较充分地利用了潮汐能量，电站效率可提高至 34%。

3. 双库（高、低库）式

这种潮汐发电方式需建造两个毗邻水库，一个水库设进水闸，仅在潮水位比库内水位高时引水进库；另一个水库设有泄水闸，仅在潮水位比库内水位低时泄水出库。双库式电站示意图如图 8-14 所示。这样，前一个水库的水位便始终较后一个水库的水位高。故前者称为高位水库，后者则称为低位水库。高位水库与低位水库之间终日保持着水位差，水轮发电机组放置于两水库之间的隔坝内，水流即可终日通过水轮发电机组不间断地发电。

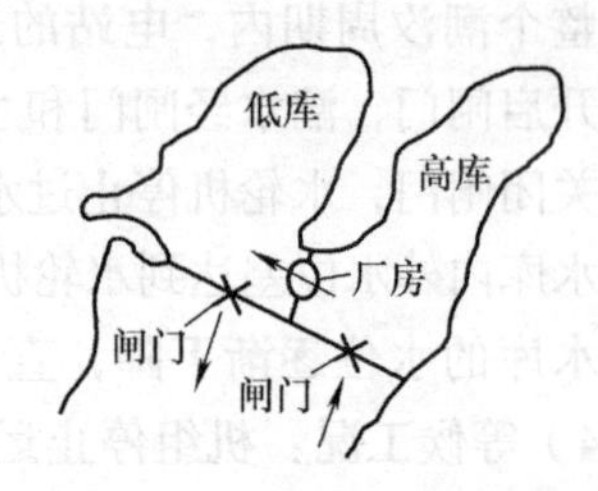

图 8-14 双库式电站示意图

4. 带抽水蓄能式

这种潮汐电站所用的水轮机通常是可逆式水轮机，当其转轮进行正、反向旋转时，分别具有水轮机和水泵的性能。在电站运行的过程中，增加了“水泵抽水”的工况，以降低水库的最低水位与最高水位的差值，达到增加潮汐电站发电量的目的（若水轮机不是可逆式的，需另设水泵机组）。

图 8-15 所示为带抽水蓄能式电站运行工况图。与单库双向式潮汐电站比较，它多出了 2 个“水泵抽水”工况。该方案结合抽水蓄能电站的运行工况：当库外潮水位开始上涨，库内处于较低水位时，电网向电站供电，水轮机处在水泵工况，由库内向外海排水，以降低库水位，随着外海潮水位上涨，库内、外水位差增大，水泵耗电量多或抽水量少，到抽水蓄能不足以获利时，停止抽水。当涨潮结束要落潮、库内与库外水位相近时，水轮机处在反向水泵工况，抽库外水入库，以提高库内水位，随着水库内、外水位差的增大，抽水蓄能无利时，停止抽水。在单库双向潮汐电站的运行过程中，由于充实了两级水泵抽水工况，提高了发电时的有效水头，从而增加了发电量。

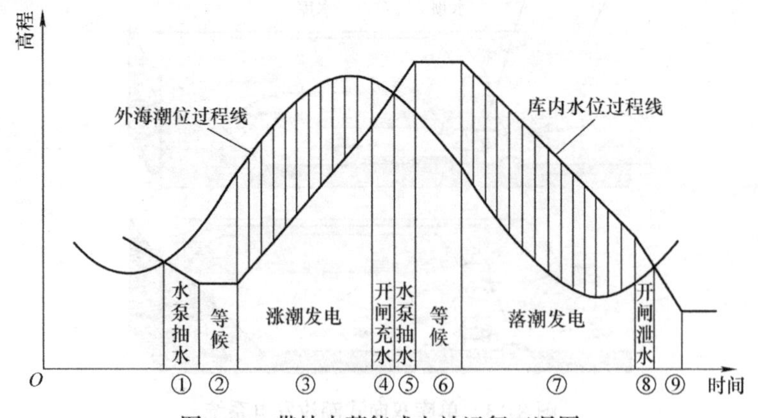

图 8-15 带抽水蓄能式电站运行工况图

潮汐电站的建造有许多设计方案，采用何种形式最佳，要根据当地潮型、潮差、地形条件、电力系统负荷要求、发电设备、建筑材料和施工条件等技术指标进行选择。

潮汐能发电站建造在海边，利用海水的涨潮与落潮来发电，具有一些与内河发电站不同的特点。它们是 1）潮汐电站的水头低、流量大、转速小。在水轮机与发电机之间常采用增速器，以提高发电机的转速。潮汐电站一般选用贯流式水轮发电机组。贯流式机组类型较多，按照通流特性采用全贯流式最为优越，但它对密封技术要求很高。灯泡式机组流道水力性能良好，结构紧凑，多用于较大型的潮汐电站和双向潮汐电站。有的电站也采用竖井式机组或选用简易的立轴定桨机组。2）潮汐电站单位功率投资较大。由于机组体积较大，用钢量多，机组费用在整个电站投资中占有较大比例。我国的一些潮汐电站采用钢丝网水泥或钢筋混凝土的水轮机流道、轮毂、泄水锥等，减少了钢耗、节省了投资。3）发电的周期性和间歇性。潮汐电站是利用海水的涨潮与落潮发电，既有周期性又有间歇性，通过水工建筑物的改进和得当的控制，如双库潮汐电站，可弥补周期性与间歇性的不足，使其能连续发电。4）电站的防淤问题。涨潮时通过水轮机和闸门进入水库的海水中经常带有大量泥沙，泥沙进入水库后流速迅速减小，使泥沙沉降形成泥沙淤积。应进一步研究水库淤积的基本规律和泥沙运动特性，最大限度地保持有效容积。5）防海水腐蚀问题。为了防止海水对电站设备的腐蚀作用，除关键零件采用不锈钢制造外，其他部件宜采用特种涂料和阴极保护防腐技术。6）结合潮汐电站建设开展综合利用。我国沿海地区人多地少，土地宝贵。可因地制宜，将海涂的深港部分作为发电水库，而较高的海涂用来围垦农田；在水库内开展水产养殖，在水位变幅的范围内可养殖花蚶、牡蛎、紫菜等，在发电消落水位以下可养殖对虾、鲻鱼等；有时可根据地理、地形、经济条件等，结合海港建设与海堤设施，改善航运和交通，开展旅游业；还可利用潮汐电站的电力，从海水中提取铀、溴、碘、钾等贵重元素。

8.3 地热能 + 汽轮机 + 发电机

地热发电和火力发电的原理是一样的，都是利用蒸汽的热能在汽轮机中转变为机械能，然后带动发电机发电。按照载热体类型、温度、压力和其他特性的不同，可把地热发电的方式划分为地热蒸汽发电和地下热水发电两大类。

8.3.1 地热蒸汽发电

1. 背压式汽轮机发电系统

从地热井口喷出的热蒸汽，经管道引入净化分离器，除去杂质，然后将蒸汽通入汽轮机做功，驱动发电机发电（见图 8-16）。做功后的蒸汽压力高于大气压力，可直接排入大气中，也可输出用于生产、生活供热。排出蒸汽的余热如果不能利用，会造成能量的浪费，还可能导致环境的污染。

背压式汽轮机发电系统设备简单，投资少，技术成熟，易操作管理。常用在电站规模较小（一般在 5MW 以内）、排出蒸汽的余热能充分再利用，蒸汽中含不凝结气体成分多（如采用凝汽式汽轮机组发电，将使后处理系统结构庞大）等场合。

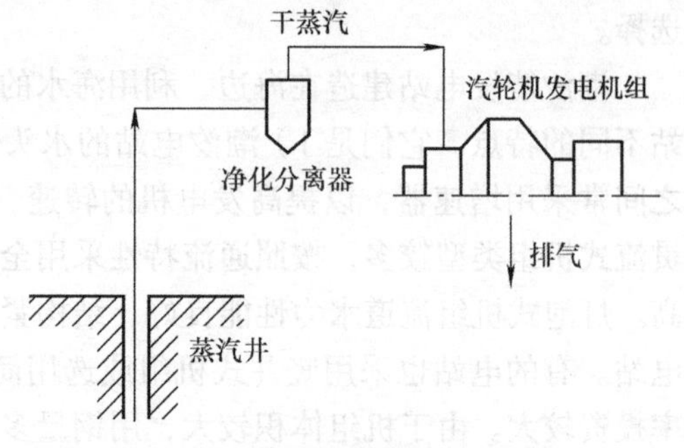

图 8-16 背压式汽轮机发电系统

2. 凝汽式汽轮机发电系统

图 8-17 所示为凝汽式汽轮机发电系统。凝汽式循环可以部分利用大气压力以下的蒸汽热能。实际上，许多大容量地热电站中几乎有 50% ~ 65% 的出力是在低于大气压之下发出的。井口流体如为汽水混合物，则经过净化后的湿蒸汽先进入汽水分离器，分离出的蒸汽再到汽轮机中膨胀做功。由于地热天然蒸汽中通常挟带有相当多的不凝结气体，它们随蒸汽经过汽轮机之后，往往积聚在冷凝器中，使汽轮机背压升高，影响蒸汽的正常膨胀做功。因此地热凝汽式电站都配备有比常规火电站容量大得多的抽气器，以抽除这些不凝结气体，保持冷凝器内的真空度。冷凝器多为混合式，汽轮机排汽与冷却水直接混合接触而使蒸汽凝结。凝结水经过冷凝器排水泵送至冷却塔或冷却水源。冷凝器冷却水由冷却水泵提供，冷却水来自冷却水源或冷却水塔。凝汽式地热电站比背压式地热电站效率高，但是系统要复杂些，管理上要求高。

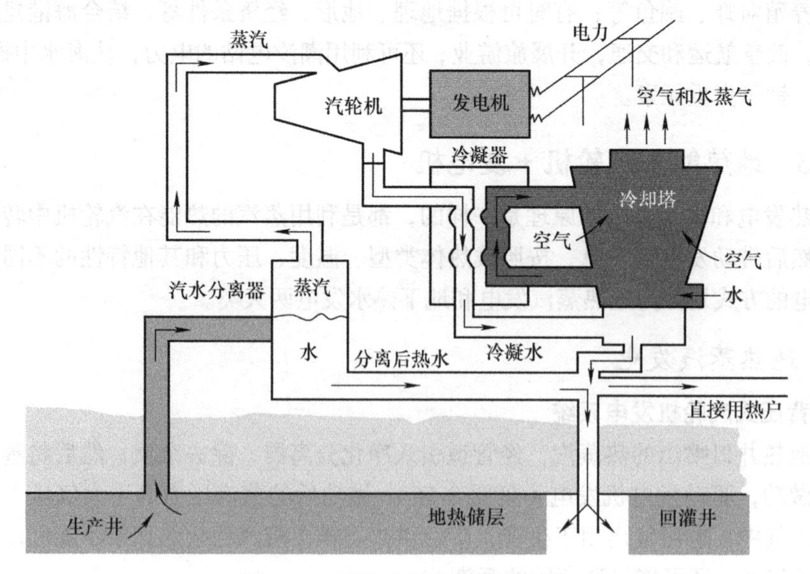

图 8-17 凝汽式汽轮机发电系统

8.3.2 地下热水发电

在地热田中，蒸汽田是很少的，多数是热水田。如何用地下热水来发电，是发展地热能发电的一个重要方面。地下热水发电有两种基本方式：一是闪蒸法发电；二是中间介质法发电。

1. 闪蒸法发电

闪蒸法发电也称减压扩容法发电。它的基本原理是水的沸点温度随压力的变化而变化。如在大气压力下，即在 101.325kPa 下，水的沸点是 100℃。随着气压的降低，水的沸点也降低：气压为 50.663kPa 时，水的沸点降到 81℃；气压为 12.349kPa 时，水的沸点为 50℃；当气压降至 2.339kPa 时，水在 20℃时就沸腾了。

地下热水经过除气器或汽水分离器后（见图 8-18），再进入一个降压的容器闪蒸器中，由于容器中的压力低于该温度下的饱和压力，因此，热水会迅速汽化成蒸汽。汽化过程进行得很快，故称为“闪蒸”。闪蒸出来的蒸汽即可推动汽轮机做功。地热水的温度高低不同，为更多地利用地热能发电，还可进行二级闪蒸，即第一级闪蒸器中剩下的热水又进入第二级闪蒸器（第二级闪蒸器中的压力比第一级低），产生更低一些压力的蒸汽，再进入汽轮机中做功，如图 8-19 所示。

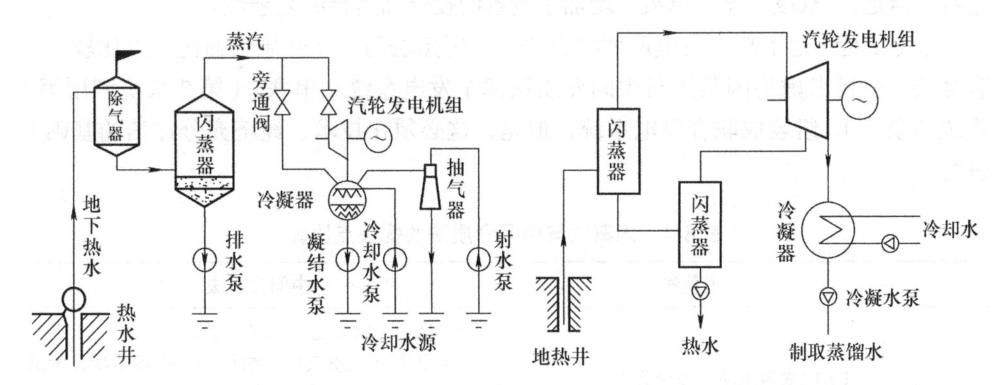

图 8-18 地热水闪蒸发电系统　　图 8-19 地热水两级闪蒸发电系统

由于第二级闪蒸出来的蒸汽比第一级闪蒸出来的蒸汽压力低，所以，它不是从汽轮机转子首端进入，而是从转子中间压力较低段进入汽轮机。第二级闪蒸比第一级闪蒸增加发电能力 15%～20%。

2. 中间介质法发电

中间介质法发电又称双循环、热交换、低沸点工质发电。中间介质法是用地下热水间接加热某些“低沸点物质”来获得推动汽轮机所需要的蒸汽的发电方法。各种物质的沸点温度和压力的关系是很不相同的。水在常压下的沸点为 100℃，而有些物质，如氯乙烷在常压下的沸点温度为 12.4℃，正丁烷的沸点温度为 −0.5℃，异丁烷为 −11.7℃。压力提高，相应的沸点温度也提高。根据某些物质在低温下沸腾的特性，选其为中间介质，在蒸发器中用地下热水将其加热沸腾，产生蒸汽推动汽轮发电机组发电。从汽轮机排出的中间介质蒸汽，进入冷凝器凝结成液体，再由工质泵抽出送入蒸发器，循环使用。中间介质在蒸发器、汽轮机、冷凝器、工质泵及管道里作闭路循环，水在循环过程中不与它混合。

这种热交换发电法常用的中间介质除上面提到的氯乙烷、正丁烷、异丁烷之外，还有氟利昂-11（常压下沸点24℃）和氟利昂-12（常压下沸点为-29.8℃）等。

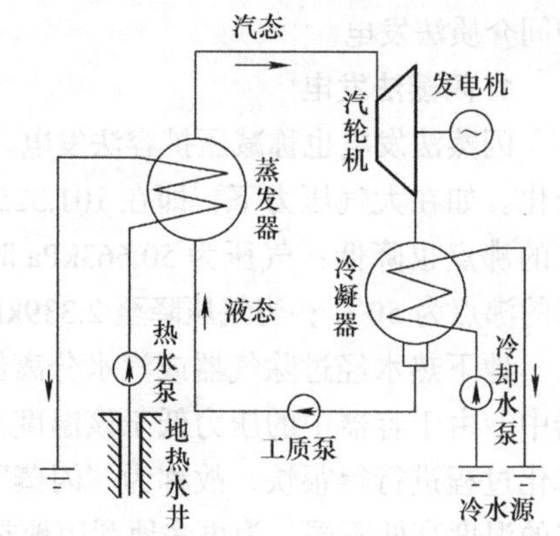

图8-20　中间介质法地下热水发电系统

中间介质法也有单级（见图8-20）和双级之分。所谓“双级”，就是从第1级蒸发器出来的地热水温度仍较高，将其输入第2套中间介质法发电系统蒸发器，在那里再加热低沸点工质进行发电。如果参数、系统选用合理，就能充分利用地下热水的热量，降低发电的热水消耗率，可提高发电量20%左右。但是，“双级”比“单级”增加了设备的投资和运行的复杂性。

表8-1是用地下热水发电的两种方法——闪蒸法与中间介质法的优缺点比较。如有必要，也可考虑将闪蒸法与中间介质法两个发电系统“串联”（第2系统利用第1系统的余热），组装成联合发电系统，但是，这必须在技术、经济充分评估的基础上进行。

表8-1　闪蒸法与中间介质法的优缺点比较

	闪蒸法	中间介质法
优点	1）以水为工质，完全无害 2）扩容（蒸发）器比表面式蒸发器简单，冷凝器可采用混合式，换热器的金属消耗量较少 3）系统和运行管理比较简单	1）低沸点物质适应低温热水发电 2）低沸点工质汽轮机结构小，设备紧凑，管道尺寸小 3）低沸点物质很多，如运用某些物质的超临界循环，可进一步提高发电效果 4）通过表面式换热器换热，热水中的不凝性气体及杂质不会混入系统，整个系统一般高于大气压力，故不需要抽气器，厂用电比率较低
缺点	1）抽气器维持系统的高度真空，抽气泵功率消耗大，厂用电比率较高 2）蒸汽压力低，比容大，管道粗，故热水温度不能太低 3）汽轮机结构较大，效率较低 4）热水水质不良时，蒸汽洁净度不易保证，易引起设备的结垢或腐蚀	1）为了蒸发与回收低沸点物质，需采用表面式换热器，低沸点物质传热性能又较差，故换热器表面积大，金属消耗量较多 2）低沸点物质一般价格较高，渗漏性强，对转动机械等密封性要求很严格 3）某些低沸点物质有毒，或易燃易爆，除要求系统严密不漏外，还要求有较严格的安全技术措施

8.3.3　地热发电的主要设备

1. 汽轮发电机组

地热发电所用的汽轮发电机组与火力发电基本相同，多数是凝冷式机组，卧式布置。很少采用背压式机组。

2. 除气器

除气器装在闪蒸器之前，其作用是排除地热流体中分离出来的气体，以阻止不凝结气体进入热力系统。其工作原理与汽水分离器类似。

3. 闪蒸器

闪蒸器又称扩容器，它是地热电站所特有的一种蒸发器，运行前用抽气器通过旁通阀造成低压内部空间，当地热水进入闪蒸器时，由于器内压力远低于进水温度相应的饱和压力，而使一部分水沸腾产生蒸汽，如图 8-21 所示。

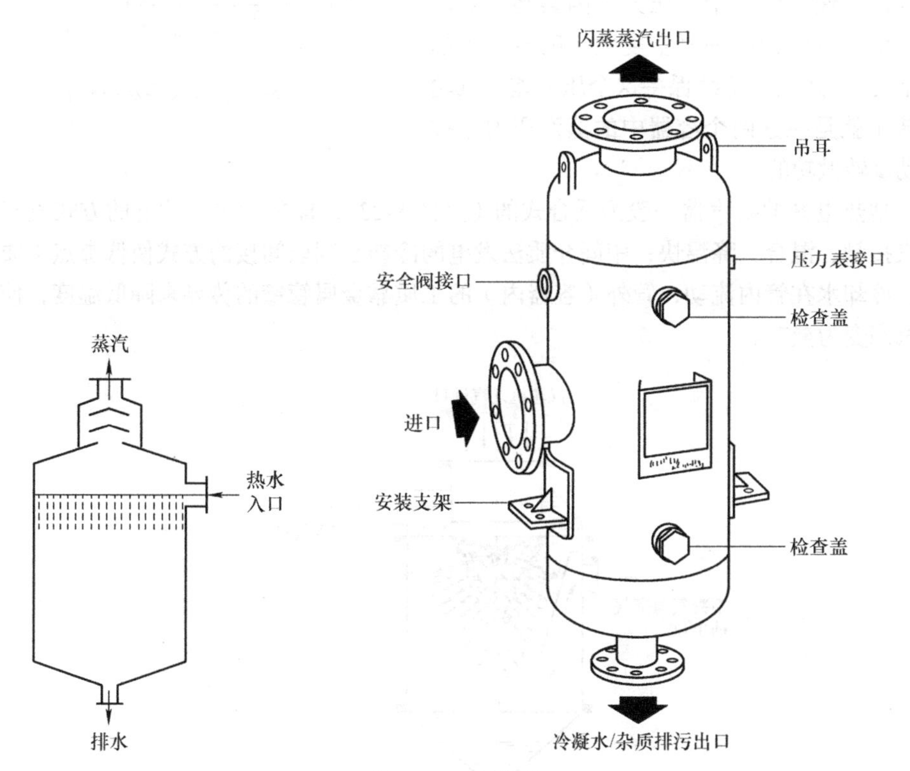

图 8-21　闪蒸器

4. 蒸发器

蒸发器用于中间介质法发电系统，它的任务是利用地下热水加热低沸点介质，使其沸腾产生蒸汽。图 8-22 所示为一种立式蒸发器，热水在管外流过，低沸点工质在管内沸腾，上部是一个很大的蒸汽空间。

低沸点物质的传热性能一般较差，在换热温度较小、热负荷较低的条件下运行，需要很大的金属传热面积。对于中间介质法系统的实际应用与发展来说，很大程度上取决于高效率传热技术的研究。

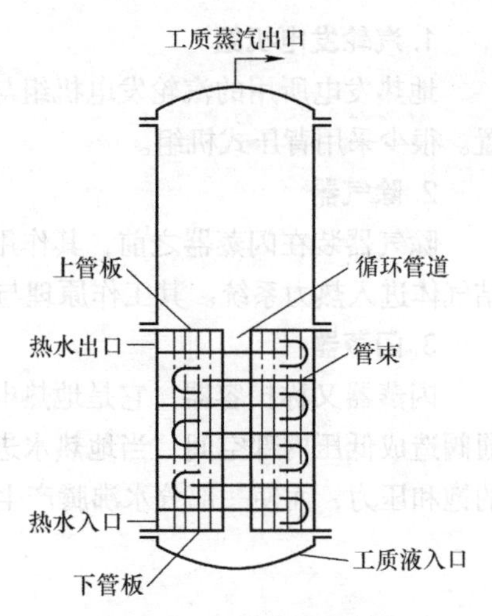

图 8-22　立式蒸发器结构

5. 凝汽器（冷凝器）

在汽轮机中做过功的乏汽排到凝汽器中，由冷却水泵送来的冷却水使其降温成为凝结水，然后由凝结水泵排出。起动时，用抽气器排除系统中的空气，形成负压，调节旁通阀开度，使凝汽器中的压力比闪蒸器中的压力更低（凝汽器中的真空度大于闪蒸器中的真空度），并且要持续保持这个压力差，汽轮机转子就是靠这两个容器中的蒸汽压力差被推动旋转做功的。

地热电站的凝汽器一般为混合式的（见图 8-23），即冷却水以喷淋的方式直接与蒸汽接触、混合，降温快；中间介质法发电的冷却水则以间接的方式使低沸点工质降温，冷却水在管内流动，管外（容器内）的工质靠金属管壁的传导来降低温度，使其由汽态变为液态。

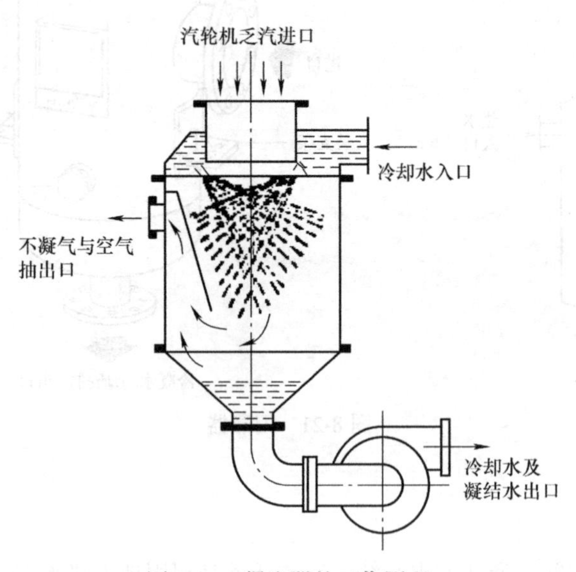

图 8-23　凝汽器的工作原理

6. 抽气器

由于地热汽中含有很多不凝结气体，如 CO_2，H_2S 等，加上冷却水中所含的空气，气体含量少则约 1%，多则达 10%，它们积聚在凝汽器中时，凝汽器里就难以形成较大的真空度，影响汽轮发电机组的效率和出力，必须用抽气设备及时抽出；同时，抽气器还具有形成闪蒸器真空的作用。当不凝结气体含量少于 2% 时，可选用射汽（水）抽气器；当含量在 2% ~ 15% 时，则要选用往复式真空抽气泵或压缩机等。

7. 冷却水源及冷却水塔

地热电站所需要的冷却水量较大，当地热水温为 70 ~ 90℃时，其冷却水量约为热水量的 3 ~ 5 倍。在地表冷却水源充足，附近有河流、湖泊、山泉的情况下，可直接采用一次使用的开式供水冷却系统；当电站附近没有地表水，却有储量丰富的浅层地下水时，可采取开凿浅井的办法，抽汲水温较低的地下水作为冷却水源；若冷却水源不足或距冷却水源过远的地区，则可采用带有冷却塔（见图 8-17）或喷水池的循环供水冷却系统，以保证地热电站的连续生产和稳定出力。

地热能虽然被认为是清洁的能源，对环境的有害影响较小，但是，地热蒸汽和地下热水常含有许多杂质，生产中如果不能做适当的处理，会造成各种污染和对设备的腐蚀。与火力发电相比，地热发电是用闪蒸器或蒸发器代替了锅炉，在运行中有可能出现一些新问题，也应予以重视。

8.4　生物质能 + 锅炉 + 汽轮机 + 发电机

生物质直接燃烧发电技术是生物质发电的主流技术。将经过机械处理的生物质作锅炉燃料来发电，其工艺流程与燃煤发电基本类似。生物质发电所用的原料种类有很多，如林业采伐的枝桠、不能成林的树木、木材加工厂和造纸厂的废弃物、稻壳、蔗渣、农作物秸秆等，可以单独燃用，也可以与煤混合燃烧。

直接燃烧发电的过程是：在生物质燃烧之前，经过预处理过程。这个过程包括：分选、混合、成型、干燥。经过预处理的生物质与过量空气在锅炉中燃烧，产生的热烟气和锅炉的热交换部件换热，产生的高温高压蒸汽推动汽轮机，并带动发电机发电。通常，在凝汽式循环中只发电，而在抽汽或背压式循环中可以实现热电联产。直接燃烧生物质电站中，除了凝汽和热电联供应用方式存在不同之外，使用的蒸汽轮机和发电机与火力发电没有大的差别。生物质直接燃烧发电的关键技术设备是燃烧锅炉。

火力发电所用的锅炉基本上有 4 种型式：炉排炉、煤粉炉、旋风炉和沸腾炉。

（1）炉排炉

炉排炉又称火床层状燃烧炉。这种锅炉附属设备比较少，用电量较少，排除飞灰量也较少，但运行效率较低，一般为 80% ~ 88%，而且要求烧质量较好的煤。小型火电厂常采用这种锅炉。图 8-24 所示为炉排结构。

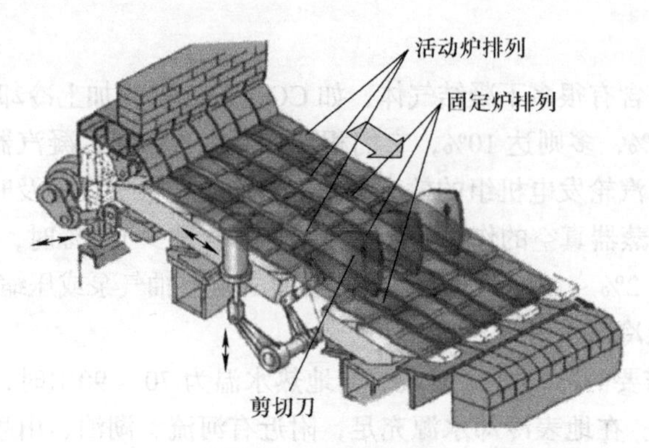

图 8-24　炉排结构

（2）煤粉炉

煤粉炉又称煤粉悬浮燃烧炉。它设有炉排，是将磨得很细的煤粉（粒径为 0.02 ~ 0.10mm），由热空气喷入炉膛，使煤粉在悬浮状态下着火和燃烧，一般在炉膛内停留的时间仅为 1.5 ~ 3s。煤粉炉的运行效率较高，一般为 88% ~ 93%，而且可以烧各种煤，包括灰分和水分较大的劣质煤。因此，大、中型火力发电厂普遍采用煤粉炉。图 8-25 所示为煤粉炉。

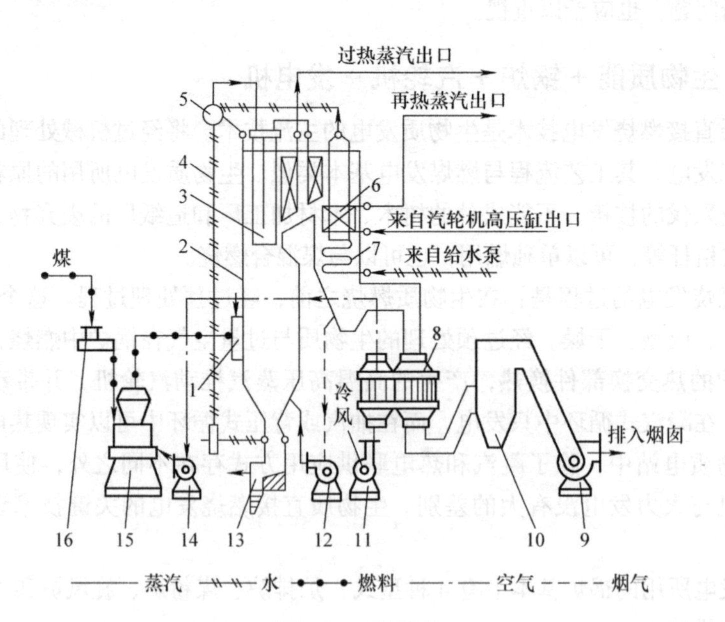

图 8-25　煤粉炉

1—燃烧器　2—水冷壁　3—过热器　4—下降管　5—锅筒　6—再热器　7—省煤器　8—空气预热器　9—引风机　10—除尘器　11—送风机　12—再循环风机　13—排渣装置　14—一次风机　15—磨煤机　16—给煤机

（3）旋风炉

为了强化燃烧，在煤粉炉的基础上，发展了旋风炉和沸腾炉 2 种燃烧方式。

在旋风炉中，细煤粒或粗煤粉首先在圆筒形的旋风燃烧室中被沿切向或割向进入的高速空气（二次风）带着旋转，并在涡旋状态下强烈燃烧，燃烧温度高达 1700℃左右。烟气和部分未烧完的煤粉从旋风燃烧室排出后，进入锅炉炉膛继续燃烧。旋风炉的结构紧凑，特别适用于燃烧低灰熔点的煤种，不需要复杂的制粉设备。

（4）沸腾炉

沸腾燃烧方式是从化工和冶金工业引进到锅炉中来的。在沸腾炉中，空气以高速度穿过煤层，煤层就会膨胀沸腾起来，煤粒像流体一样不断地翻腾，所以也称为流态床燃烧方式。它的特点是煤层中煤粒和空气进行特别强烈的扰动和混合，煤粒的受热条件好，所以对煤种的适应性非常广泛，能烧低挥发分、高灰分、低发热量的劣质煤。

图 8-26 所示为生物质直接燃烧发电系统。由锅炉来的高温高压蒸汽，其能量有一部分用作发电。在发电过程中，蒸汽被分出两次，第一次分出是为其他生产工艺过程提供较高压力的蒸汽（但比进入汽轮机时的压力低得多）；第二次分出是为其他生产（或生活）提供压力较低的蒸汽。

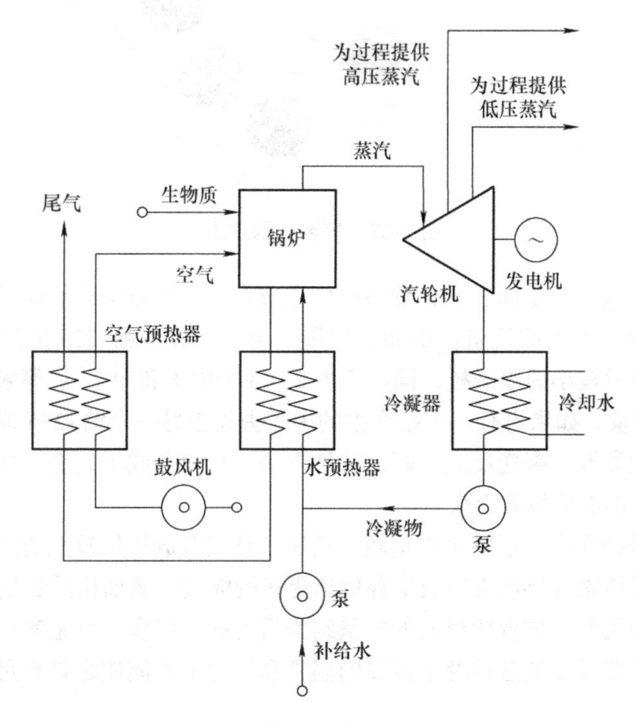

图 8-26　生物质直接燃烧发电系统

8.5 核能 + 反应堆 + 汽轮机 + 发电机

8.5.1 核能的由来

1938 年，德国科学家奥托·哈恩在一次试验中用中子轰击铀原子核，发现铀 -235 原子核在吸收一个中子以后能分裂，在放出 2 ~ 3 个中子的同时伴随着一种巨大的能量，这就是所谓的核能。1942 年美国芝加哥大学建成了世界上第一座自持的链式反应装置，从此开辟了核能利用的新纪元。

核能的获得途径主要有两种，即重核裂变与轻核聚变。被人们所熟悉的原子弹、核电站、核反应堆等都利用了核裂变的原理。图 8-27 所示为核裂变示意图。

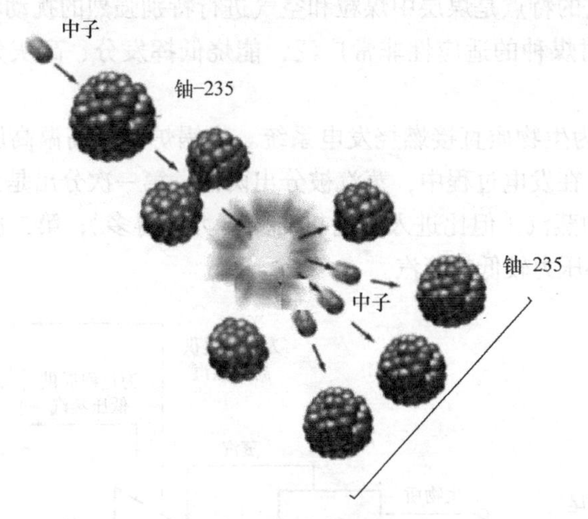

图 8-27　核裂变示意图

重核裂变是指一个重原子核，分裂成两个或多个中等原子量的原子核，引起链式反应，从而释放出巨大的能量。例如，当用一个中子轰击铀 -235 的原子核时，它就会分裂成两个质量较小的原子核，同时产生 2 ~ 3 个中子和 β、γ 等射线，并释放出约 200Mev 的能量。如果再有一个新产生的中子去轰击另一个铀 -235 原子核，便引起新的裂变，以此类推，裂变反应不断地持续下去，从而形成了裂变链式反应，与此同时，核能也连续不断地释放出来。

轻核聚变是指在高温下两个质量较小的原子核结合成质量较大的新核并放出大量能量的过程。轻核聚变要比重核裂变释放出更多的能量。例如相同数量的氘和铀 -235 分别进行聚变和裂变，前者所释放的能量约为后者的三倍多。只是实现轻核聚变的条件要求的较高，即需要使氢核处于极高的温度和压力下才能使之具有足够动能实现持续的聚合反应。

由于原子核间有很强的静电排斥力，因此在一般的温度和压力下，很难发生聚变反应。而在太阳等恒星内部，压力和温度都极高，所以就使得轻核有了足够的动能克服静电斥力而发生持续的聚变。自持的轻核聚变反应必须在极高的压力和温度下进行，故称为“热核聚变反应”。图 8-28 所示为轻核聚变示意图。

氢弹是利用氘、氚原子核的聚变反应瞬间释放巨大能量这一原理制成的，但它释放的能量有不可控性，所以有时造成了极大的杀伤破坏作用。目前正在研制的“受控热核聚变反应装置”也是应用了轻核聚变原理，由于这种热核反应是人工控制的，因此可用作能源。

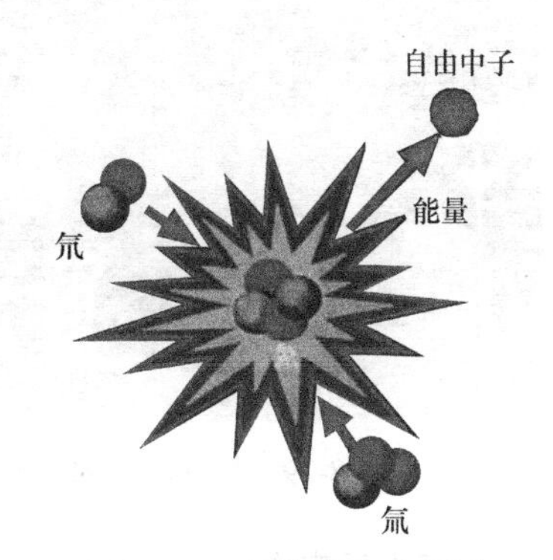

图 8-28　轻核聚变示意图

8.5.2　核反应堆

核反应堆是一个能维持和控制核裂变链式反应，从而实现核能 - 热能转换的装置。反应堆由堆芯、冷却系统、慢化系统、反射层、控制与保护系统、屏蔽系统、辐射监测系统等组成。

核燃料需要用包壳包起来，燃料包壳为了防止裂变产物逸出，包壳材料有铝、锆合金和不锈钢等。需用吸收中子的材料做成吸收棒，又称之为控制棒和安全棒。控制棒用来补偿燃料消耗和调节反应速率；也用来快速停止链式反应。控制棒材料一般是硼、碳化硼、镉、银铟镉合金等。为了将裂变的热导出来，反应堆必须有冷却剂，常用的冷却剂有轻水、重水、氦和液态金属钠等。

由于慢速中子更易引起铀 -235 裂变，而中子裂变出来则是快速中子，所以有些反应堆中要放入能使中子速度减慢的材料，就叫慢化剂，一般慢化剂有轻水、重水、石墨等。

反射层设在活性区四周，它可以是重水、轻水、铍、石墨或其他材料。它能把活性区内逃出的中子反射回去，减少中子的泄漏量。反应堆周围设屏蔽层，减弱中子及 γ 射线剂量。监测系统用于监测并及早发现放射性泄漏情况。

反应堆按用途分为：1）研究试验堆：是用来研究中子特性，利用中子对物理学、生物学、辐照防护学以及材料学等方面进行研究。2）生产堆：通常是指产钚堆，中子来源于用天然铀制作的元件中的铀 -235。除维持裂变链式反应所需的中子外，余下的中子被铀 -238 吸收，即可转换成钚 -239，平均烧掉一个铀 -235 原子可获得 0.8 个钚原子。3）动力堆：可分为船舶动力堆和商用发电反应堆。商用规模的核电站用的反应堆主要有水反应堆、石墨气冷堆和快中子堆等。石墨气冷堆以石墨作慢化剂，二氧化碳作冷却剂，用天然铀燃料，最高运行温度为 360℃。快中子堆采用钚或高浓铀作燃料，一般用液态金属钠作冷却剂，不用慢化剂。根据冷却剂的不同分为钠冷快堆和气冷快堆。图 8-29 所示为核反应堆的外形。

水是使核反应堆中产生的中子减速的最好材料之一。水反应堆是以水和汽水混合物作为冷却剂和中子慢化剂的反应堆。水反应堆的分类如图 8-30 所示。

图 8-29 核反应堆的外形

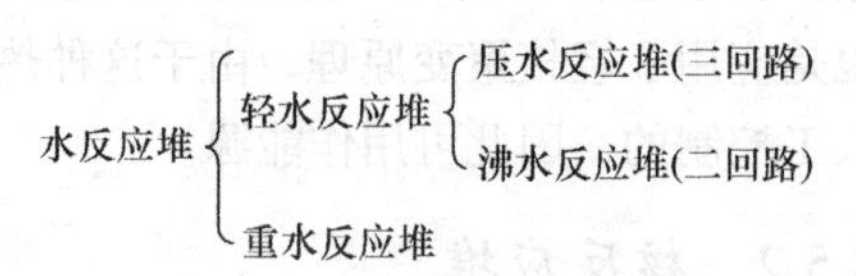

图 8-30 水反应堆的分类

1. 轻水反应堆

用轻水作为慢化剂和冷却剂的核反应堆被称为轻水反应堆。轻水也就是一般的水。与重水相比，轻水有廉价的长处，此外其减速效率也很高。轻水反应堆就堆内载出核裂变热能的方式可分为压水反应堆和沸水反应堆两种，是国际上多数核电站所采用的堆型。

（1）压水反应堆

采用低浓度（铀 -235 浓度约为 3%）的二氧化铀作燃料，高压水作慢化剂和冷却剂，是目前世界上最为成熟的堆型。压水反应堆则用高压抑制沸腾，对轻水一般加 100~160 个大气压，从而热交换器把一次冷却系（取出堆芯产生的热）和二次冷却系（发生送往蜗轮机的蒸汽）完全隔离开来。在反应堆堆芯中水被加热，泵入蒸汽发生器，提供热量产生蒸汽以驱动汽轮机带动发电机发电。

组成压水堆堆芯的燃料组件及相关组件，直立排列在由堆芯上、下板和堆芯围板所围成的空间内。燃料组件下端由堆芯下板定位，上端由堆芯上板和压紧部件定位及压紧。整个堆芯由堆芯吊篮将其悬挂在反应堆压力容器筒身法兰的内突缘上，而堆芯吊篮下部的定位是靠其上的支承键与压力容器内壁下部的支承块配合来实现的。为了减少压力容器的辐照损伤，堆芯与压力容器内壁之间应保持足够的水隙和设置局部中子屏蔽以及采用低泄漏燃料管理。压力容器的上封头上布置若干控制棒驱动机构，以驱动控制棒在堆内上下移动，实现反应堆起动、功率调节、正常和事故停堆等控制功能。一回路加压轻水冷却剂从反应堆压力容器上部的入口接管流入，先沿着堆芯吊篮与压力容器内壁之间的环形间隙（下降段）向下流动，经冷却吊篮和压力容器到达反应堆压力容器底部下腔室后，改变方向向上流经堆芯，冷却燃料组件及相关组件，带走核裂变反应产生的热量。然后高温冷却剂从反应堆压力容器的出口接管流出，再流经蒸汽发生器，使二回路给水加热变成蒸汽，去推动汽轮机运转，进而带动发电机发电。应指出的是，作为慢化剂和冷却剂的高温、高压轻水，有严格的水质要求，通常加硼，以调节反应性，加锂，以调节 PH 值等，对压水反应堆燃料元件使用性能均产生影响。图 8-31 所示为压水反应堆流程。

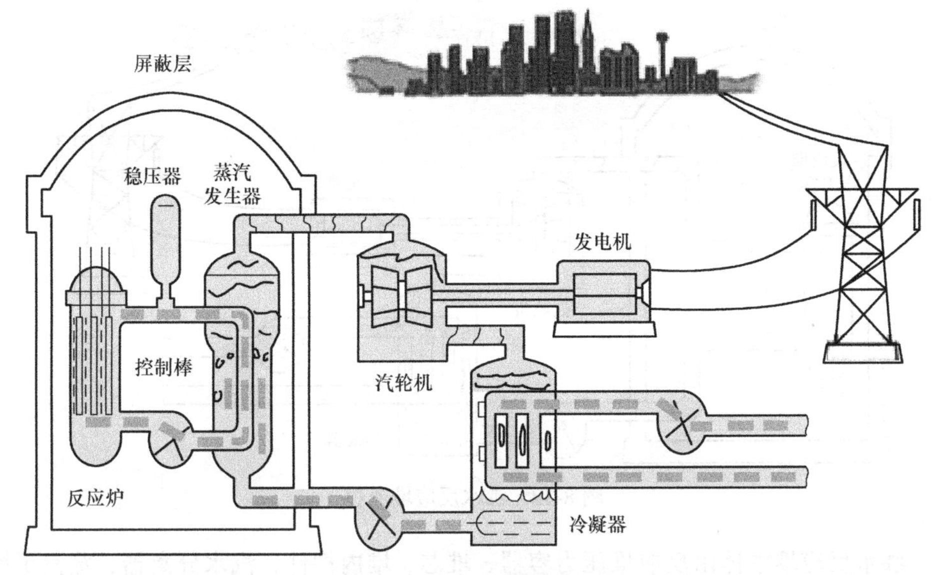

图 8-31　压水反应堆流程

压水反应堆核电厂主要由核岛、常规岛和电厂配套设施组成。其中核岛包括反应堆厂房、反应堆辅助厂房以及设置在其内的系统和设备，用来生产核蒸汽。常规岛主要包括汽轮机厂房及其设置在厂房内的系统和设备，其形式与常规发电厂类似，用来进行电力生产。而电厂配套设施包括除核岛和常规岛以外的一切建筑物和构筑物以及其他一些系统。

（2）沸水反应堆

沸水反应堆所用的燃料和燃料组件与压水反应堆相同。沸腾水既作慢化剂又作冷却剂。沸水反应堆与压水反应堆的不同之处在于冷却水保持在较低的压力下，通过堆芯变成约 285℃的蒸汽，并直接被引入汽轮机。所以，沸水反应堆只有一个回路，省去了容易发生泄漏的蒸汽发生器，从而提高了热效率。

系统的给水进入沸水反应堆压力容器，沿堆芯围筒和容器内壁之间的环形空间下降，在内部喷射泵的作用下进入堆下腔室，再折而向上流过堆芯燃料组件，受热并部分汽化。汽水混合物经汽水分离器后，水分沿环形空间下降，与给水混合；蒸汽则经干燥器出堆，通往汽轮发电机做功发电。蒸汽压力约为 7MPa，干度不小于 99.75%。汽轮机乏汽冷凝后经净化、加热再由给水泵送入反应堆压力容器，形成闭合循环。外部循环泵的作用是使堆内形成强迫循环，其进水取自环形空间底部，升压后再送入反应堆压力容器内，成为内部喷射泵的驱动流。某些沸水反应堆用堆内循环泵取代外部循环泵和内部喷射泵。图 8-32 所示为沸水反应堆流程。

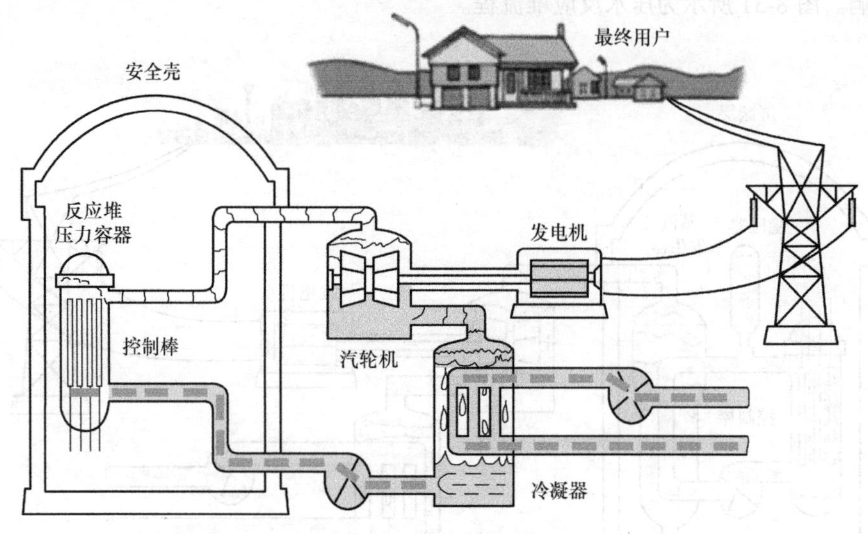

图 8-32 沸水反应堆流程

沸水反应堆本体由反应堆压力容器、堆芯、堆内构件、汽水分离器、蒸汽干燥器、控制棒组件及喷泵等部分组成。堆芯处在压力容器中心，由若干单元组成，每单元有四盒燃料组件和一根十字形控制棒。每盒燃料组件上部靠上栅板定位，下部安放在下栅板上，并坐在控制棒导向管顶部和燃料支撑杯中。燃料组件由燃料元件、定位格架及元件盒组成。燃料元件以 8×8 排列，采用二氧化铀燃料芯块，以锆-2 合金做包壳，内部充氦气，端部加端塞焊接密封。堆内构件包括上栅板、下栅块、控制棒导向管及围板等。汽水分离器在堆芯的上部，它的作用是把蒸汽和水滴分开，防止水进入汽轮机，造成汽轮机叶片损坏。蒸汽通过蒸汽干燥器除湿，以达到汽轮发电机的工况要求。

2. 重水反应堆

用重水即氧化氘作为慢化剂的核反应堆被称为重水反应堆，或简称为重水堆。轻水堆用的是普通水，而普通水对中子的吸收率比较高，所以需要用浓缩铀作为燃料，而重水对中子吸收较少，可以使用天然铀做燃料。自然界天然存在的易于裂变的材料只有铀 -235，它在天然铀中的含量仅有 0.711%，另外两种同位素铀 -238 和铀 -234 各占 99.238% 和 0.0058%，后两种均不易裂变。另外，还有两种利用反应堆或加速器生产出来的裂变材料铀 -233 和钚 -239。用这些裂变材料制成金属、金属合金、氧化物、碳化物等形式作为反应堆的燃料。

用重水作慢化剂的热中子反应堆，可以用重水、普通水、二氧化碳和有机物作冷却剂。重水的热中子吸收截面很小，可以采用天然铀燃料。铀燃料的利用率高于轻水堆，烧过的燃料的铀 -235 含量仅为 0.13%，乏燃料不必进行后处理。这种反应堆可以作为生产堆、动力堆和研究堆使用。堆内中子经济性好，可生产氚和发展成为先进的转化堆。堆内重水装载量大，反应堆造价较高。

重水反应堆产生的副产物（如钚、氚等）比轻水反应堆产生的更多，这些副产物可以用于制造如裂变式原子弹、聚变式原子弹、中子弹以及初级热核武器。

重水堆核电站按重水堆的结构型式可分为压力壳式和压力管式两种。压力壳式的冷却剂只用重水，它的内部结构材料比压力管式少，但中子经济性好，生成新燃料钚 -239 的净产量比较高。这种堆结构类似压水堆，但因栅格节距大，压力壳比同样功率的压水堆要大得多，因此单堆功率最大只能做到 30 万 kW。

8.6 燃气 + 燃气轮机 + 发电机

此处燃气是指天然气、生物质气化生成气和沼气等可燃性气体。这些燃气均可发电。

8.6.1 燃气发电

基于燃气轮机动力装置的燃气发电有简单循环和联合循环两种类型。

1. 简单循环

简单循环燃气轮机动力装置是最简单、最常用的热力循环结构，除燃气轮机动力装置外，没有其他的辅助热力循环装置。

2. 联合循环

联合循环多指燃气—蒸汽联合循环，包括给水加热型、余热锅炉型、排气补燃型和排气全然型等，实际使用的联合循环大部分是余热锅炉型联合循环。该系统主要是由燃气轮机、汽轮机、发电机和换热器、泵等组成。在联合循环机组中，空气经压缩机压缩后送入燃烧室，被压缩的空气与喷入的燃料相混合并燃烧形成高温高压燃气，具有做功能力的燃气工质进入燃气轮机膨胀做功；做功后，仍有较高温度的燃气进入余热锅炉，此时燃气余热使汽水系统的水转变为高温高压蒸汽，具有做功能力的蒸汽工质进入汽轮机膨胀做功，汽轮机排汽经凝汽器冷却为水，再经各级加热器加热后又进入余热锅炉，完成蒸汽循环；余热锅炉中燃气与给水换热后的低温烟气经烟道排入大气，完成燃气循环。这就是典型的余热利用型联合循环发电系统的工作原理，如图 8-33 所示。

欧美国家的经验表明：从安全和调峰的要求出发，在电网中安装功率份额为 8% ~ 10% 的燃气轮机发电机组是必要的。我国许多地区电网的峰谷相差较大，急需起动快、调峰性能好、建设周期短的燃气轮机及其联合循环来适应建设的需要，特别是在沿海开放地区更是如此。

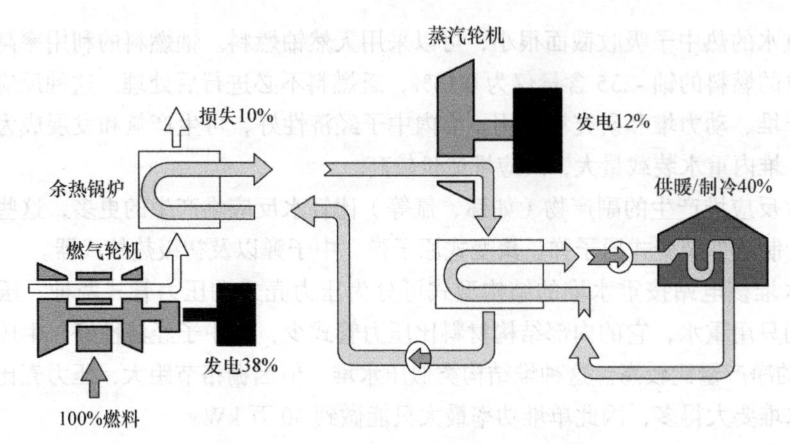

图 8-33 联合循环发电系统的工作原理

8.6.2 生物质气化发电

将生物质气化、产出可燃性气体，以这种气体为燃料，通过燃气轮机—发电机或锅炉—汽轮机—发电机或内燃机—发电机来发电。

生物质气化发电技术的基本原理是把生物质转化为可燃气，再利用可燃气推动燃气发电设备进行发电，主要包括 3 个过程：1）生物质气化：把固体生物质转化为气体燃料；2）气体净化：气化出来的燃气都带有一定的杂质，包括灰分、焦炭和焦油等，需经过净化系统把杂质除去，以保证燃气发电设备的正常运行；3）燃气发电：利用燃气轮机或燃气内燃机进行发电，有的工艺为了提高发电效率，发电过程可以增加余热锅炉和蒸汽轮机。

生物质气化是生物质热化学转换的一种技术，其基本原理是将生物质原料加热，使较高分子量的有机碳氢化合物链裂解，变成较低分子量的 CO、H_2、CH_4 等可燃性气体。在转换过程中要加入气化剂（空气、氧气或水蒸汽），其产品主要是指可燃性气体与 N_2 等的混合气体。

生物质气化所用的原料有多种，如原木生产及木材加工的残余物、薪柴、农业副产物——秸秆、稻壳、玉米芯等，这些原料来源广泛，价廉易取。它们的挥发组分高、灰分少、易裂解，是热化学转换的良好材料。按具体的转换工艺不同，在添入反应炉之前，应根据要求进行适当的干燥和机械加工处理。

8.6.3 沼气发电

沼气发电是随着大型沼气池建设和沼气综合利用的不断发展而出现的一项沼气利用技术，它将厌氧发酵处理产生的沼气用于发动机上，并装有综合发电装置，以产生电能和热能。沼气发电具有创效、节能、安全和环保等特点，是一种分布广泛且价廉的分布式能源。

沼气发酵又称厌氧发酵或厌氧消化，是指有机物质（如作物秸秆、杂草、人畜粪便、垃圾、污泥及城市生活污水和工业有机废水等）在厌氧条件下，通过种类繁多、数量巨大、功能不同的各类微生物的分解代谢，最终产生沼气的过程。图 8-34 所示为沼气发电流程。

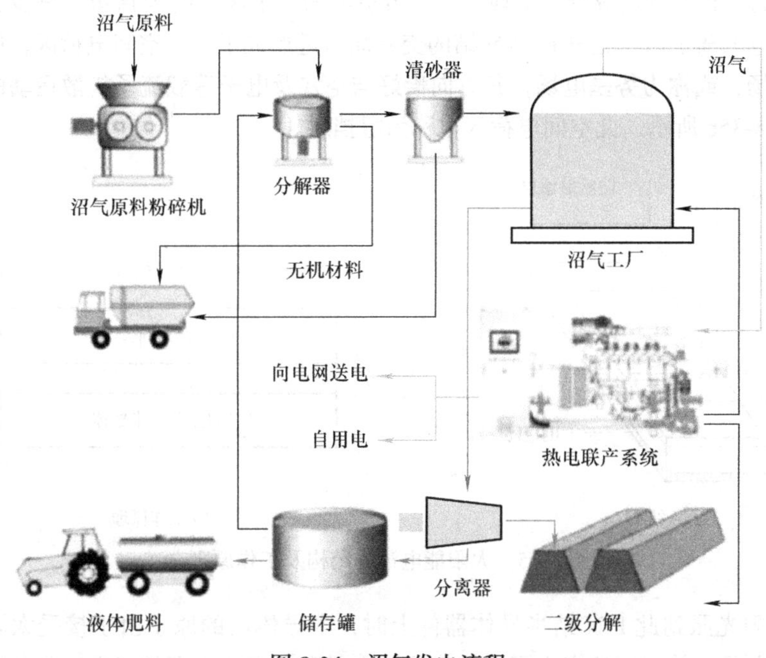

图 8-34　沼气发电流程

沼气发电热电联产项目的热效率，视发电设备的不同而有较大的区别，如使用燃气内燃机，其热效率为 70% ~ 75% 之间，而使用燃气轮机和余热锅炉，在补燃的情况下，热效率可以达到 90% 以上。

沼气中的杂质含量如 Si、HS 等应控制在一定的范围内，沼气的温度为 10 ~ 60℃，压力为 0 ~ 5kPa，具体见沼气的气质要求，一般禽畜粪厌氧处理的沼气都能满足发电的气质要求，污水处理沼气需要脱硫等处理，垃圾填埋沼气需要脱水等处理。

8.7　太阳能 + 光伏电池

8.7.1　太阳能电池

太阳能电池是一种利用光电（光生伏打）效应直接将太阳辐射能转换成电能的金属半导体器件。所谓光电效应就是金属半导体在光的照射下释放出电子的现象。

光伏发电的主要原理是半导体的光电效应。光子照射到金属上时，它的能量可以被金属中某个电子全部吸收，电子吸收的能量足够大，能克服金属原子内部的库仑力做功，离开金属表面逃逸出来，成为光电子。

普通的太阳能电池由P型（空穴型）半导体及N型（电子型）半导体构成，其结构如图8-35a所示。当P型半导体与N型半导体连接在一起时，在其交界处便要发生电子和空穴的扩散运动，空穴由P区向N区扩散，电子则由N区向P区扩散，随着扩散的进行，P区空穴减少，出现了一层带负电的离子区，而N区电子减少，出现了一层带正电的离子区；这样在P-N结的交界面附近形成了一个空间电荷区，即产生了一个内电场，或称为势垒电场，其方向恰好与空穴及电子等载流子扩散运动的方向相反，如图8-35b所示，此空间电荷区也称为阻挡层。

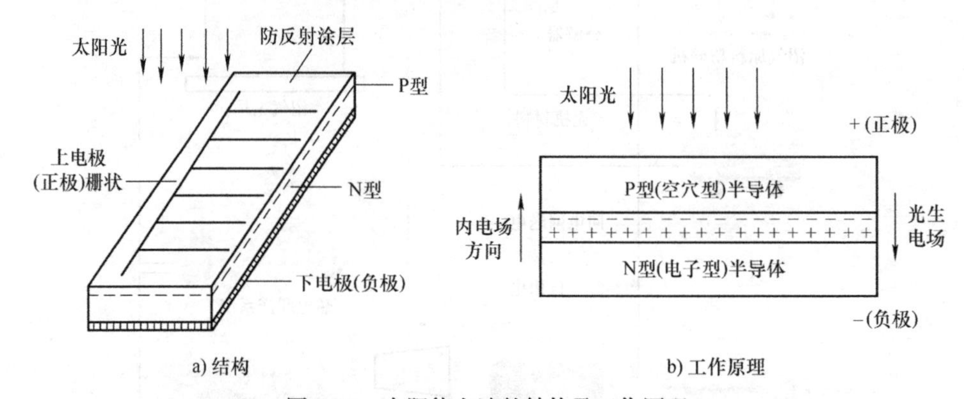

图8-35 太阳能电池的结构及工作原理

当太阳光照到此P-N结半导体器件上时，半导体内的原子由于接受太阳辐射能而释放了电子，并相应地产生了空穴，这些电子和空穴（也即带正电和带负电的载流子）的一部分，在电场的作用下，分别聚集到N区和P区，因而在器件内形成了一个与内电场方向相反的电场（见图8-35b），称为光生电场，这样的场是作为电动势而持续存在的，如果将这个P-N结半导体器件与外电路相连，便可产生电流，这就是太阳能电池的基本原理。必须指出，太阳能电池是借助于太阳光辐射通量而产生电流的，是靠太阳能电池本身提供电动势，故太阳能电池又称光生伏打电池。在正常阳光下，商品太阳能电池的转换效率为10%～20%。

可以用来制造太阳能电池的半导体有多种，目前大多数太阳能电池是硅半导体器件，硅太阳能电池是用元素硅制造的，硅原子有4个外层电子，如果在纯硅中掺入有5个外层电子的原子如磷原子，就成为N型半导体；若在纯硅中掺入有3个外层电子的原子如硼原子，则形成P型半导体。

多晶硅经过铸锭、破锭、切片等程序后，制作成待加工的硅片。在硅片上掺杂和扩散微量的硼、磷等，就形成P-N结。然后采用丝网印刷，将精配好的银浆印在硅片上做成栅线，经过烧结，同时制成背电极，并在有栅线的面涂一层防反射涂层，电池片就至此制成。

太阳能电池单体是用于光电转换的最小单元，它的平面尺寸一般≤ 10cm，常被称为光电池、光电片。由于它的工作电流和开路电压值较小，一般不能单独作为电源使用。当前工业化生产的光电片多为圆形或方形硅光片，国产光电片多为直径为 10cm 的圆形单硅片，在标准条件（光强为 1000W/m^2，光电片温度为 25℃）时的工作电流约为 2.0A，开路电压通常为 0.55 ~ 0.60 V。圆形太阳能电池单体如图 8-36a 所示。

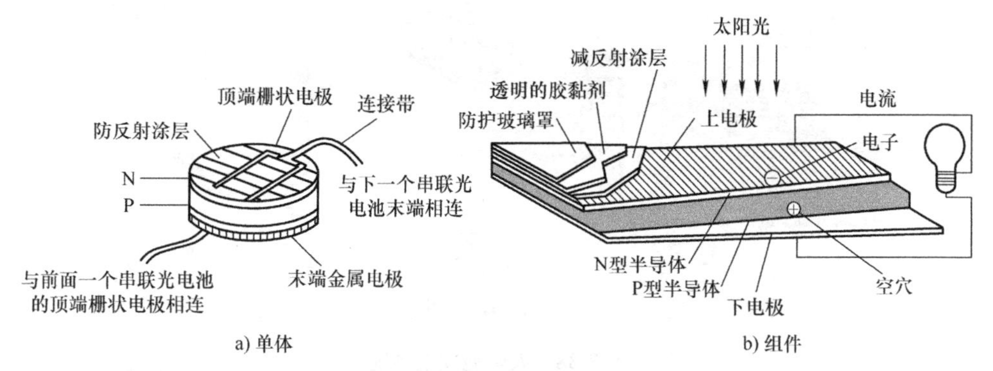

图 8-36　圆形太阳能电池单体和组件

为了适应生产与生活对电能的实际需要，将太阳能电池单体进行串联、并联，封装后成为太阳能电池组件（组合件），也称作光电板。太阳能电池组件的封装方式有两种：一种是双面玻璃密封，电池正、反两面均是玻璃板，将电池镶嵌在一层聚合物中；另一种是玻璃合金层叠密封，电池也是镶嵌在一层聚合物中。封装的目的是为了使太阳能电池防风、防雹、防雨、防腐，延长其使用寿命。图 8-36b 所示为太阳能电池组件。

太阳能电池组件是最小的、可直接供电的单元，组件功率一般为几瓦到几百瓦，可以单独做电源使用。例如：由特性相同的 36 片光电片串联组成的光电板开路电压约为 21V，标准光强时的最佳工作点电压约为开路电压的 80%，即为 16 ~ 17V。光电板发电时，在强阳光照射下，光电片温度可升高到约 60℃。随着温度的升高，开路电压下降，工作电压下降到 14 ~ 15V。这个电压值向额定电压 12V 的蓄电池充电非常合适，因而我国生产的光电板多数均为这种光电板。在标准状态时的最大功率可达 36W。根据用电量的需要，把太阳能电池组件再进行串联、并联，安装在支架上，就构成了太阳能电池方阵，以满足负载所要求的输出功率，也常把大的方阵（方阵的组合）称为阵列。图 8-37 所示为太阳能电池方阵。

图 8-37　太阳能电池方阵

8.7.2 太阳能发电系统

由太阳能电池方阵（阵列）与外围部件组成的供电系统称为太阳能发电（又称光伏发电）系统。如图 8-38 所示。

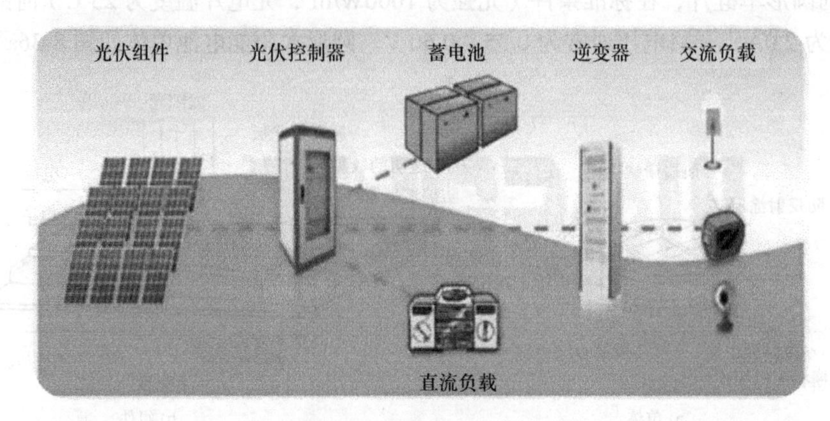

图 8-38　太阳能发电系统

在太阳能发电系统中，主要的零部件有：

（1）蓄电池

蓄电池是太阳能发电系统中的贮能装置，它的功用是将太阳能电池方阵（或组件）发出的直流电转换成化学能贮存起来，当需要时，又将化学能转换成电能，向负载供应直流电。在太阳能发电系统中配套使用的蓄电池主要是酸性的铅—二氧化铅蓄电池和碱性的镉—镍蓄电池。蓄电池的氧化和还原反应的可逆性很高，放电后用充电方法可使两极活性物质恢复到初始状态，可重复使用。

（2）充放电控制器

蓄电池组过充电或过放电后会严重影响其性能和寿命，充放电控制器是能自动防止蓄电池组过充电和过放电的设备，一般还具有简单的测量功能。

（3）逆变器

由于太阳能电池和蓄电池发出的是直流电，逆变器是将直流电变换成交流电的设备。逆变器按运行方式，可分为独立运行逆变器和并网逆变器。

（4）测量设备

对于小型太阳能发电系统来说，一般情况下只需要进行简单的测量，如测量蓄电池电压和充、放电电流，这时，测量所用的电压表和电流表一般就安装在控制器上。对于太阳能通信电源系统、管道阴极保护系统等工业电源系统和大型太阳能光伏电站，则往往要求对更多的参数进行测量，如测量太阳辐射能，环境温度，充、放电电量等，有时甚至要求具有远程数据传输、数据打印和遥控功能。为了进行这种较为复杂的测量，就必须为太阳能发电系统配备数据采集系统和微机监控系统等。

（5）防反充二极管

防反充二极管又称阻塞二极管，串联在太阳能电池方阵电路中，起单向导通的作用。其作用是避免由于太阳能电池方阵在阴雨天和夜晚不发电时或出现短路故障时，蓄电池组通过太阳能电池方阵放电。

（6）跟踪系统

由于相对于某一个固定地点的太阳能光伏发电系统，一年春夏秋冬四季、每天日升日落，太阳的光照角度时刻都在变化，跟踪系统可以使太阳能电池板正对太阳，以便使发电效率达到最佳状态。

太阳能发电系统有三种运行方式：一种是将太阳能发电系统与常规的电力网连接，即并网连接运行；一种是由太阳能发电系统独立地向用电负荷供电，即独立运行；一种是由风力发电系统与太阳能发电系统联合运行。

8.8 氢能 + 燃料电池

氢是 21 世纪人类最理想的能源之一，制氢的原料是水，其燃烧的产物也是水，因此氢的原料用之不竭，也无环境污染问题。常见的氢能发电方法有：燃料电池、氢直接产生蒸汽发电、氢直接作为燃料发电。

燃料电池的基本概念和试验是 1839 年 W.R. 格罗夫（W.R.Grove）最早提出和发现的。1939 年 E. 鲍尔（E.Baur）在他的论文中，首次比较系统地总结了在室温条件下以氢为燃料的碱性燃料电池的研究经验。

燃料电池主要由四部分组成，即燃料极（负极）、空气极（正极）、电解质和外部电路。燃料气和氧化气分别由燃料电池的燃料极和空气极通入。燃料气在燃料极上放出电子，电子经外电路传导到空气极并与氧化气结合生成离子。离子在电场的作用下，通过电解质迁移到燃料极上，与燃料气反应，构成回路，产生电流。同时，由于本身的电化学反应以及电池的内阻，燃料电池还会产生一定的热量。电池的燃料、空气两极除传导电子外，也作为氧化还原反应的催化剂。当燃料为碳氢化合物时，燃料极要求有更高的催化活性。燃料、空气两极通常为多孔结构，以便于反应气体的通入和产物排出。电解质起传递离子和分离燃料气、氧化气的作用。为阻挡两种气体混合导致电池内短路，电解质通常为致密结构。电池工作时，燃料和氧化剂由外部供给，进行反应。原则上只要反应物不断输入，反应产物不断排除，燃料电池就能连续地发电。燃料电池的种类有很多，主要有磷酸盐型燃料电池、融熔碳酸盐型燃料电池、固体氧化物电池等。

氢燃料电池是将氢气和氧气的化学能直接转换成电能的发电装置。其基本原理是电解水的逆反应，将燃料的化学能直接转换为电能，不需要进行燃烧。把氢和氧分别供给燃料极和空气极，氢通过燃料极向外扩散和电解质发生反应后，放出电子通过外部的负载到达空气极。图 8-39 所示为氢燃料电池。

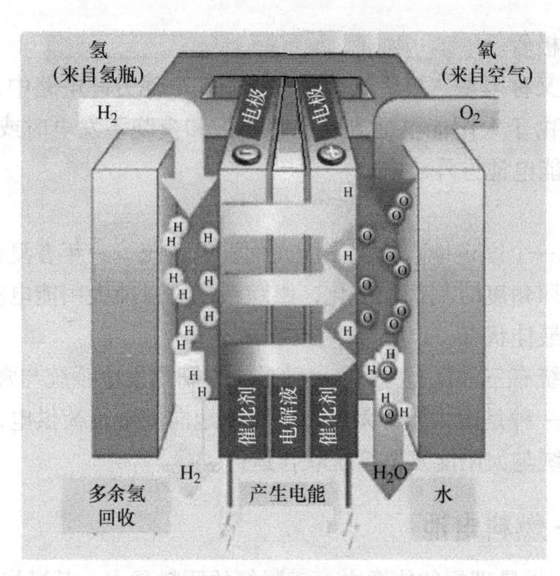

图 8-39　氢燃料电池

氢燃料电池的特点是：1）无污染。燃料电池对环境无污染。它是通过电化学反应，只会产生水和热。如果氢是通过可再生能源产生的（光伏电池板、风能发电等），整个循环就是彻底的不产生有害物质排放的过程。2）无噪声。燃料电池运行安静，噪声大约只有 55dB，相当于人们正常交谈的水平。这使得燃料电池适合于室内安装，或是在室外对噪声有限制的地方。3）高效率。燃料电池的发电效率可以达到 65% ~ 80%，这是由于燃料电池可以直接将化学能转换为电能，不需要经过热能和机械能（发电机）的中间变换。

燃料电池技术的发展使氢燃料电池汽车、分布式发电、氢燃料电池叉车以及应急电源的应用已接近产业化。未来氢能终端应用产业可能有氢能船舶、氢能无人机、氢能轨道交通、氢能冶金、家用储能和并网发电等。

目前，氢燃料电池的发电热效率可达 65% ~ 85%，质量能量密度为 500 ~ 700Wh/kg，体积能量密度为 1000 ~ 1200Wh/L，发电效率高于固体氧化物燃料电池。氢燃料电池在 30 ~ 90℃下运行，起动时间很短，0 ~ 20s 内即可达到满负荷工作，寿命可以达到 10 年，无振动，无废气排放，大批量生产成本可降到 100 ~ 200 美元 /kW。将氢燃料电池用于电动车，与燃油汽车比较，除成本外，各方面性能均优于现有的汽车。只要进一步降低成本，预计不久就会有实用的氢燃料电池电动车问世。

Chapter 9

第9章 互补发电和电能储存

低碳能源发电越来越多地采用风、光、水等互补的方式，并且加入各类储能设备。同时，组建分布式电网和微网。这样可以有助于公共电网削峰填谷，使供电更为稳定可靠，也可以节约能源。本章将主要介绍互补发电和电能储存方面的知识。

9.1 风-光互补发电

采用风力发电与太阳能发电互补的目的是为了更高效地利用可再生能源。在风力强的季节或时间内以风力发电为主，以太阳能发电为辅向负荷供电；在风力弱的季节或时间内以太阳能发电为主，以风力发电为辅供电，中国西北、华北、东北地区冬、春季风力强，但太阳辐射弱；夏、秋季风力弱，但太阳辐射强。从资源的利用上恰好可以互补，因此风力-太阳能发电系统是一种合理的和可靠的获得电力供应的方法。

目前风力发电系统和太阳能发电系统有三种运行方式：一是将风力发电系统、太阳能发电系统与公共电网连接，即并网运行；二是由风力发电系统、太阳能发电系统各自独立地向用电负荷供电，即独立运行；三是由风力发电系统与太阳能发电系统联合运行。

风力-太阳能发电联合供电系统的结构组成如图9-1所示，该系统由风力发电系统、太阳能电池方阵、阳光跟踪系统、电能储存装置（蓄电池）、控制系统、辅助电源及用户负荷等组成。

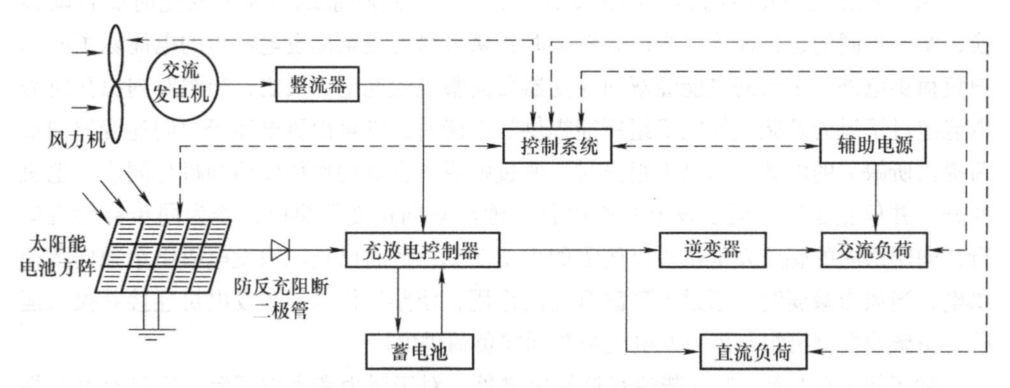

图9-1 风力-太阳能发电联合供电系统的结构组成

整流器把风电机组发出的交流电变换成直流电；逆变器将直流电转变成频率恒定的交流电，此外还具有自动稳压功能，可有效改善风 - 光互补发电系统的供电质量；蓄电池接受风 - 光互补控制器的部分直流电用以进行电能的存储，可消除由于天气等原因引起的供电量不足；若需要其进行放电向外输送电能时，则需要经过逆变器将直流电转换成交流电，最终输送到用户末端，蓄电池起到电能调节和平衡负载的作用。充放电控制器根据日照强弱、风力大小及负载的变化，对蓄电池组的工作状态进行切换和调节；阻断二极管防止蓄电池向太阳能电池反充电。

风 - 光互补控制系统将风力发电机组和太阳能发电机组共同产生的电能进行调节、整合，最终以直流电的形式输出。输出的直流电有 3 个去处：一是直接供给所需的直流负载；二是通过逆变器将直流电转换成频率恒定的交流电，然后通过输电线输送到用户负载处；三是可以将多余的直流形式的电能给蓄电池进行充电。在此过程中主要对以下设备进行控制：太阳能电池板的最大功率点跟踪（Maximun Power Point Tracking，MPPT）控制，负载跟踪控制，光源跟踪控制；风力发电机组的 MPPT 控制，负载跟踪控制和运行保护控制。

9.2 风 - 柴油互补发电

可应用风 - 柴油互补发电的地区有农村、牧区和边远地区的边防连队、哨所、海岛驻军以及内陆湖泊渔民、地处野外高山的微波站、航标灯、电视差转台站、气象站、森林中的瞭望烽火台、石油天然气输油管道、近海滩涂养殖业及沿海岛屿等。这些地方绝大部分处在风力资源丰富地区，多使用柴油或汽油发电机组供电，成本高。通过采用风电机组 / 柴（汽）油联合发电系统或风电机组 / 光、电池互补系统供电，既能保证全天 24h 供电，又节约燃料和资金，同时还减少了对环境的污染，经济效益和社会效益十分显著。

风 - 柴油互补发电的典型结构如图 9-2 所示，这种系统当风力变化时能自动转换，实现不同的运行模式，当风力较强时，来自风力及柴油发电机组的电能除了向用户负荷供电外，多余的电能经双向逆变器可向蓄电池充电，反之，当短时内负荷所需电能超过了风力及柴油发电机组所能提供的电能时，则可由蓄电池经双向逆变器向负荷提供所缺欠的电能，当风力很强时，通过电磁离合器的作用使柴油机与同步发电机断开，并停止运转，同步发电机则由蓄电池经双向逆变器供电，变为同步补偿机运行，向网络内的感应发电机提供所需的无功功率，此时已是风力发电机组单独向负荷供电，当风力减弱时，通过电磁离合器的作用，使柴油机与同步发电机连接并投入运行，由柴油发电机组与风力发电机组共同向负荷供电。

除了风 - 光互补、风 - 柴油互补发电之外，对于风力和水力资源丰富且有互补性的地区还可以采用风 - 水互补发电。

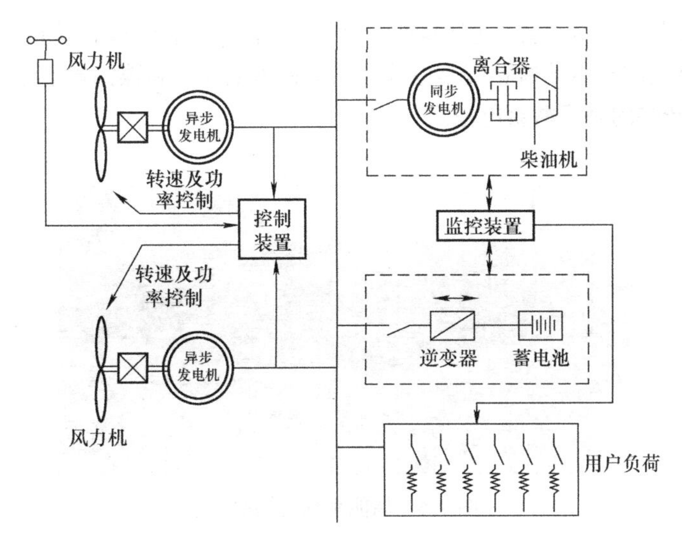

图 9-2　风 - 柴油互补发电的典型结构

9.3　电能储存

风能、太阳能、江河水能和潮汐能等低碳能源都具有间歇性，并且是不能直接储存起来的，因此，即使在此类间歇性能源丰富的地区，把它们作为获得电能的主要方法时，必须配备适当的储能装置，在间歇性能源较强的时段，除了向用电负荷提供电能以外，将多余的电能转换为其他形式的能量储存起来，在间歇性能源较弱或无间歇性能源期间，再将储能装置中储存的能量释放出来。除了削峰填谷的功能之外，还可以提供应急电源；提高供电系统的可靠性；改善电能质量和电网特性；使局部电网从故障状态快速恢复到工作状态（简称黑起动）。电能的储存方式如图 9-3 所示。

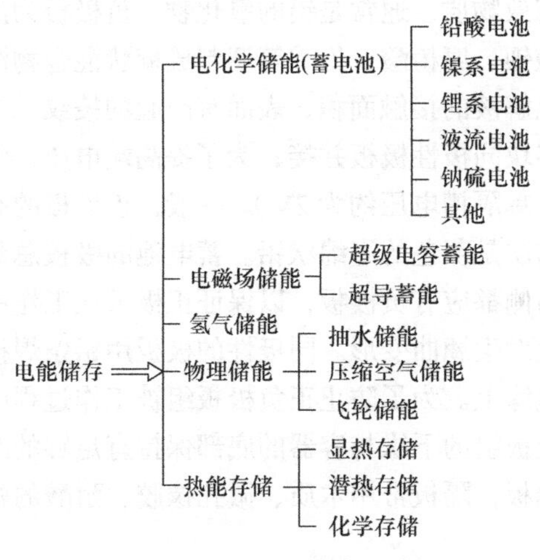

图 9-3　电能的储存方式

电池储能技术较为成熟，应用较广。图 9-4 所示为储能系统现场照片。目前风力发电系统中常用的蓄电池有铅酸蓄电池（又称铅蓄电池）和镍镉蓄电池（又称碱性蓄电池）。用得较多的是铅酸蓄电池。

图 9-4　储能系统现场照片

9.3.1　铅酸蓄电池

铅酸蓄电池工作电压平稳，既可小电流放电，又可大电流放电，工作温度范围宽，跟随负荷输出特性好。但重量大，质量比能量低，普通铅酸蓄电池需要维护，充电速度慢。

1. 普通铅酸蓄电池

（1）结构

普通（开口式）铅酸蓄电池主要由壳体、正极板组、负极板组、隔板、耐酸容器、电解液、安全通风塞和附件等组成。图 9-5 所示为普通铅酸蓄电池的结构，图 9-6 所示为普通铅酸蓄电池的剖面图。铅酸蓄电池的正极板多做成玻璃丝管式结构，以增大极板与电解液之间的接触面积，减小内电阻和增大单位体积的蓄电容量。玻璃丝管内部充填有多孔性的有效物质，通常是铅的氧化物。负极板为涂膏式结构，即将铅粉用稀硫酸及少量的硫酸钡、腐植酸、松香等调制成糊状混合物涂填在铅质的格栅骨架上。为了增大极板与电解液的接触面积，表面有凸起的棱纹。为了提高电流强度，在一个隔槽中电池常以多块同极性极板并接；为了提高端电压，常根据需要由多个隔槽串接成为一个蓄电池（单隔槽电压约为 2V）。一般，正极板的有效物质是褐色的二氧化铅，负极板的有效物质是灰色的海绵状铅。蓄电池的极板总数通常为奇数，一般不少于 3 块。正极板的两侧都应有负极板，以保证正极板在工作中两面的化学反应程度尽可能完全相同，避免发生翘曲变形。同极性的极板用铅条焊接成一组，正负两极板用耳柄分别挂在容器边缘上。为了防止正负极板组被工作过程中脱落到底部而沉积起来的有效物质短路，极板组的下缘与容器的底部保持有足够的距离。在正负极板之间常放置隔条或多孔性隔板，隔板常用木质、微孔橡胶、耐酸的塑料或超细玻璃纤维等制成。

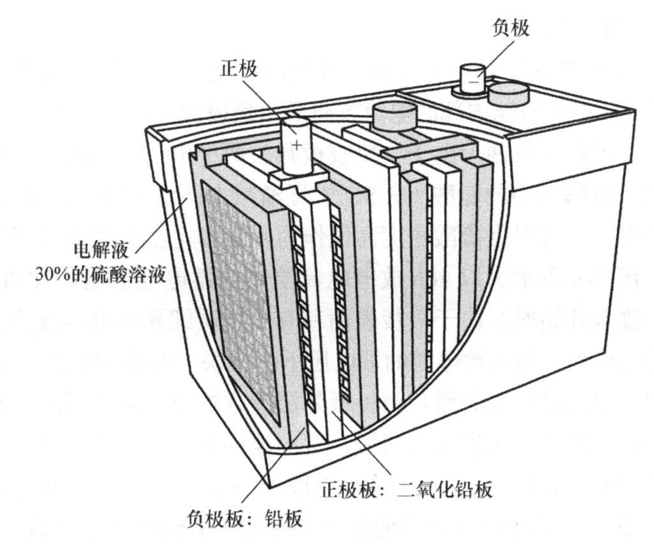

图 9-5　普通铅酸蓄电池的结构

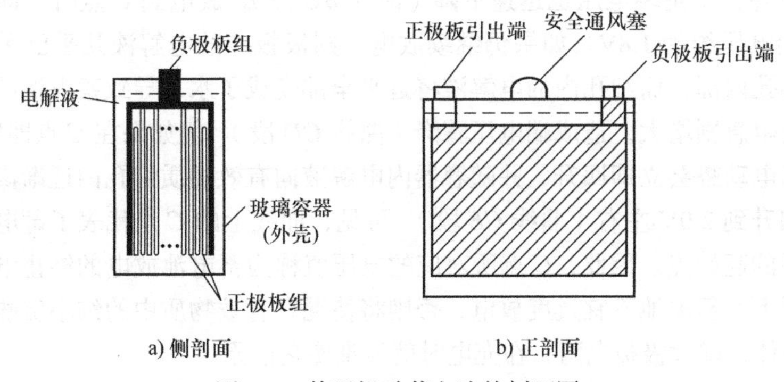

图 9-6　普通铅酸蓄电池的剖面图

电解液由纯硫酸和蒸馏水配制而成。一般在温度为 15℃时，固定式铅酸蓄电池电解液的密度应该为 1.21kg/L。电解液面至少应该比极板的上沿高出 10mm，以防止极板翘曲变形。同时，电解液面至少要比容器的上沿低 15 ~ 20mm，以防止在充电过程中，由于电解液沸腾时溢出。另外，容器上面应用盖板，以防止灰尘落入和充电时电解液溅出。

如果液体铅酸电池的极板就放在电解液中，这种电池只能水平放置使用。有的蓄电池电解液被吸附在超细玻璃纤维隔板、二氧化硅颗粒中或凝胶中，这类蓄电池倒置也不致漏液，但价格较贵。

（2）工作原理及特性

1）铅酸蓄电池的放电和放电特性：铅酸蓄电池的正极板（PbO_2）和负极板（Pb）插入稀硫酸溶液里就发生化学变化，在两极上产生不同的电位。两极在外电路断开时的电位差就是蓄电池的电动势。

蓄电池供给外电路电流时称为放电。放电时，电流从正极流出经负载 R 流向负极，如图 9-7 所示，在蓄电池内部的电流方向是由负极流向正极，在电解液的作用下，产生电化反应。正极板吸收两个电子，负极板释放两个电子。同时正负极板都变成了硫酸铅（$PbSO_4$），电解液中的硫酸（H_2SO_4）逐渐减少而水分增加，硫酸的密度降低。因此，在实际工作中，可根据硫酸密度高低作为判断蓄电池的放电程度和确定放电终止的主要标志。图 9-8 所示为以 10h 放电电流绘制的蓄电池放电特性曲线。从图 9-8 中可以看出，在放电开始时，由于极板表面和有效物质细孔内电解液的密度骤减，蓄电池的电动势迅速减小，因而蓄电池的端电压下降较快（曲线 OA 段）。随着放电的继续进行，极板细孔中生成的水分量与由极板外层渗入的电解液量渐趋动态平衡，从而使细孔内电解液密度的下降速度大为减慢，蓄电池的电动势近乎不变，端电压主要是由于蓄电池内阻的增大而逐渐减小（曲线 AB 段）。到放电后期，极板上的有效物质绝大部分已变成硫酸铅，在极板表面和细孔中形成的硫酸铅堵塞了已被稀释的电解液，难于同容器内密度较大的电解液相混合，同时蓄电池的内阻迅速增大，导致蓄电池电动势很快下降，于是端电压也迅速下降（曲线 BC 段）。放电到 C 点时，即应停止放电，此时端电压约为 1.8V。如果仍继续放电，则极板外的电解液几乎已无法渗入有效物质的细孔内部，而细孔内的电解液将近乎全部变成了水，导致蓄电池的电动势急剧下降，内阻急剧增大，造成端电压骤降（曲线 CD 段）。但如果在 C 点即停止放电，则蓄电池的电动势会立即回升，并随容器内电解液向有效物质细孔内逐渐渗透，电动势最终可回升到 2.0V 左右（曲线 CE 段）。可见，曲线上的 C 点代表了蓄电池放电电压急剧下降的起始点。因此，C 点所对应的电压值称为蓄电池放电的终止电压。在正常使用情况下，蓄电池不宜过度放电，否则将使混在有效物质中的细小硫酸铅晶体结成较大的晶体，增大极板电阻，在充电时就很难使它还原。

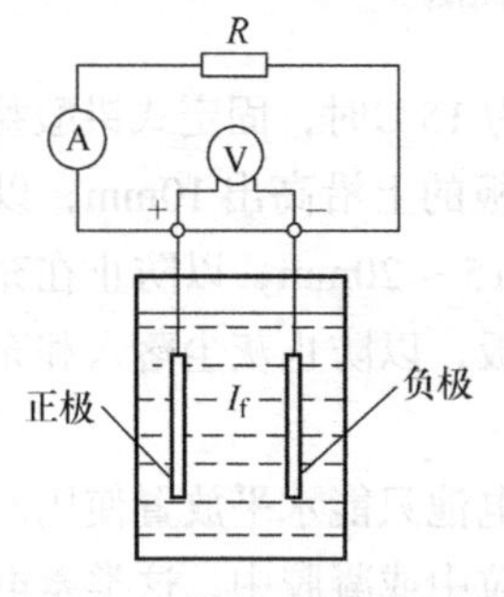

图 9-7　蓄电池放电电路

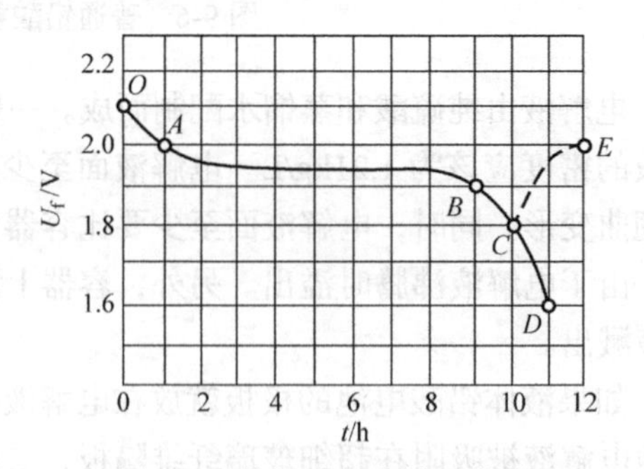

图 9-8　蓄电池放电特性曲线

显然，蓄电池放电中，端电压的变化与放电电流的大小有关。放电电流越大，蓄电池的端电压下降就越快，这主要是由于电解液向极板细孔内渗入的速度有限，以及蓄电池的内部压降与放电电流成正比所致。因此，当改变放电电流时，蓄电池放电的初始电压、平均电压和终止电压都将随着改变。

图 9-9 所示为蓄电池放电初始电压、终止电压以及放电时间与放电电流之间的关系。图 9-9 中所示的放电电流 $I_{f1} > I_{f2} > I_{f3} > I_{f4} > I_{f5}$，$U_{01} < U_{02} < U_{03} < U_{04} < U_{05}$ 分别代表在不同放电电流下，蓄电池的放电初始电压值，图 9-9 中虚线代表了放电终止电压随放电电流的变化情况。如果排除由放电电流的改变对蓄电池放电特性的影响，即蓄电池以恒定不变的电流进行连续放电，则端电压随时间基本无变化。

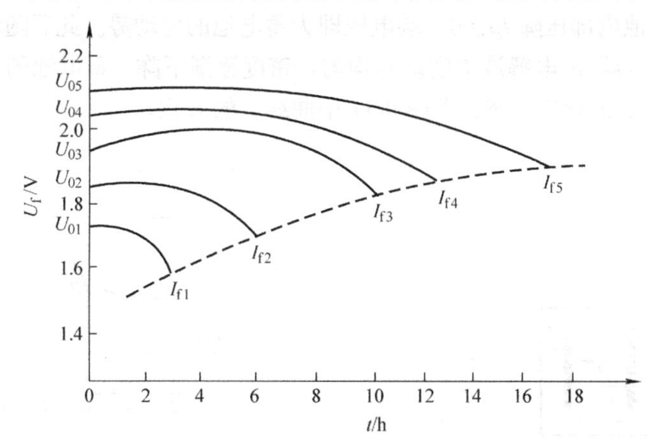

图 9-9　蓄电池放电初始电压、终止电压以及放电时间与放电电流之间的关系

2）铅酸蓄电池的充电和充电特性：为使蓄电池放电终止后，在正负极板上的生成物质（硫酸铅）恢复为原来的有效物质，其方法是利用直流对其进行充电，接线如图 9-10 所示。

蓄电池的正极接到直流电源的正极，负极接到电源的负极。当直流电源的端电压高于蓄电池的电动势时，则蓄电池中将有充电电流（I_c）通过，在蓄电池内部，电流从正极板流向负极板。当蓄电池充电后，两极有效物质恢复为原来的状态，而且电解液中硫酸的密度增加，水分减少，因此，蓄电池充电终期，可由电解液的密度高低来判断。同时，在充电终期，正负极上的硫酸铅（$PbSO_4$）转变为二氧化铅（PbO_2）和海绵状铅（Pb）。

当以恒流（如 10h 充电电流）对蓄电池连续充电时，则外施充电电压随充电时间的变化如图 9-11 所示，从图 9-11 中可以看出，在充电开始时，正负极板上立即有硫酸析出，使极板表面和有效物质细孔内的电解液密度骤增，蓄电池的电动势也随之很快上升。为维持充电电流 I_c 不变，必须相应提高外施充电电压值（曲线 *OA* 段）。在继续充电时，由于极板细孔中电解液密度增加速度和向外扩散速度渐趋平衡，蓄电池电动势增加减缓，而且随着极板有效物质的恢复和电解液密度的增加，蓄电池内阻逐渐减少。因此，此时的外施充电电压只需缓慢升高即可维持充电电流为恒定值（曲线 *AB* 段）。随着充电的继续进行，正、负极板上的硫酸铅绝大部分已被还原成二氧化铅和铅，并使水开始电解，在正极板上释放出氧气，负极板上释放出氢气。吸附在极板表面的气泡，大大增加了蓄电池的内阻值。此时若维持充电电流不变，就必须迅速提高外施充电电压（曲线 BC 段）。外施充电电压超过 2.6V 以后，极板上的有效物质已全部还原，外施电能全部被用于水的电解，氢气和氧气的析出量剧增，电解液呈现出沸腾现象，外施充电电压值稳定在 2.7V 左右，不再升高（曲线 CD 段）。当蓄电池的充电到达 D 点后，应视为充电已完成，即可停止充电。否则，继续充电只能是进行水的分解，白白消耗电能。蓄电池停止充电后，其端电压立即降落到 2.3V 左右。由于 $I_c=0$，因此蓄电池内部压降 $I_c r_n=0$，端电压即为蓄电池的电动势。此后随着极板细孔中电解液的扩散，容器内电解液浓度渐趋均匀，密度逐渐下降，蓄电池的电动势将逐渐恢复到 2.06V 左右的稳定状态，即图 9-11 中曲线上的 E 点。

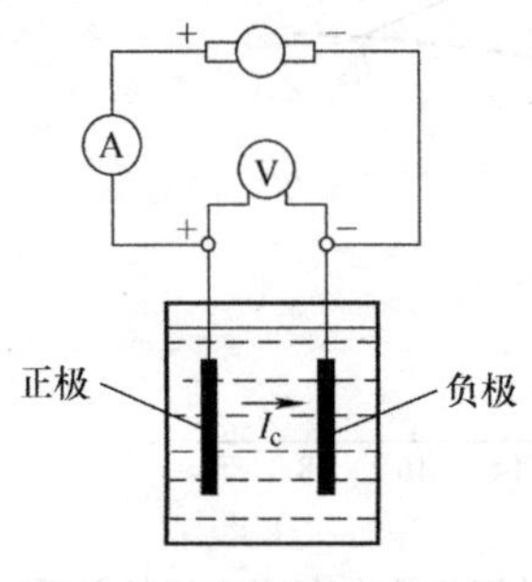

图 9-10　蓄电池充电电路

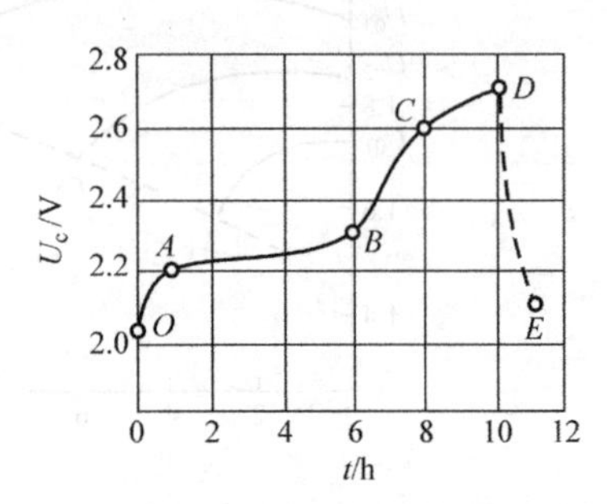

图 9-11　蓄电池充电特性曲线

3）蓄电池的容量：用放电电流与放电时间的乘积所得的安时数表示。蓄电池容量的大小与很多因素有关，如起化学作用的有效物质的品种和数量，极板的结构、面积的大小和极板数，放电电流的大小，终止放电电压的大小和环境温度等。一般，在正常的工作温度范围内，蓄电池的容量会随放电电流的增大而减少。这主要是因为：当蓄电池的放电电流较小时，有效物质细孔内电解液密度下降缓慢，在极板外层，硫酸铅的形成也比较缓慢，极板外面的电解液容易溶入细孔深处，使极板表层和细孔深处的有效物质都能参加放电的化学反应。而当放电电流较大时，细孔内的电解液密度下降较快，极板表层和细孔中的硫酸铅形成较快，迅速堵塞了有效物质的细孔，致使电解液难以渗入极板的里层，极板里层的有效物质就难以参加放电的化学反应，没有得到充分利用。因此，放电电流越大，蓄电池所能释放的电能越少，即蓄电池的容量越小。

4）蓄电池的自放电：充足电的蓄电池，无论是工作或不工作时，其内部都有放电现象，这种现象称为自放电。产生自放电的主要原因，是由于极板含有杂质，形成局部的小电池，而小电池的两极又形成短路回路，短路回路的电流引起蓄电池的自放电。其次，由于蓄电池电解液上、下的密度不同，极板上、下电动势的大小不等，因而在正、负极板上、下之间的均压电流也引起蓄电池的自放电。蓄电池的自放电会使极板硫化。通常铅酸蓄电池在一昼夜内，由于自放电约损失全容量的 1% ~ 2%，因此运行中应特别注意自放电问题。为防止蓄电池极板硫化，蓄电池应进行均衡充电。

2. 阀控式密封铅酸蓄电池

由于普通铅酸蓄电池充电达到一定电压时，使水开始电解，在正极板上释放出氧气，负极板上释放出氢气。带来酸雾污染，且需要加水维护。阀控式密封铅酸蓄电池克服了上述缺点，故又称“免维护”蓄电池。其工作原理和结构如图 9-12 所示。

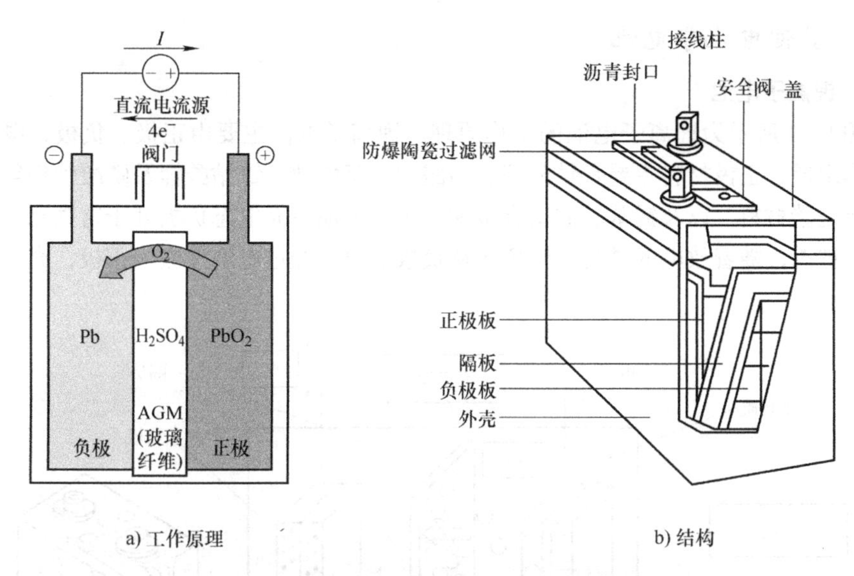

图 9-12　阀控式密封铅酸蓄电池的工作原理和结构

阀控式密封铅酸蓄电池的结构具有以下特点：1）板栅采用无锑（或低锑）多元合金制成正极板，保证有最好的抗腐蚀、抗蠕变能力。负极板采用铅钙合金，以提高析氢过电位，减少气体释放。2）采用吸液能力强的超细玻璃纤维材料作隔膜，具有良好的干、湿态弹性，使较高浓度的电解液全部被其储存而电池内无游离酸（贫液），或者使用电解液与硅胶组合为触变胶体。3）负极容量相对于正极容量过剩，使其具有吸附氧气并将其化合成水的功能，以抑制氢氧气体发生速率。4）装设自动关闭的单向节流阀（阀控帽），当电池在异常情况析出盈余气体，或长期运行中残存气体时，经过节流阀泄放，随后减压关闭。

在正常充电后期，正极板开始析出氧气，在负极活性物质过量的前提下，氧气通过玻璃纤维隔膜扩散到负极板上，与海绵状铅发生反应，形成氧化铅，然后又转变成硫酸铅和水，使负极板处于去极化状态和充电不足状态，从而达不到析氢电位，电池不析出氢气，实现氧气的循环，因而不失水，使电池成为免加水密封电池。

阀控电池基本上克服了一般铅酸蓄电池的缺点，有逐步取代其他形式的铅酸蓄电池的趋势。但是，普通加水蓄电池极板上的大晶体可以通过过充电来消除，这个过程称为均衡。密封式蓄电池的均衡会导致内部压力的增强，虽然通过压力释放阀门可以释放压力，但这会使电解液损失，从而导致蓄电池存储容量减小或损坏。所以密封式蓄电池的充电电压设置必须比普通加水蓄电池的低，因此并不适用于所有场合。

另一种密封铅酸蓄电池不是采用超细玻璃纤维材料隔膜，而是采用胶体电解液，从而使电解液“固定”，也是利用阴极吸收原理使蓄电池得以密封，称为胶体铅酸蓄电池，同样有较好的应用前景。

9.3.2 其他电化学电池

1. 锂离子电池

图 9-13 所示为锂离子电池的工作原理。锂离子电池主要由正极、负极、电解质和隔膜组成，正极材料主要是钴酸锂、锰酸锂、镍酸锂、镍钴酸锂及磷酸铁锂等，负极主要是碳材料，以及锡基、硅基合金材料等。电池在充电态负极处于富锂态，正极处于贫锂态，随着放电的进行，锂离子从负极脱出，经过电解液嵌入正极，充电时则相反。

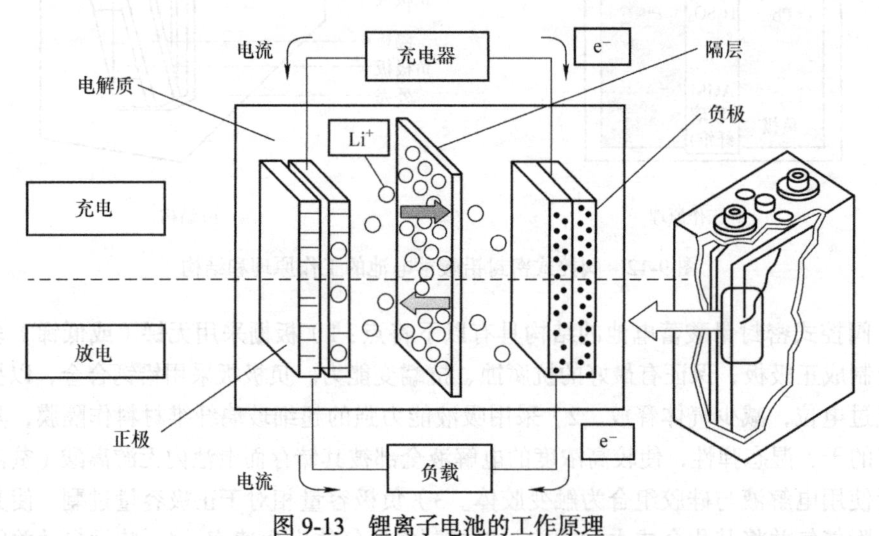

图 9-13 锂离子电池的工作原理

2. 钠硫电池

图 9-14 所示为钠硫电池的工作原理。钠硫（NaS）电池基于一种高温电化学反应制成。电池本体由盛放在安全套管中的熔融金属钠作为电池负极，元素硫（S）作为电池正极，β-氧化铝陶瓷薄膜起电解质和隔膜的双重作用。放电时，熔融金属钠在钠-β-氧化铝陶瓷薄膜界面上被氧化，失去电子变成钠离子，同时穿过β-氧化铝陶瓷薄膜和安全套管，与硫结合生成 Na_2S_5，由于 Na_2S_5 和硫不能互融，故二者形成两相混合物。随着 Na 离子增多，硫元素消耗，Na_2S_5 逐渐过渡为 Na_2S_{5-x}。充电时则相反。

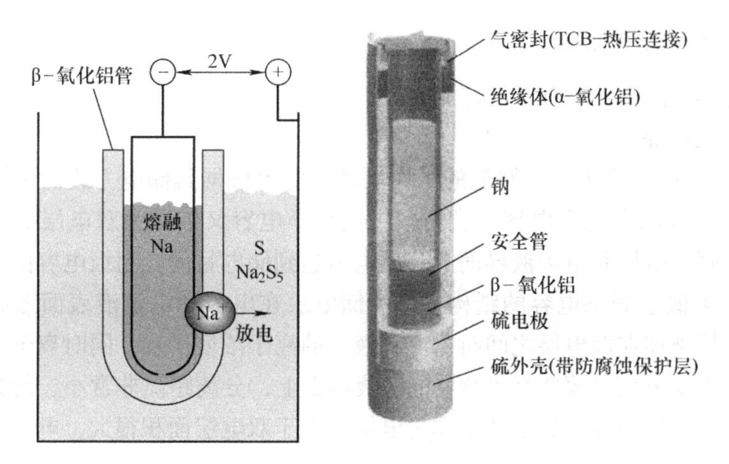

图 9-14　钠硫电池的工作原理

3. 全钒液流电池

图 9-15 所示为全钒液流电池的工作原理。全钒液流电池是基于电子可以在不同价态钒（V）离子间传递的原理制成。电池充电时，负极的 V^{3+} 得到一个电子被还原为 V^{2+}，正极的 V^{4+} 失去一个电子被氧化为 V^{5+}，放电时则相反。电池单体被质子交换膜（PEM）分为两个半电池，膜两侧为正负极电解液，由于质子交换膜的选择透过性，仅允许质子穿过膜渗透到另一侧，电子须从外电路到达对侧，从而形成电流。钒电池单体电压为 1.25V，可多个单堆串联达到需要的电压等级。

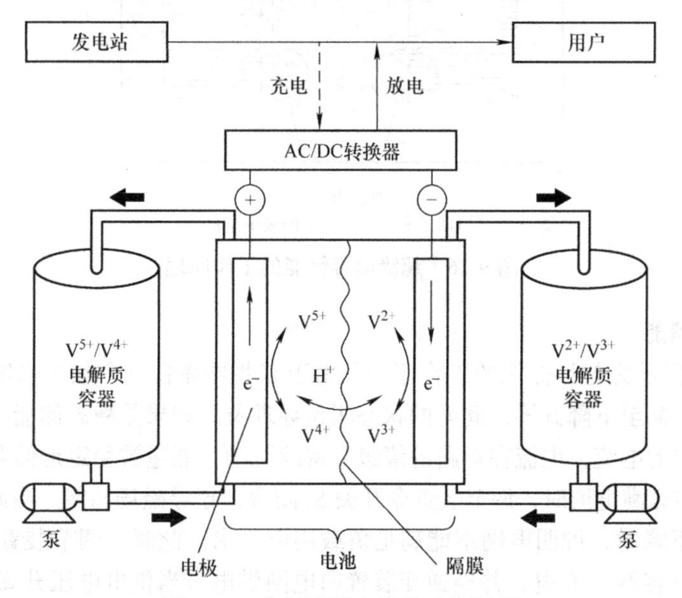

图 9-15　全钒液流电池的工作原理

9.3.3 其他储能方法

除电化学储能外，还有其他储能方法。

1. 超级电容储能

图 9-16 所示为超级电容储能的工作原理。电容根据其储电方式的不同分为静态电容、电解电容和电化学电容三类。其中电化学电容又被称为双电层电容或超级电容。通过在固体电极和电解液界面上分离电荷达到储电目的。超级电容由两个储电层串联组成，类似于静态电容的结构。每个储电层在电极和电解液表面形成储电双电层。当有电压施加在双电层之间时，电解液中的离子浓度增加，同时离子向相应电极方向集中。电荷分离并聚集在电极 - 电解液界面上，分离距离非常小，约为 1nm。如果用高比表面积的导体，如活性炭作为电极，由于双电层面积很大，电容将获得巨大的能量。

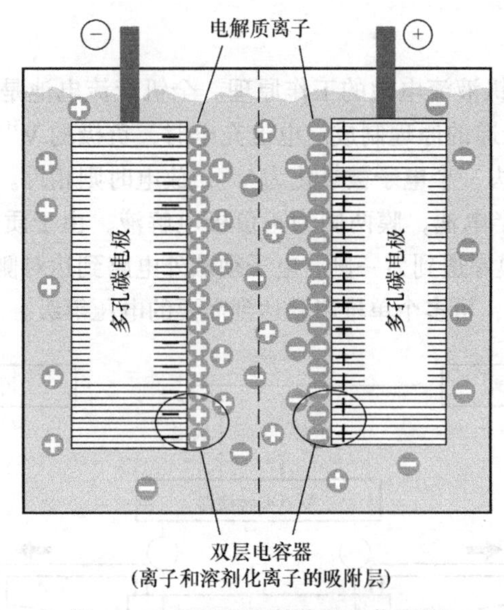

图 9-16 超级电容储能的工作原理

2. 超导储能

图 9-17 所示为超导储能的工作原理。由于有些导体在某个临界温度时，其电阻会急剧下降，甚至下降到零，此时的状态叫超导现象。如果是稳态储能，即无须电压来驱动绕组中的电流，电流在短路的绕组中持续流动，能量被稳定地储存在绕组磁场中。当绕组中充满电流时，调节装置令开关 S_1 闭合，超导磁场储能。当调节装置检测到电网电压下降时，说明电网不能满足负载用电要求。此时，调节装置令开关 S_1 断开，绕组向电容器 C 充电，并经逆变装置向电网供电。当供电电压升高，开关 S_1 闭合，向绕组充电储蓄电能。超导储能的总体转换效率可达 95% 左右，并可以在短时间

内提供较高功率。由于没有运动部件，其工作寿命很长。

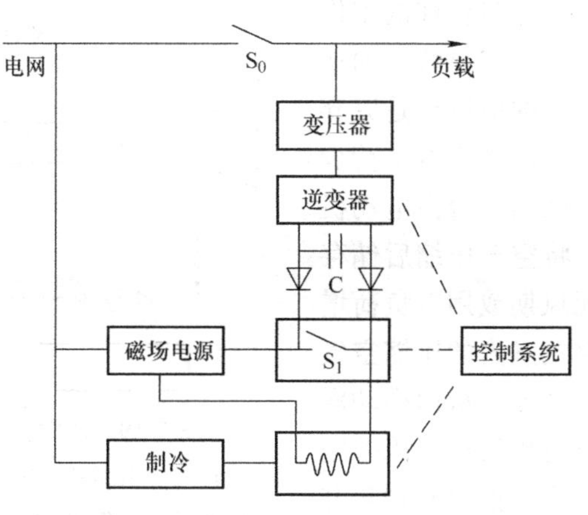

图 9-17　超导储能的工作原理

3. 电解水制氢储能

图 9-18 所示为电解水制氢储能的工作原理。在用电负荷小时，将发电机组提供的多余电能用于电解水制氢；当用电负荷增大，电量不足时，使贮存的氢和氧在燃料电池中进行化学反应而直接产生电能，向负荷供电。而制氢、贮氢及燃料电池则是这种储能方式的关键技术和部件。由于没有运动元件，工作起来更安全可靠，利用燃料电池发电的效率很高，例如碱性燃料电池的发电效率可达 50% ~ 70%。在这种储能方式中，氢的贮存也是一个重要环节，贮氢技术有多种形式，其中以金属氢化物贮氢最好，其贮氢密度高，优于气体贮氢及液态贮氢，不需要高压和绝热的容器，安全性能好。但燃料电池及贮氢装置的费用则较贵。

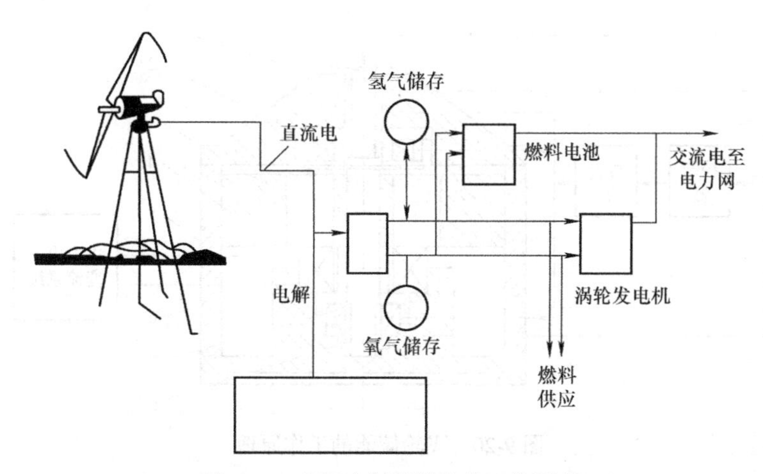

图 9-18　电解水制氢储能的工作原理

4. 压缩空气储能

图 9-19 所示为压缩空气储能的工作原理。压缩空气储能方式需要特定的地形条件，即需要有挖掘的地坑或是废弃的矿坑或是地下的岩洞，当用电负荷少时，可将多余的电能驱动一台由电动机带动的空气压缩机，将空气压缩后储存在储气室内；而在无风期或用电负荷增大时，则将储存在储气室内的压缩空气释放出来，形成高速气流，从而推动涡轮机转动，并带动发电机发电。压缩空气在储气室流出后需要经换热器预热并进一步在燃烧室中加热。

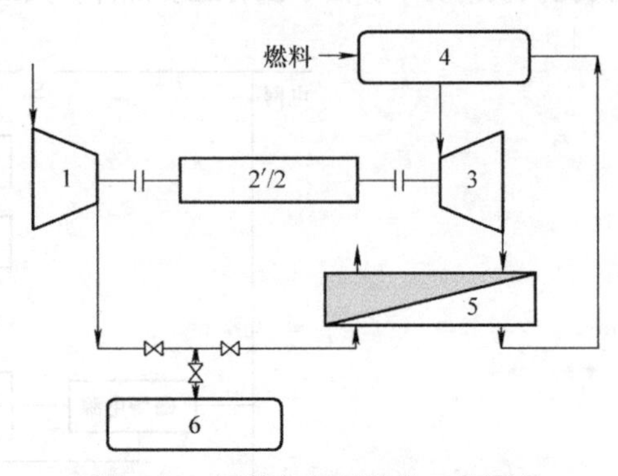

图 9-19　压缩空气储能的工作原理

1—空气压缩机　2—电动机　2′—发电机
3—涡轮机　4—燃烧室　5—换热器　6—储气室

5. 飞轮储能

图 9-20 所示为飞轮储能的工作原理。飞轮储能就是在发电机的轴系上安装一个飞轮，利用飞轮旋转时的惯性储能，当发电能力强时，能量即以动能的形式储存在飞轮中；当负载大时，储存在飞轮中的动能则释放出来驱动发电机发电，采用飞轮储能可以平抑由于能源强度起伏而引起的发电机输出电能的波动，改善电能的质量。储能系统中采用的飞轮，一般多由钢制成，飞轮的尺寸大小则视系统所需储存和释放能量的多少而定。为了减少摩擦损失，常采用电磁悬浮技术，或将飞轮处抽成真空。用石墨复合玻璃纤维作为飞轮材料，可以承受更高的边缘线速度。

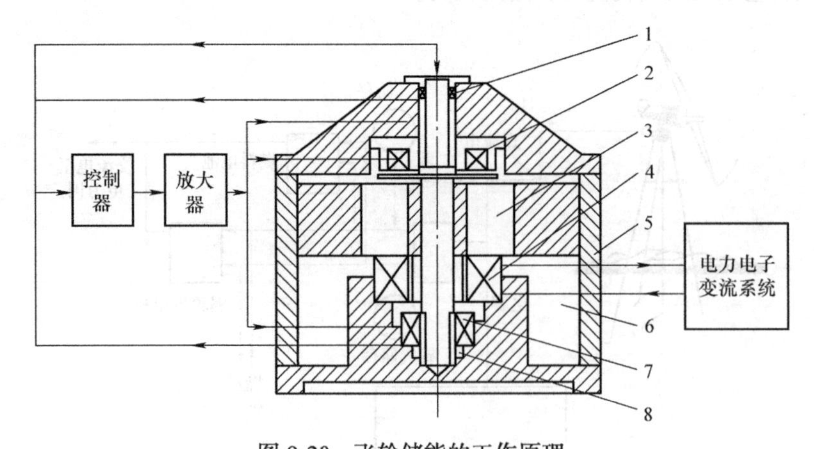

图 9-20　飞轮储能的工作原理

1—保护轴承　2—轴向磁轴承　3—飞轮　4—电动机 / 发电机
5—飞轮外罩　6—真空室　7—径向磁轴承　8—传感器

此外，电能还可以应用风力制热设备变成热能储存。抽水储能将在下一节详述。储能方法的比较见表 9-1。

表 9-1　储能方法的比较

储能类型		典型额定功率	持续时间	优势	劣势	应用方向
物理储能	抽水蓄能	100 ~ 2000MW	4 ~ 10h	功率大、容量大、成本低	受地理条件限制	辅助削峰填谷、调频、黑起动和备用电源等
	压缩空气储能	10 ~ 300MW	1 ~ 20h	功率大、容量大、成本低	受地理条件限制	备用电源、黑起动等
	飞轮储能	5kW ~ 10MW	1s ~ 30min	功率密度高、寿命长	容量有限，持续时间较短	提高电力系统稳定性、电能质量调节等
电化学储能	锂离子电池	100kW ~ 100MW	数小时	容量大、能量密度高、功率密度高、能量转换效率高	受安全性、循环寿命及规格化限制	平滑可再生能源功率输出、辅助削峰填谷、电能质量调节等
	钠硫电池	100kW ~ 100MW	数小时	容量大、能量密度高、能量转换效率高	安全顾虑	平滑可再生能源功率输出、辅助削峰填谷等
	全钒液流电池	5kW ~ 100MW	1 ~ 20h	容量大、寿命长	能量密度低，效率不高	辅助削峰填谷、平滑可再生能源功率输出等
电磁储能	超级电容储能	10kW ~ 1MW	1 ~ 30s	能量转换效率高、寿命长、功率密度高	能量密度低	短时电能质量调节、平滑可再生能源功率输出等
	超导储能	10kW ~ 50MW	2s ~ 5min	响应速度快、寿命长	能量密度低，成本高	电能质量调节、提高电力系统稳定性和可靠性等

我国国家风光储输示范工程是财政部、科技部、国家能源局及国家电网公司联合推出的“金太阳工程”重点项目，位于河北张家口市张北县和尚义县境内，是世界上规模最大，集风电、光伏发电、储能及输电工程四位一体的可再生能源综合利用项目，由国网冀北电力有限公司建设、运维该示范工程。项目一期工程包括风电 9.85 万 kW、光伏发电 4 万 kW，储能装置 2 万 kW（含磷酸铁锂电池储能系统、钠硫电池储能系统和全钒液流电池储能系统），于 2011 年 12 月底建成投产发电。2013 年 6 月国家风光储输示范工程二期扩建工程全面开工建设。2015 年二期工程 98 台风电机组全部实现并网发电。该工程建设规模为风电 40 万 kW、光伏 6 万 kW、化学储能装置 5 万 kW。图 9-21 所示为风光储输示范工程一角。

张家口可再生能源装机绝大部分分布于坝上。从张家口市区一路向北，蓝天笼罩之下，是绵延的坝上丘陵。偶尔会有牧人赶着羊群出现在视野里，成为草原上最灵动的音符，传递着这片土地的古老神韵。点缀其间的无数风电机组，给远离繁华的塞外，增添了现代气息。古老与现代文明景象在这片土地上完美“同框”。从风光储输示范电站楼顶观景台望去，近处光伏板鳞次栉比，在阳光下闪耀光辉。远处山梁上，一座座风电机组随着地形起伏勾勒出条条曲线。远处的一台大号风电机组在众多风电机组中格外显眼。这就是孟家梁风电场的5MW大型风电机组，塔高100m，塔筒直径就有6m，叶片长62m，重达743t。当地人都叫它“擎天柱”。随着二期工程完成，国家风光储输示范工程每年将向电网提供约12.5亿kWh绿色电能，折合节约42万吨标准煤当量，减少二氧化碳排放90万t。捉摸不定的“风”和日出夜隐的“光”被乖乖驯服。

图9-21 风光储输示范工程一角

9.4 抽水蓄能电站

9.4.1 抽水蓄能电站的功能及组成

抽水蓄能发电是水力发电的另一种利用方式。它利用电力系统负荷低谷时的剩余电量，用抽水蓄能机组把水从低处的下池（库）抽送到高处的上池（库）中，以位能形式储存起来，当系统负荷超出各发电站的可发容量时，再把水从高处放下，驱动抽水蓄能机组发电，供电力系统调峰用。图9-22所示为抽水蓄能电站。

抽水蓄能电站是电力系统中最可靠、最经济、寿命周期长、容量大、技术最成熟的储能装置。通过配套建设抽水蓄能电站，可降低核电机组运行维护费用、延长机组寿命；有效减少风电场并网运行对电网的冲击，提高风电场和电网运行的协调性以及电网运行的安全稳定性。

图9-22 抽水蓄能电站

世界上最早的抽水蓄能电站——奈特拉抽水蓄能电站（瑞士）建于1882年。截至2021年8月，中国在运抽水蓄能电站装机规模31.79GW，在建规模54.63GW。2021年12月30日，服务北京绿色冬奥国家电网丰宁抽水蓄能电站投产发电，该电站是世界规模最大的抽水蓄能电站，总装机规模360万kW。抽水蓄能电站的组成如图9-23所示。

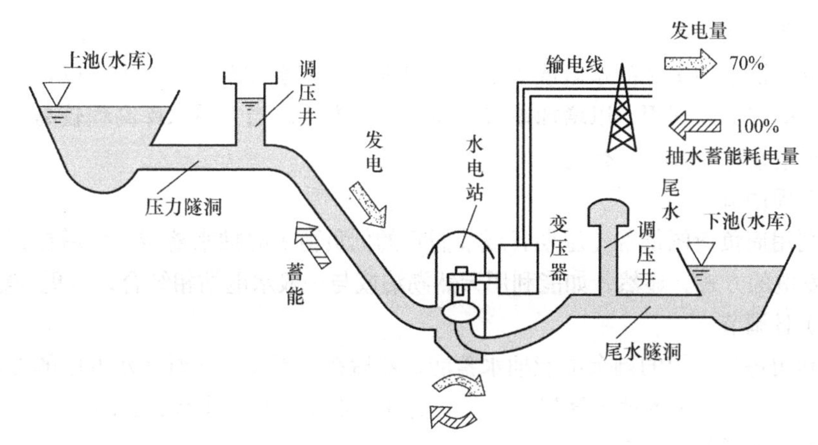

图 9-23　抽水蓄能电站的组成

9.4.2　抽水蓄能电站的分类

1. 按开发方式分

（1）纯抽水蓄能电站

纯抽水蓄能电站的发电量绝大部分来自抽水蓄存的水能。发电的水量基本上等于抽水蓄存的水量，水在上、下池（库）之间循环使用。它仅需少量天然径流，补充蒸发和渗漏损失。补充水量既可来自上水库的天然径流，也可来自下水库的天然径流。厂房内安装的全部是抽水蓄能机组，其主要功能是调峰填谷、承担系统事故备用等任务，而不承担常规发电和综合利用等任务。

（2）混合式抽水蓄能电站

混合式抽水蓄能电站既设有抽水蓄能机组，也设有常规水轮发电机组。上水库有天然径流来源，既可利用天然径流发电，也可从下水库抽水蓄能发电。相应地这类电站的发电量也由两部分构成，一部分为抽水蓄能发电量，另一部分为天然径流发电量。所以这类水电站的功能，除了调峰填谷和承担系统事故备用等任务外，还有常规发电和满足综合利用要求等任务。混合式抽水蓄能电站上水库一般建于河流上，下水库按抽水蓄能需要的容积觅址另建。

（3）调水式抽水蓄能电站

调水式抽水蓄能电站的上水库建于分水岭高程较高的地方。在分水岭某一侧拦截河流建下水库，并设水泵站抽水到上水库。在分水岭另一侧的河流设常规水电站，从上水库引水发电，尾水流入水面高程最低的河流。这种抽水蓄能电站的特点：1）下水库有天然径流来源，上水库没有天然径流来源；2）调峰发电量往往大于填谷发电量。

2. 按调节周期分

按蓄能周期的长短，可分为日、周、季调节 3 种。

（1）季调节

即利用洪水期多余的水电或火电将下游水库中的水抽至上游水库，以补充上水库枯水期的库容加以利用，以增加季节电能的调节方式。当上游水库高程较高，下游又有梯级水电站时，就更为有利。

（2）周调节

即利用周负荷图低谷（星期日或节假日的低负荷）时抽水蓄能，然后在其他工作日放水发电的方式。显然，如能利用天然湖泊或与一般水电站相结合，将更为经济。

（3）日调节

即利用每日夜间的剩余电能抽水蓄能，然后在白天高负荷时放水发电的方式。在以火电和核电站为主的地区修建这种形式的抽水蓄能电站是非常必要的。

3. 按机组装置方式分

（1）四机式或分置式

这种方式的水泵和水轮机是分开的，并各自配有电动机和发电机。抽水和发电的操作完全分离，运行比较方便，机械效率也较高，但土建及机电设备投资较大，不够经济，现已很少采用。

（2）三机串联式

这时电动机和发电机合并成一个机器，称为发电电动机，但水泵和水轮机仍各自独立，且不论横轴和立轴布置，三者均直接连接在一根轴上。由于三机串联式可采用多级水泵，抽水的扬程较高，故在很高的水头下也能应用。三机串联式机组两种运行工况的旋转方向相同。其优点主要是机组运行方式转换快，但结构复杂，一般在水头大于 500 m 时才考虑选用。

（3）二机可逆式

当水泵与水轮机也合二为一成为可逆式水泵水轮机时，即形成所谓的二机可逆式。当机组顺时针转动时为发电运行工况；逆时针转动时则成为抽水运行工况。由于二机可逆式的机组价格较三机串联式为低，厂房尺寸也较小，可节省土建投资，故二机可逆式机组得到了很大的发展。

水泵水轮机的型式及适用范围见表 9-2。

表 9-2 水泵水轮机的型式及适用范围

型式	适用水头 /m	比转速 /（m · kW）	特点
混流式	20 ~ 700	70 ~ 250	
斜流式	20 ~ 200	100 ~ 350	适用于水头负荷变化大的蓄能电站
轴流式	15 ~ 40	400 ~ 900	适用于水头较低且水头负荷变化大的蓄能电站
贯流式	< 30	—	适用于潮汐和低水头蓄能电站

近年来，国际上大量兴建抽水蓄能电站，可逆式水泵水轮机发展迅速，可逆式混

流机组应用最广。水头为 600 ~ 700m 以下的采用单级水泵水轮机，超过 700m 时大多采用多级水泵水轮机或三机串联式机组。

9.4.3 抽水蓄能电站的特点

抽水蓄能电站实际上是一种储存并转换能量的设施，其主要特点如下：1）起动、停机迅速，运转灵活，在电力系统中具有调峰、调频、调相和紧急备用功能。当电力系统负荷处于低谷时，抽水蓄能，消耗系统剩余电能，起到“填谷”作用；发电时，则起到“削峰”作用。可使火电或核电机组保持负荷稳定，处于高效、安全状态运行，减轻或消除锅炉及汽轮机在低出力状态下的运转，以提高效率，降低煤耗；在某些情况下，可将部分季节性电能转换为枯水期电能。2）站址选择比较灵活，容易取得较高的水头，一般引水道比较短；在靠近负荷中心和大型火、核电站附近选址，可以多带无功，调节系统电压，维持系统周波（频率）稳定，提高供电质量；并能减少水头损失和输电损失，提高抽水发电的总效率；另外在开发梯级水电站时，在上一级装设抽水蓄能机组，可增大以下梯级电站的装机容量和年发电量。3）抽水蓄能电站开发的趋向是采用大型和高水头的机组，相对来说，其效率高，尺寸小，流量小，要求库容不大。与同容量的一般水电站比较，水工建筑物的工程量小，淹没土地少，单位千瓦投资也随之减少，发电成本较低，送电容量不受天然径流量丰枯的影响。4）可逆机组单机容量可达 300 ~ 350MW，运用水头达 222 ~ 600m，压力水管直径最大可达 10m。因此，管道设计与制造的难度较大。5）抽水蓄能电站先将电能转换为水能，然后再将水能转换成电能，经过两次转换，其总效率约为 0.7 ~ 0.75。

国务院发表的《2030 年前碳达峰行动方案》指出：积极发展“新能源 + 储能”、源网荷储一体化和多能互补，支持分布式新能源合理配置储能系统。制定新一轮抽水蓄能电站中长期发展规划，完善促进抽水蓄能发展的政策机制。加快新型储能示范推广应用。深化电力体制改革，加快构建全国统一电力市场体系。到 2025 年，新型储能装机容量达到 3000 万千瓦以上。到 2030 年，抽水蓄能电站装机容量达到 1.2 亿千瓦左右，省级电网基本具备 5% 以上的尖峰负荷响应能力。

9.5 分布式发电和微电网

9.5.1 分布式发电

分布式发电是指利用各种分散存在的能源进行发电。这些能源包括风能、太阳能、生物质能、小型水能和潮汐能等可再生能源以及本地可方便获取的化石类燃料（主要指天然气）。分布式发电与传统的集中供电方式比较，其特点是：可以根据当地情况，因地制宜地利用本地可再生能源；在靠近负荷的区域发展分布式发电可以降低输变电设备的投入；降低尖峰负荷对整个电力系统的压力；降低电力资产的投资风险。

分布式发电具有位置灵活、分散的特点，极好地适应了分散电力需求和资源分布，延缓了输配电网升级换代所需的巨额投资；与大电网互为备用，也使供电可靠性得以改善；一般还具有污染少、能源利用效率高的优势。

9.5.2 微电网

尽管分布式发电优点突出，但也存在诸多问题：分布式电源单机接入成本高，控制困难；分布式电源相对大电网来说是一个不可控源，大系统往往采取限制、隔离的方式来处置分布式电源，以减小其对大电网的冲击。为协调大电网与分布式电源间的矛盾，充分挖掘分布式电源为电网和用户带来的价值和效益，提出并不断发展了“微型电网”。

微型电网简称微电网或微网。微电网是指由分布式电源、储能装置、能量变换装置、相关负荷和监控、保护装置汇集而成的小型发配电系统。能够实现能量互补、经济调度和智能管理。是一个能够实现自我控制、保护和管理的自治系统，既可以与外部电网并网运行，也可以孤立运行。是智能电网的重要组成部分。微电网作为大型公共电网的补充形式，开启了电力服务的新方向。图 9-24 所示为微电网的结构。

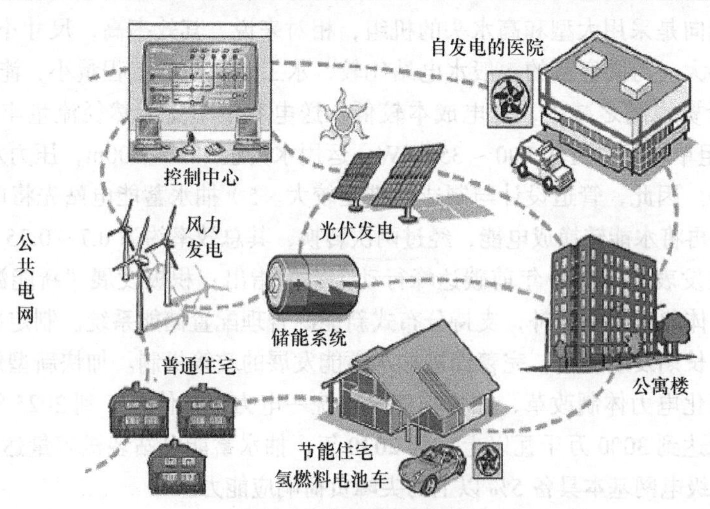

图 9-24 微电网的结构

微电网的提出旨在实现分布式电源的灵活、高效应用，解决数量庞大、形式多样的分布式电源并网问题。开发和延伸微电网能够充分促进分布式电源与可再生能源的大规模接入，实现对负荷多种能源形式的高可靠供给，是实现主动式配电网的一种有效方式，使传统电网向智能电网过渡。

微电网也被称为分布式能源孤岛系统，将发电机、负荷、储能装置及控制装置等结合在一起，形成一个单一可控的单元，同时向用户供给电能和热能。微电网中的电源多为分布式电源，包括微型燃气轮机，燃料电池、光伏电池以及超级电容、飞轮、蓄电池等储能装置。微电网接在用户侧，具有低成本、低电压、低污染等特点。微电网既可与大电网联网运行，也可在电网故障或需要时与主网断开单独运行。

微电网具有双重角色。对于电网，微电网作为一个大小可以改变的智能负载，为本地电力系统提供了可调度负荷，可以在数秒内做出响应以满足系统需要，适时向大电网提供有力支撑；可以在维修系统的同时不影响客户的负荷；可以减轻（延长）配电网更新换代，指令分布式电源孤岛运行，能够消除某些特殊操作要求产生的技术阻碍。对于用户，微电网作为一个可定制的电源，可以满足用户多样化的需求，例如，增强局部供电可靠性，降低馈电损耗，支持当地电压，通过利用废热提高效率，提供电压下陷的校正，或作为不可中断电源服务等。

此外，紧紧围绕全系统能量需求的设计理念和向用户提供多样化电能质量的供电理念，是微电网的两个重要特征。在接入问题上，微电网的并网标准只针对微电网与大电网的公共连接点，而不针对各个具体的微电源。微电网不仅解决了分布式电源的大规模接入问题，充分发挥了分布式电源的各项优势，还为用户带来了其他多方面的效益。微电网将从根本上改变传统的应对负荷增长的方式，在降低能耗、提高电力系统可靠性等方面具有巨大潜力。

1. 微电网的分类

根据电源形式，微电网可分为：

（1）直流微电网

分布式电源、储能装置、负荷等均连接至直流母线，直流网络再通过电力电子逆变装置连接至外部交流电网。直流微电网通过电力电子变换装置可以向不同电压等级的交流、直流负荷提供电能，分布式电源和负荷的波动可由储能装置在直流侧调节。

（2）交流微电网

分布式电源、储能装置等均通过电力电子装置连接至交流母线。交流微电网仍然是微电网的主要形式。通过对储能变流器（Power Conversion System，PCS）处开关的控制，可实现微电网并网运行与孤岛模式的转换。

（3）交直流混合微电网

既含有交流母线又含有直流母线，既可以直接向交流负荷供电又可以直接向直流负荷供电。

（4）中压配电支线微电网

以中压配电支线为基础将分布式电源和负荷进行有效集成的微电网，它适用于向容量中等、有较高供电可靠性要求、较为集中的用户区域供电。

（5）低压微电网

在低压电压等级上，将用户的分布式电源及负荷适当集成后形成的微电网，这类微电网大多由电力或能源用户拥有，规模相对较小。

2. 微电网与传统电网的差异

由于微电网电源的分散且可控性不同、蓄能单元的存在、负载特性和电能质量约束以及市场参与策略等方面的特殊性，微电网与传统电网比较，在应用技术上有很大的差异。主要有如下几个方面：

（1）电池管理

图 9-25 所示为电池管理系统结构，由图 9-25 可见，电池管理系统是采用中央处理模块和本地测量模块组成的两级控制结构。中央处理模块和本地测量模块之间的通信由控制器局域网络（CAN）总线实现。

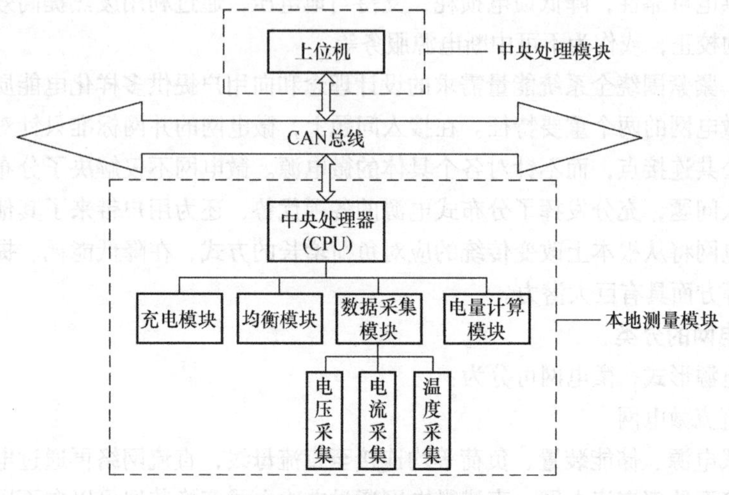

图 9-25　电池管理系统结构

在本地测量模块中，充电模块在充电前先进行系统的初始化和自检，当确认符合充电条件后，由中央处理器（CPU）编程实现自动充电；均衡模块主要由开关电源实现，接受数据采集模块传来的电压信号，在适当的时候开启充电装置，使电池组内的电池状态更加均匀和一致；数据采集模块用于采集电池的电流、电压和温度等状态参数；电量计算模块根据状态参数和实验得到的算法估计电池电量。

中央处理模块是一台上位机，其功能是对本地测量模块进行管理、建立用户交互界面、通过控制器局域网络（CAN）总线发送控制信息以及接收电池状态信息。

（2）功率预测

风电功率预测是指以风电场的历史功率、历史风速、地形地貌、数值天气预报和风电机组运行状态等数据建立风电场输出功率的预测模型，以风速、功率或数值天气预报数据作为模型的输入，结合风电场的设备状态和运行工况，得到风电场未来的输出功率，预测时间尺度包括短期预测和超短期预测。

风电场、太阳能发电功率预测系统常采用差分自回归移动平均模型（ARIMA）、混沌时间序列分析、人工神经网络（ANN）等多种算法。根据预测时间尺度的不同使用上述算法构成组合预测模型，对每种算法的预测结果选取适当的权重进行加权平均，从而得到最终预测结果。

（3）运行调度

根据微电网负荷、风能预测、光照预测对风光储电源单元进行投入和切出，实现风储、光储、风光储联合的多组态运行方式。也可以将多余电能送入公共电网，以保证微电网平稳运行。对可再生能源系统和蓄能系统的协调控制，实现最大功率跟踪、间歇性功率波动调节、电压波动调节、无功补偿、低电压穿越、孤岛运行、软并网和软解列的优化控制。

（4）集中监测

集中监测平台是利用计算机软件技术、计算机网络技术、自动监测与远程控制技术、通信技术和相关的能源技术建立起来的微电网专用监控系统。主要功能是对风电机组、光伏发电系统、储能装置等实施监测和控制。集中监测平台的主要功能模块包括数据采集与控制模块；数据处理；数据显示、查询、打印模块；用户管理模块等。

2017 年 12 月 1 日，江苏江阴临港分布式发电一期工程完成。采用 1 台远景能源的中压风电机组，塔高为 140m，容量为 2.2MW，风轮直径为 131m。发电直接接入工厂配电室，自发自用，余电上网。

由北京天润新能投资有限公司开发建设的兰考焦桐分散式风电场项目，共安装 3 台 GW121-2.0MW 机组。2018 年 9 月 15 日，首台机组成功并网。至 2019 年 6 月发电量已超过 850 万 kWh，相当于再造 119071m^3 森林，减排二氧化碳 7254t。为了保证风电场的投资收益和发电量指标，兰考焦桐项目使用无人机及激光雷达测风技术进行风电场微观选址。

结语

在应对全球气候变化的行动中，中国坚持创新、协调、绿色、开放、共享的新发展理念。立足国内、胸怀世界，以中国智慧和中国方案推动经济社会绿色低碳转型发展不断取得新成效，以大国担当为全球应对气候变化做出积极贡献。

坚持走绿色、低碳、可持续发展道路。致力于将绿色发展理念融汇到经济建设的各方面和全过程，绿色已成为经济高质量发展的亮丽底色，在经济社会持续健康发展的同时，碳排放强度显著下降。

坚持把生态优先、绿色发展的要求落实到产业升级之中。持续推动产业绿色低碳化和绿色低碳产业化，努力走出了一条产业发展和环境保护双赢的生态文明发展新路。2020 年中国第三产业增加值占 GDP 比重达到 54.5%，高于第二产业 16.7 个百分点。截至 2020 年，中国单位工业增加值二氧化碳排放量比 2015 年下降约 22%。2020 年主要资源产出率比 2015 年提高约 26%。

坚持实施能源安全新战略。能源生产和利用方式发生重大变革，能源发展取得历史性成就。中国风电、光伏发电设备制造形成了全球最完整的产业链，技术水平和制造规模居世界前列，新型储能产业链日趋完善，技术路线多元化发展。截至 2021 年 10 月底，我国可再生能源发电累计装机容量达到 10.02 亿 kW，占全国发电总装机容量的比重达到 43.5%。其中，水电、风电、太阳能发电和生物质发电装机均持续保持世界第一。

气候变化带给人类的挑战是现实的、严峻的、长远的。把一个清洁美丽的世界留给子孙后代，需要国际社会共同努力。无论国际形势如何变化，中国将重信守诺，继续坚定不移坚持多边主义，与各方一道推动《联合国气候变化框架公约》以及《巴黎协定》的全面、平衡、有效、持续实施，脚踏实地落实国家自主贡献目标，强化温室气体排放控制，提升适应气候变化能力水平，让人类生活的地球家园更加美好。

我国碳达峰、碳中和宏伟目标翘首可期。

参考文献

[1] 陈迎，巢清尘，等 . 碳达峰、碳中和 100 问 [M]. 北京：人民日报出版社，2021.

[2] 杨建初，刘亚迪，刘玉莉 . 碳达峰、碳中和知识解读 [M]. 北京：中信出版集团，2021.

[3] 袁志刚 . 碳达峰碳中和国家战略行动路线图 [M]. 北京：中国经济出版社，2021.

[4] 姚兴佳，宋俊，等 . 风力发电机组原理与应用 [M]. 4 版 . 北京：机械工业出版社，2020.

[5] 宋俊，宋冉旭 . 驭风漫谈——风力发电的来龙去脉 [M]. 北京：机械工业出版社，2020.

[6] 宋俊 . 风力机空气动力学 [M]. 北京：机械工业出版社，2019.

[7] 宋俊 . 风能利用 [M]. 北京：机械工业出版社，2014.

[8] 李建林，李蓓，惠东 . 智能电网中的风光储关键技术 [M]. 北京：机械工业出版社，2013.

[9] 宋亦旭 . 风力发电机的原理与控制 [M]. 北京：机械工业出版社，2012.

[10] Dan Chiras，等 . 风之能源 [M]. 孟明，译 . 北京：机械工业出版社，2012.

[11] 吴佳梁，曾赣生，余铁辉，等 . 风光互补与储能系统 [M]. 北京：化学工业出版社，2012.

[12] 姚兴佳，刘国喜，朱家玲，等 . 可再生能源及其发电技术 [M]. 北京：科学出版社，2010.

[13] VAUGHN NELSON. 风能——可再生能源与环境 [M]. 李建林，肖志东，等译 . 北京：人民邮电出版社，2010.

[14] 唐任远，等 . 中国电气工程大典:电机工程卷，第 2 篇，第 9 章 [M]. 北京:中国电力出版社，2008.

[15] 惠晶 . 新能源转换与控制技术 [M]. 北京：机械工业出版社，2008.

[16] 吴治坚，叶枝全，沈辉 . 新能源和可再生能源的利用 [M]. 北京：机械工业出版社，2006.

[17] 牟书令，王庆一 . 能源词典 [M]. 2 版 . 北京：中国石化出版社，2005.